新概念武器材料

郑春满　李宇杰　刘卓峰　韩　喻
向　阳　崔伟峰　唐　俊　郭青鹏　编著

国防工业出版社

·北京·

内 容 简 介

材料是武器装备的物质基础，"一代材料，一代装备"。本书全面介绍了激光武器、高功率微波武器、高超声速飞行器、电磁发射武器、动能拦截器和无人机等装备的关键材料。为清晰阐述材料对新概念武器发展的支撑作用，本书从各类新概念武器的特征和服役环境出发，在阐述其工作原理和单元组成的基础上，重点介绍关系其性能指标的关键材料。

本书涉及多学科领域，内容丰富、知识面广，可作为高等学校材料科学、机械、航空航天、电子及相关专业本科生和研究生的教材，也可作为高校、科研机构和企业科技人员的参考书。

图书在版编目（CIP）数据

新概念武器材料 / 郑春满等编著. -- 北京：国防工业出版社，2025. 5. -- ISBN 978 - 7 - 118 - 13708 - 8

Ⅰ. E92

中国国家版本馆 CIP 数据核字第 2025Q38L46 号

※

国防工业出版社 出版发行

（北京市海淀区紫竹院南路 23 号　邮政编码 100048）

雅迪云印（天津）科技有限公司印刷

新华书店经售

*

开本 710×1000　1/16　　印张 18　　字数 324 千字

2025 年 5 月第 1 版第 1 次印刷　　印数 1—1800 册　　定价 168. 00 元

（本书如有印装错误，我社负责调换）

国防书店：（010）88540777　　　书店传真：（010）88540776

发行业务：（010）88540717　　　发行传真：（010）88540762

前　言

人类发展史和战争史表明，武器装备是决定战争的关键因素之一。从攻防不分、短兵相接的冷兵器时代，到攻防分离、拉开互射、威力增大的热兵器时代，新概念武器代表了武器技术的发展趋势。与传统武器相比，新概念武器在基本原理、杀伤破坏机理和作战方式上都有本质区别，能大幅度提高作战效能。材料是武器装备发展的物质基础，"一代材料，一代装备"，尤其是在新概念武器装备的发展过程中，新材料更是起到了决定性的推动作用。

作为人类社会发展的重要基础，材料伴随着人类文明的进步不断得到发展和创新。从石器时代到金属材料，从高分子材料到复合材料再到智能材料，这些给人类社会带来了一系列新的科技革命和产业变革。那么，哪些材料在新概念武器的发展过程中起到决定性作用？未来的新概念武器需要怎样的新材料？这些都是我们应该深入思考和系统探索的问题。

本书从当前正在发展的新概念武器的特征和服役环境出发，在阐述工作原理和单元组成的基础上，重点介绍关系武器装备性能指标的关键材料。全书共分7章，第1章介绍新概念武器的概念、分类、服役环境，重点阐述新概念武器与材料的关系，第2章～第7章分别介绍激光武器、微波武器、高超声速飞行器、电磁发射武器、动能拦截器和无人机装备的材料。

本书由郑春满、李宇杰、刘卓峰、韩喻、向阳、崔伟峰、唐俊、郭青鹏共同编著，并由郑春满、李宇杰完成统稿、审核和定稿。特别说明：本书在编写过程中，参考了国内外出版的相关教材、专著、期刊论文和学术学位论文，引用了其中的部分内容和图表；关于装备的图片均来源于互联网的公开资料和公开报道。本书的编写和出版得到了国防科技大学空天科学学院和国防工业出版社的大力支持和帮助，在此一并致谢。

由于作者水平有限，书中难免有疏漏，诚请有关专家及读者批评指正。

编者

2024 年 9 月 9 日

目 录

第1章 绪论 ………………………………………………… 1

1.1 新概念武器的概念 …………………………………… 1
   1.1.1 基本定义 …………………………………………… 1
   1.1.2 新概念武器主要特征 ……………………………… 2
   1.1.3 新概念武器对未来战争的影响 …………………… 2
1.2 新概念武器的分类 …………………………………… 3
   1.2.1 定向能武器 ………………………………………… 4
   1.2.2 动能武器 …………………………………………… 6
   1.2.3 高超声速飞行器 …………………………………… 8
   1.2.4 无人作战平台 ……………………………………… 10
   1.2.5 失能武器（非致命武器）………………………… 12
   1.2.6 其他 ………………………………………………… 14
1.3 新概念武器服役环境 ………………………………… 15
   1.3.1 环境适应性 ………………………………………… 16
   1.3.2 装备服役环境 ……………………………………… 16
1.4 新概念武器与材料 …………………………………… 19
   1.4.1 材料的重要性 ……………………………………… 20
   1.4.2 材料基本概念 ……………………………………… 22
   1.4.3 材料失效模式 ……………………………………… 27
   1.4.4 服役环境对材料的需求 …………………………… 34
练习题 ……………………………………………………… 35

第2章 激光武器材料 ……………………………………… 36

2.1 激光武器概述 ………………………………………… 36
   2.1.1 定义和分类 ………………………………………… 36

2.1.2　激光武器杀伤机理和主要特点 ·············· 38

2.2　激光武器基本原理、系统组成和核心单元 ·············· 41

2.2.1　基本原理 ·············· 41

2.2.2　激光武器系统组成和核心单元 ·············· 43

2.3　激光器用工作物质材料 ·············· 54

2.3.1　工作物质组成及材料性能要求 ·············· 54

2.3.2　工作物质材料 ·············· 55

2.4　激光器用光纤材料 ·············· 58

2.4.1　光纤及光纤材料性能要求 ·············· 58

2.4.2　光纤材料 ·············· 63

2.5　激光器用光学窗口材料 ·············· 66

2.5.1　光学窗口材料分类及性能要求 ·············· 66

2.5.2　光学窗口材料 ·············· 67

练习题 ·············· 72

第3章　高功率微波武器材料 ·············· 73

3.1　高功率微波武器概述 ·············· 73

3.1.1　高功率微波武器发展历史 ·············· 73

3.1.2　高功率微波武器分类 ·············· 74

3.1.3　高功率微波武器杀伤机理和主要特点 ·············· 75

3.2　高功率微波武器基本原理、系统组成和核心单元 ·············· 77

3.2.1　基本原理 ·············· 77

3.2.2　高功率微波的系统组成及核心单元 ·············· 80

3.3　材料在微波环境中的性能 ·············· 87

3.3.1　微波特性与材料介电性能 ·············· 87

3.3.2　材料对微波的作用机理 ·············· 88

3.3.3　微波对材料的作用机理 ·············· 90

3.4　脉冲功率源用储能介质材料 ·············· 92

3.4.1　储能介质材料性能要求 ·············· 92

3.4.2　储能介质材料 ·············· 93

3.5　脉冲电子束源用阴极材料 ·············· 96

3.5.1　阴极材料性能要求 ·············· 96

3.5.2　阴极材料 ·············· 97

3.6 脉冲电子束源用收集极材料 ⋯⋯⋯⋯⋯⋯⋯⋯⋯⋯⋯⋯ 100
　3.6.1 收集极材料性能要求 ⋯⋯⋯⋯⋯⋯⋯⋯⋯⋯ 100
　3.6.2 电子束与收集极材料相互作用物理机制 ⋯⋯⋯⋯ 100
　3.6.3 收集极材料 ⋯⋯⋯⋯⋯⋯⋯⋯⋯⋯⋯⋯⋯⋯ 102
3.7 高功率微波投射单元用介质窗材料 ⋯⋯⋯⋯⋯⋯⋯⋯ 103
　3.7.1 介质窗材料要求 ⋯⋯⋯⋯⋯⋯⋯⋯⋯⋯⋯ 103
　3.7.2 介质窗击穿机理 ⋯⋯⋯⋯⋯⋯⋯⋯⋯⋯⋯ 104
　3.7.3 介质窗材料 ⋯⋯⋯⋯⋯⋯⋯⋯⋯⋯⋯⋯⋯ 105
3.8 短脉冲超高压固体绝缘材料 ⋯⋯⋯⋯⋯⋯⋯⋯⋯⋯ 107
　3.8.1 固体绝缘材料要求 ⋯⋯⋯⋯⋯⋯⋯⋯⋯⋯ 107
　3.8.2 固体绝缘材料 ⋯⋯⋯⋯⋯⋯⋯⋯⋯⋯⋯⋯ 108
练习题 ⋯⋯⋯⋯⋯⋯⋯⋯⋯⋯⋯⋯⋯⋯⋯⋯⋯⋯⋯⋯⋯ 112

第4章 高超声速飞行器材料 ⋯⋯⋯⋯⋯⋯⋯⋯⋯⋯⋯⋯ 114
4.1 高超声速飞行器概述 ⋯⋯⋯⋯⋯⋯⋯⋯⋯⋯⋯⋯⋯ 114
　4.1.1 高超声速飞行器概念 ⋯⋯⋯⋯⋯⋯⋯⋯⋯ 114
　4.1.2 高超声速飞行器特征 ⋯⋯⋯⋯⋯⋯⋯⋯⋯ 115
　4.1.3 高超声速飞行器分类 ⋯⋯⋯⋯⋯⋯⋯⋯⋯ 116
4.2 高超声速飞行器服役环境与热防护系统 ⋯⋯⋯⋯⋯ 118
　4.2.1 高超声速飞行器服役环境 ⋯⋯⋯⋯⋯⋯⋯ 118
　4.2.2 高超声速飞行器热防护系统 ⋯⋯⋯⋯⋯⋯ 122
4.3 高温防隔热材料 ⋯⋯⋯⋯⋯⋯⋯⋯⋯⋯⋯⋯⋯⋯ 124
　4.3.1 高温防热材料 ⋯⋯⋯⋯⋯⋯⋯⋯⋯⋯⋯⋯ 124
　4.3.2 高温隔热材料 ⋯⋯⋯⋯⋯⋯⋯⋯⋯⋯⋯⋯ 133
　4.3.3 防隔热一体化材料 ⋯⋯⋯⋯⋯⋯⋯⋯⋯⋯ 137
4.4 高温透波材料 ⋯⋯⋯⋯⋯⋯⋯⋯⋯⋯⋯⋯⋯⋯⋯ 143
　4.4.1 有机透波材料 ⋯⋯⋯⋯⋯⋯⋯⋯⋯⋯⋯⋯ 146
　4.4.2 陶瓷透波材料 ⋯⋯⋯⋯⋯⋯⋯⋯⋯⋯⋯⋯ 146
　4.4.3 陶瓷基透波复合材料 ⋯⋯⋯⋯⋯⋯⋯⋯⋯ 150
4.5 高温热密封材料 ⋯⋯⋯⋯⋯⋯⋯⋯⋯⋯⋯⋯⋯⋯ 153
　4.5.1 高温胶黏剂 ⋯⋯⋯⋯⋯⋯⋯⋯⋯⋯⋯⋯⋯ 153
　4.5.2 静态密封材料 ⋯⋯⋯⋯⋯⋯⋯⋯⋯⋯⋯⋯ 156
　4.5.3 动态密封组件 ⋯⋯⋯⋯⋯⋯⋯⋯⋯⋯⋯⋯ 156

4.6　热防护材料应用考核方法 ···················· 157

4.6.1　抗氧化冲刷性能 ···················· 157

4.6.2　隔热性能 ···················· 158

4.6.3　结构匹配性能 ···················· 161

4.6.4　可重复性和环境适应性评价 ···················· 162

练习题 ···················· 163

第5章　电磁发射武器材料 ···················· 164

5.1　电磁发射武器概述 ···················· 164

5.1.1　电磁发射武器的种类 ···················· 164

5.1.2　电磁发射武器的特点 ···················· 166

5.2　电磁轨道炮基本原理与结构组成 ···················· 166

5.2.1　电磁轨道炮工作原理 ···················· 167

5.2.2　电磁轨道炮系统结构组成 ···················· 173

5.2.3　电磁轨道炮工作过程及主要性能指标 ···················· 175

5.3　电磁轨道炮用枢轨材料 ···················· 178

5.3.1　枢轨材料的电热工况 ···················· 179

5.3.2　枢轨材料的主要失效形式 ···················· 183

5.3.3　枢轨材料 ···················· 190

5.4　绝缘支撑及身管包封材料 ···················· 193

5.4.1　绝缘支撑材料的工况与失效 ···················· 193

5.4.2　绝缘支撑材料 ···················· 195

5.4.3　身管包封工况及要求 ···················· 195

5.4.4　身管包封材料 ···················· 196

练习题 ···················· 199

第6章　动能拦截器材料 ···················· 200

6.1　动能拦截器概述 ···················· 200

6.1.1　基本概念 ···················· 200

6.1.2　动能拦截器分类 ···················· 201

6.2　动能拦截器工作原理与关键技术 ···················· 202

6.2.1　工作原理 ···················· 202

6.2.2　关键技术 ···················· 204

6.3　动能拦截器系统结构组成与功能 ……………………………… 207
　　6.3.1　结构组成 ………………………………………………… 207
　　6.3.2　动能拦截器功能 ………………………………………… 209
6.4　动能拦截器关键零部件用材料 ………………………………… 211
　　6.4.1　探测设备用关键材料 …………………………………… 212
　　6.4.2　制导设备用关键材料 …………………………………… 216
　　6.4.3　动力系统用关键材料 …………………………………… 219
练习题 ………………………………………………………………… 222

第7章　无人机装备材料 ……………………………………………… 223

7.1　无人机概述 ……………………………………………………… 223
　　7.1.1　无人机的定义 …………………………………………… 223
　　7.1.2　无人机的特点和分类 …………………………………… 224
　　7.1.3　无人机的组成 …………………………………………… 226
　　7.1.4　无人机材料 ……………………………………………… 227
7.2　无人机结构复合材料 …………………………………………… 230
　　7.2.1　复合材料概述 …………………………………………… 231
　　7.2.2　与有人机复合材料的区别 ……………………………… 233
　　7.2.3　复合材料典型结构 ……………………………………… 235
　　7.2.4　复合材料失效模式 ……………………………………… 240
　　7.2.5　复合材料修复技术 ……………………………………… 247
7.3　无人机隐身材料 ………………………………………………… 252
　　7.3.1　隐身技术概述 …………………………………………… 252
　　7.3.2　雷达吸波材料 …………………………………………… 256
　　7.3.3　涂覆型吸波材料 ………………………………………… 258
　　7.3.4　结构型吸波材料 ………………………………………… 261
　　7.3.5　隐身涂层的失效与修复 ………………………………… 267
练习题 ………………………………………………………………… 274

参考文献 ……………………………………………………………… 275

第1章　绪 论

武器，又称兵器，是直接用于杀伤敌方有生力量或破坏敌方作战设施的一种工具。战争史证明，战争中最可怕的武器不是正在使用的武器，而是那些正在研究的、还不了解的武器，人们把这些武器称为新概念武器。那么，什么是新概念武器？它有怎样的特征？哪些武器属于新概念武器？新概念武器的作战方式和服役环境与常规武器有何异同？材料在新概念武器中发挥怎样的作用？

本章主要介绍新概念武器的概念、分类、服役环境，重点阐述新概念武器与材料的关系，尤其是材料对于新概念武器发展的推动作用。

1.1　新概念武器的概念

每一种新概念武器都有不同于其他武器系统的特征。新概念武器产生的首要条件和依据原则可能是应用某种新原理、新能源、新结构或新材料，或者是采用一种新的设计思想或巧妙构思，又或者是前述数个创新点的结合。鉴于时代的进步、科技水平的提高，一种新概念武器的推出必然带有反映当时技术最高水平的时代烙印，而且经研制成功并投入使用后，必定大幅度提高作战效能，或者能较好地实现战术使用意图，达到良好的作战效果，在战争中发挥重要作用。

1.1.1　基本定义

新概念武器，是指与传统武器相比，在基本原理、杀伤破坏机理和作战方式上都有本质区别，能大幅度提高作战效能的一类新型武器。美国《2006年战略规划指南》中指出："新概念武器，就是概念新、原理新、技术新、破坏机理新、杀伤效能新、作战应用新的破裂性技术武器。"

新概念武器的内涵可以归纳如下：

（1）采用新原理、新能源创新推出的、有别于传统武器系统概念、可大幅度提高作战效能的新型武器。

（2）采用新结构、新材料、新工艺创新推出的有别于传统武器概念的新型武器，或者在现有制式产品基础上采用新结构、新材料、新工艺改造造就的、战技性能水平大幅度提升的新型武器。

（3）运用先进设计思想或先进总体优化技术，经过巧妙构思造就的、系统概念与传统武器存在较大的区别，而且作战功能比传统武器大大提高的新型武器。

（4）新概念武器是技术含量更高、相对于传统武器具有革命性变革或重大突破的创新性武器。

1.1.2　新概念武器主要特征

新概念武器作为正在探索和研究发展的、技术含量更高的新型武器，与传统武器相比，具有如下的特征：

（1）创新性。新概念武器在设计思想、系统结构、总体优化、材料应用、工艺制造、部署方式、作战样式、毁伤效果上具有显著的突破和创新，是创新思维和高新技术相结合的产物。

（2）高效性。一旦技术上取得突破，新概念武器可在战争中发挥巨大作战效能，满足新的作战需要，在体系攻防中有效抑制敌方传统武器作战效能的发挥。

（3）时代性。新概念武器是一个相对的、动态的概念。随着时代发展和科技进步，某一时代的新概念武器日趋成熟并得到广泛应用后，就可能转化为传统武器。

（4）探索性。新概念武器科技含量高、技术难度大、探索性强、风险大，在技术途径、经费投入和研制时间等方面的不确定因素多。

1.1.3　新概念武器对未来战争的影响

新概念武器在设计思想、作战部署、材料应用、高技术含量等多方面都不同于传统武器。对比传统武器，它有很大的优势和不同。随着新概念武器的发展及应用，必然会对未来战争的方式产生革命性的影响。

（1）战争概念的内涵发生演变。

未来的战争可能将不再是两军对峙、血染沙场，使用信息打击或新概念非致命武器，会出现兵不血刃的胜利。

（2）战争持续时间将缩短。

新概念武器具有攻击突然性强、适用范围广、命中精度高等特点，随着信息化技术的发展，未来的战争将会浓缩在某一个时间点内进行，并很可能在瞬间决出胜负。

（3）战争的破坏力度会有所减小。

高精度的新概念武器可以做到精确打击，产生误伤的可能将会极大减少。

（4）作战思想将会受到极大的影响。

传统战争强调集中兵力，甚至是"人海战术"，但未来战争中对新概念武器的应用，会使这样的战术无用武之地。传统的地形制霸战略会在信息制霸的新思想下，随着新概念武器的应用发生巨大改变。

（5）产生多种多样的新型作战样式。

产生信息战、精确战、失能战、电磁战、生物战、环境战等新型作战样式。多样战争方式的掌握对于作战方将会是极大的考验。

1.2 新概念武器的分类

现今发展中的新概念武器，种类繁多，各种武器使用的新技术、运用的新原理及新能源方面相互交叉，对其进行分类较为困难。一般情况下，公认的分类如图 1.1 所示。新概念武器主要包括定向能武器、动能武器、高超声速飞行器、无人作战平台、失能武器（非致命武器）、网络战武器和地球物理武器等。

▶ 图 1.1　新概念武器分类

1.2.1 定向能武器

定向能武器，又称"束能武器"，是利用激光、微波、粒子束等的能量，产生高温、电离、辐射等综合效应，从而对目标造成毁伤的武器。依据发射能量载体的不同，定向能武器可以分为激光武器、微波武器和粒子束武器等。

1. 激光武器

激光武器是利用沿一定方向发射的激光束攻击敌方目标的定向能武器，主要由高能激光器、精密瞄准跟踪系统和光束控制与发射系统组成。高能激光器是激光武器的核心，用于产生高能激光束，作战要求高能激光器的平均功率至少为 20kW 或脉冲能量达 30kJ 以上。

激光武器分为战术激光武器和战略激光武器。战术激光武器一般部署在地面，突出优点是反应时间短，可拦击突然发现的低空目标。采用激光武器拦击多目标时，能迅速变换射击诸元，灵活地对付多个目标。战略激光武器的特点是作用距离远，可拦截洲际弹道导弹、无人机等。

激光武器具有快速、灵活、精确、抗电磁干扰能力强等优异性能，在光电对抗、防空和战略防御中能发挥独特作用。其主要杀伤破坏效应包括烧蚀效应、激波效应和辐射效应。图 1.2 为典型激光武器及作战构想图。

▶ 图 1.2 典型激光武器及作战构想图（图片来源于网络）

2. 微波武器

微波武器是利用高能量的电磁波辐射攻击和毁伤敌方目标的定向能武器，主要由微波发生器、定向发射天线和伺服控制系统等组成。微波发生器用于发射微波电磁脉冲，定向发射天线将微波能量几乎全部聚集到某个方向，伺服控制系统将天线指向某个需要的方向。

微波武器分为轻型微波武器和高功率微波武器。轻型微波武器主要作为电子对抗手段和非杀伤武器使用；高功率微波武器是指峰值功率在 100MW 以上，频率在 1～300GHz 之间的电磁波，经由高增益定向天线，向空间发射出功率高、能量集中、具有方向特征的微波束，从而对目标产生破坏作用。

微波武器可用于攻击弹道导弹、巡航导弹、飞机、舰艇、坦克、通信系统以及雷达、计算机设备，尤其是指挥通信枢纽、作战联络网等重要的信息战节点和部位。其工作原理是利用微波与被辐照物之间的分子相互作用，将电磁能转变为热能，使被照射目标材料中的分子高速运动，内外同时受热，产生高温而烧毁目标。图 1.3 为车载微波武器和携带高功率微波弹头的导弹。

▶ 图 1.3　车载微波武器和携带高功率微波弹头的导弹（图片来源于网络）

3. 粒子束武器

粒子束武器是利用加速器把质子和中子等粒子加速每秒约 20 万千米，并通过电极或磁集束形成非常细的粒子束流发射出去，用于轰击目标的一种新概念武器，主要由能源、粒子源、粒子加速器和伺服控制系统等组成。其中，产生高能粒子束的粒子加速器是关键部分。

粒子束武器分为带电粒子束武器和中性粒子束武器。带电粒子束武器是发射质子、电子或离子等带电粒子束流的粒子束武器。由于太空中同性电荷之间存在排斥力，带电粒子束在短时间内会散发殆尽，因此带电粒子束武器只适合在大气层应用。中性离子束武器是发射中子、原子等不带电粒子束流的粒子束武器。需要指出，中性粒子束无法在大气中传播，这种武器只适合在太空中应用。

粒子束武器可用于毁伤飞机、导弹等。其作用机理是利用高速（高能）粒子束流的动能使目标的结构破坏，或高能粒子穿入电子设备，可引起脉冲电流，使电子设备失效，或高能粒子束流可引起战斗部中的炸药爆炸。图 1.4 为典型粒子束武器及作战构想图。

▶ 图 1.4　典型粒子束武器及作战构想图（图片来源于网络）

1.2.2　动能武器

动能武器，是利用超高速飞行的具有较高动能弹头的能量直接毁伤战场目标的武器，主要用于战略反导，也可于战术防空、反坦克和战术反导。动能武器包括动能拦截弹、电磁炮和群射火箭等。

1. 动能拦截弹

一种由助推火箭和作为弹头的动能杀伤飞行器（KKV）组成，借助 KKV 高速飞行时所具有的巨大动能，通过直接碰撞摧毁目标的武器系统，主要由推进系统、弹头、探测器、制导与控制系统等部分组成。其中，推进系统提供将弹头加速到高速所需要的动力，弹头是用金属或塑料制成的刚性战斗部位，探测器用于探测、识别和跟踪目标，制导与控制系统用于确保成功地进行寻的与拦截。

20世纪80年代实施"战略防御计划"（SDI）以来，美国为导弹防御系统研制了多种KKV，其中包括地基中段防御系统的地基拦截弹（GBI）、"宙斯盾"导弹防御系统的"标准3"（SM−3）海基拦截弹、末端高空区域防御系统（THAAD）拦截弹、"爱国者3"（PAC−3）拦截弹及最新研制的可机动部署的动能拦截弹（KEI）。目前，GBI、SM−3、PAC−3和THAAD拦截弹等都已进入部署阶段。

动能拦截弹是导弹防御系统的主要作战工具，具有制导精度高、杀伤力强、机动性好、安全可靠性高、可在大气层内外作战等特点。

2. 电磁炮

电磁炮是利用电磁场加速的一种先进的动能武器系统，主要由能源、加速器、开关三部分组成。其中，能源通常采用可储存10～100MJ能量的装置；加速器是把电磁能量转换成炮弹动能，使炮弹达到高速的装置；开关是接通能源和加速器的装置，能在几毫秒之内把兆安级电流引进加速器。

电磁炮分为线圈炮、轨道炮、电热炮、重接炮等。线圈炮是电磁炮的最早形式，由加速线圈和弹丸线圈构成。轨道炮是利用轨道电流间相互作用的安培力把弹丸发射出去，由两条平行的长直轨道组成，导轨间放置一个质量较小的滑块作为弹丸。电热炮的结构不同于上述两种电磁炮，常见的一种是采用一般的炮管，管内设置有接到等离子体燃烧器上的电极，燃烧器安装在炮后堂的末端。重接炮是一种多级加速的无接触电磁发射装置，无炮管，但要求弹丸在进入重接炮之前具有一定的初速度，其工作原理是利用两个矩形线圈上下分置，长方形炮弹在两个矩形线圈产生的磁场中受到强磁场力的作用，穿过矩形线圈间隙在其中加速前进。

与传统大炮相比，电磁炮可大大提高弹丸的速度和射程，军事用途十分广泛，如用于反导系统、防空系统、反装甲系统、反坦克武器，也可用于改装常规火炮、装备海军舰艇等。图1.5为电磁炮示意图、武器系统及实验图。

3. 群射火箭

群射火箭是一种子弹式旋转稳定的无控火箭，是利用高动能火箭击毁来袭者发射的弹头，主要用于摧毁再入段洲际弹道导弹弹头。这种火箭发射装置是一种可横向旋转360°的由几十个管集合而成的圆桶形发射器。

群射火箭使用普通钢质壳体，飞行速度可达1.5km/s，拦截范围是1.2km左右。群射火箭具有技术成熟、制导精度要求低、成本低、全自动操作等特点。

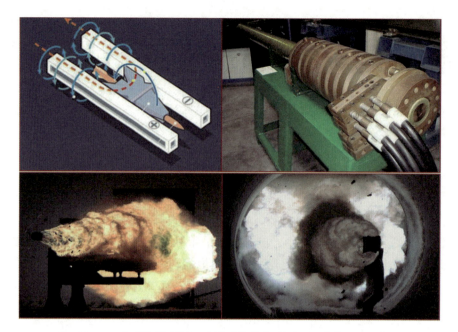

▶ 图1.5 电磁炮示意图、武器系统及实验图（图片来源于网络）

1.2.3 高超声速飞行器

高超声速飞行器是指最大飞行速度大于等于5倍声速、在大气层内或跨大气层长时间机动飞行的飞行器，主要包括高超声速巡航导弹、高超声速滑翔飞行器、高超声速飞机和空天飞行器等。高超声速武器集超高速、高毁伤、高突防能力等诸多优点于一身，能够大幅度拓展战场空间、提升突防与打击能力，已成为大国之间空天军事竞争的又一战略制高点。高超声速飞行器及相关技术如图1.6所示。

但是，当飞行器航速马赫数大于5后，将面临复杂的气动力、气动加热、材料结构与热防护、气动物理、推进、控制等诸多科学问题和工程难题。

1. 超燃冲压发动机技术

超燃冲压发动机是高超声速条件下唯一能有效工作的吸气式发动机，主要由进气道、隔离段、燃烧室与尾喷管组成。工作原理是首先通过进气道将高速气流减速增压，在燃烧室内空气与燃料发生化学反应，通过燃烧将化学能转变为气体的内能。最终气体经过喷管膨胀加速，排入大气中，此时喷管出口的气体速度要高于进气道入口的速度，因此产生向前的推力。其工作过程如图1.7所示。

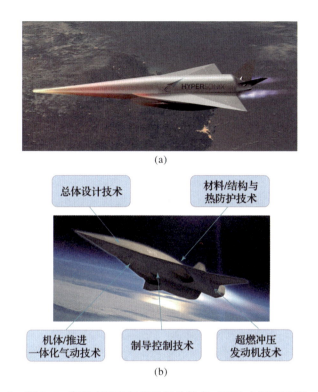

(a)

(b)

▶ 图 1.6　高超声速飞行器及相关技术（图片来源于网络）

（a）高超声速飞行器；（b）高超声速飞行器相关技术。

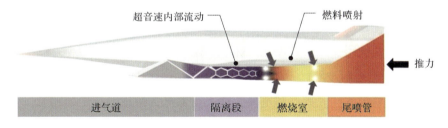

▶ 图 1.7　超燃冲压发动机工作过程示意图（图片来源于网络）

　　超燃冲压发动机利用大气中的氧气作为全部或部分的氧化剂，与自身携带的燃料进行反应。要实现超燃冲压发动机的推阻平衡，获得静推力，必须让火焰在高速气流中持续稳定高效燃烧。

2. 总体设计、机体/推进一体化气动技术

　　为保证远程、快速和大范围机动能力，高超声速飞行器必须在具备高升阻比的同时，兼顾飞行稳定性和操纵性。高超声速飞行器的机体/发动机一体化设计是非常复杂的，包括气动力一体化、结构设计一体化、燃料供应和冷却系统设计一体化、调节控制一体化等。

3. 材料/结构与热防护技术

高超声速飞行条件下，高速空气流过飞行器表面，由于黏性的阻滞作用，气体速度骤然降低，动能转化为热能，使飞行器表面温度急剧升高，即出现气动热现象（如图1.8所示）。例如，X–51A高速飞行器在约马赫数为6以下飞行，其机身温度大于等于600℃，尖端、翼前缘温度大于等于1500℃。"猎鹰HTV–2号"飞行过程中表面温度接近2000℃，发动机工作环境更加苛刻，燃烧室工作温度高达2300℃，局部超高温区达到2600℃。

▼ 图1.8　飞行器高速飞行所引起的气动热现象（图片来源于网络）

解决气动热的方法有两种，一是科学设计飞行器的飞行轨道和气动外形，使其在不影响或较少影响飞行器性能的情况下，尽可能降低进入飞行器的气动加热率，即热流；二是研制轻质、耐高温的防热材料和结构材料。按防热机理可分为热沉防热、辐射防热、发汗冷却防热和烧蚀防热等方法。

4. 制导与控制技术

高温下将导致空气离解和电离，在飞行器外部形成等离子体鞘套，干扰甚至阻断无线电信号的传输，进而严重影响飞行器的导航与控制。

1.2.4　无人作战平台

无人作战平台，指无人驾驶的、完全按遥控操作或者按预编程序自主运作的、携带进攻性或防御性武器遂行作战任务的一类武器平台，可在无形中消灭敌人或获取情报。无人作战平台主要包括无人作战飞机、无人作战车、无人作战潜水器和微型机器人等，如图1.9所示。无人作战平台将是未来武器发展的重点。

▼ 图1.9　各种类型的无人作战平台（图片来源于网络）

与有人作战系统相比，无人作战平台具有如下的优点：

（1）无人员（包括飞机的飞行员、潜艇或战车的乘员）伤亡或被俘危险，是确保战斗人员伤亡降到最低程度的有效途径。

（2）设计时无需考虑人的因素及其相关的设备（如座舱或舱室、生命保障设备和环境控制设备、手柄、按钮和显示设备等），完全以任务为中心，把平台设计得结构更简单、重量更轻、尺寸更小、阻力更低和效率更高。推进系统和其他各分系统可以放置在最有利于发挥其工作效能的地方。

（3）成本低，全寿命费用减少。无人作战平台省去了与人有关的系统和设备，结构简单、小而轻，成本大幅下降。

（4）隐身性能好。即便是非隐身设计的无人作战平台，由于尺寸小，且不受座舱（或舱室）、人体和生命保障等因素的制约，其外形和横截面的设计也会产生有利于隐身的效果。例如，无人作战飞机有的采用无尾设计，既减轻重量和减少阻力，又降低雷达反射截面。

如前所述，无人作战平台是作战力量倍增器，具有重大军事价值。但无人作战平台的大规模应用仍有一些技术难点需要解决。无人作战飞机、无人潜水器、无人战车三类不同平台共性的研究内容包括：各类新型传感器、自动目标捕获和识别、信息的融合处理和分发利用、数字式数据链路和通信网络、轻小型化精确制导弹药以及人/机交互作用机制等。

未来无人作战平台发展的趋势：

（1）全方位、全领域进入无人时代，特别是无人作战平台与新一代网络的融合，实现无人作战平台的"群机动""群监控""群攻击"等大规模集群联合作战，或有人与无人作战平台一体化联合作战。

（2）出现无人/有人兼容模式，尤其是那些制造成本高、战时和平时都要用、需要人类更多干预的高风险作战平台，有人与无人兼容模式将是未来的基本选择。

（3）微型化、便携式和智能化。出现大量低成本、折叠式、模块化、系列化的小型微型无人作战平台，使无人作战平台野外作战运用常态化、单兵化。同时，智能水平越来越高，有的甚至比有人系统做得还好。

（4）超长时、全环境。数天、数月甚至数年在全谱天候、全谱电磁、全谱地理环境实施全谱作战，能够适应各种复杂环境、危险环境和任务环境。

（5）自主式、自毁式。具有发射后自主行动、自主寻的、自动回收的特点，可以独立自主地完成作战任务。通常采用先担负情报监视与侦察、电子干扰与巡逻等任务，必要时实施自毁式攻击的模式。

（6）通用化、变载荷。从硬件到软件，做到模块化、无线组合、可变载荷。特别是无人作战平台一旦与定向能武器实现融合，就可以提供"近乎无限的打击能力"。

1.2.5 失能武器（非致命武器）

失能武器，又称非致命武器，是指可使参战人员失去基本行为能力、使武器装备失去基本作战功能，又不消灭其物理实体的一类武器。按作用对象，失能武器可分为反装备和反人员两大类。目前，国外发展的用于反装备的失能武器主要有超级润滑剂、材料脆化剂、超级腐蚀剂、超级黏胶等。此外，还包括次声武器、光弹、化学失能弹等。

1. 超级润滑剂

采用含油聚合物微球、表面改性技术、无机润滑剂等做原料复配而成的摩擦系数极小的化学物质，主要用于攻击机场跑道、航母甲板、铁轨、高速公路、桥梁等目标，可有效地阻止飞机起降和列车、军车前进。

2. 材料脆化剂

一些能引起金属结构材料、高分子材料、光学视窗材料等迅速解体的特殊化学物质。这类物质可对敌方装备的结构造成严重损伤并使其瘫痪。例如液体金属催化剂（汞、铯、镓、铟等），脆化机理是形成合金，可以用来破坏敌方的飞机、坦克、车辆、舰艇及铁轨、桥梁等基础设施。

3. 超级腐蚀剂

一些对特定材料具有超强腐蚀作用的化学物质。在这种腐蚀剂的作用下，刀枪不入的复合装甲立即变软，失去作战功能。

4. 超级黏胶

一些具有超级强黏结性能的化学物质，将其用作破坏装备传感装置和使发动机熄火的武器。同时，将超级黏胶与材料脆化剂、超级腐蚀剂等复配，以提高这些物质的作战效能。超级黏胶及其效果如图1.10所示。

▶ 图1.10　超级黏胶及其效果

5. 次声武器

利用频率低于20Hz的次声波与人体发生共振，使共振的器官或部位发生变形、位移甚至破裂而造成损伤的一种声学武器。对人可产生精神和物理损伤：全身不适、无力、头晕目眩、恶心呕吐、眼球震颤，严重的可造成神志失常、癫狂不止、腹部疼痛、内脏振动。次声是不易被人觉察的声音，在大气中传播衰减很少，与大气沟通的工事很难防御。次声波武器作用示意图及作战构想图如图1.11所示。

▶ 图 1.11 次声波武器作用示意图及作战构想图（图片来源于网络）

6. 化学失能剂和刺激剂

化学失能剂分为精神失能剂和躯体失能剂，能造成人员的精神障碍、躯体功能失调，从而丧失作战能力。严格来说，属于不致命的化学毒气。

刺激剂是以刺激眼、鼻、喉和皮肤为特征的一类非致命性的暂时失能性药剂。在野外浓度下，人员短时间暴露就会出现中毒症状，脱离接触后几分钟或几小时症状会自动消失，不需要特殊治疗，不留后遗症。然而，若长时间大量吸入，可造成肺部损伤，严重的可导致死亡。

7. 黏性泡沫

一种化学试剂，当将其喷射在人员或装备上时，短短几秒内就能产生强度很高的黏性物质，使人员和装备无法动弹，失去行动能力，甚至失去听觉和视觉。

1.2.6 其他

1. 网络战武器

计算机病毒对信息系统的破坏作用，已引起各国军方的高度重视，发达国家正在大力发展信息战进攻与防御装备和手段，主要包括计算机病毒武器、纳米机器人、网络嗅探和信息攻击技术及信息战黑客组织等。

网络战具有以下的主要作用：一是威慑作用。通过对战略目标的攻击，直接影响敌方的战略决策和战略全局，以便迅速地达成战略企图；二是侦察作用。通过计算机网络窃取重要军事信息成为获取军事情报的重要手段；三是破坏作用。利用病毒破坏、黑客攻击、信道干扰等手段，全面破坏敌方指挥控制网络、通信网络和武器装备的计算机系统，使其不能正常运行甚至陷入瘫痪；四是欺骗作用。通过各种途径把虚拟信息通过计算机网络传输给敌方，诱使敌方做出错误的判断，使其采取有利于己方的行为，从而取得战略战术上的有利地位；五是防护作用。即保证己方计算机网络的正常运行。

网络战研究的内容主要包括：病毒的运行和破坏机理、病毒渗入系统和网络的方法、无线电发送病毒的方法等。

2. 地球物理武器

地球物理武器是指以地球物理场作为打击和消灭敌人的武器，它与现代战争中使用的常规武器不同，是运用现代科技手段，通过干扰或改变我们周围的各种地球物理场如电磁场、地震波场、重力场，来瓦解和消灭敌方有生力量，以实现军事目的的一系列武器的总称。

地球物理武器包括堵塞、干扰和破坏敌方通信；通过改变战区的气候和生态环境，摧毁敌方的飞机、军舰、潜艇、导弹等。

1.3　新概念武器服役环境

任何武器装备寿命期内的贮存、运输和使用状态，均会受到各种气候、力学、生物、电磁环境等单独或综合的作用/腐蚀/破坏/影响，武器装备寿命期中所经受的各种环境称为服役环境。实际上，随着作战要求的提高和空间的延伸，装备所处的环境不再是单一环境，而是多因素交织的复杂服役环境（极端服役环境），如表 1.1 所列。

表 1.1　复杂服役环境的构成

材料环境行为	环境分量 1	环境分量 2	环境分量 3	环境分量 4
蠕变行为	热学（温度）	力学/静应力	时间	—
蠕变 – 疲劳	热学（温度）	力学/变动应力	时间	—
应力腐蚀	力学/静应力	腐蚀性介质	—	—
腐蚀疲劳	力学/变动应力	腐蚀性介质	时间	—
磨损腐蚀	磨损颗粒介质	腐蚀性介质	力学	时间
蒸汽氧化	热学（温度）	流动蒸汽介质	力学	时间
高温腐蚀	热学（温度）	气、液、固	力学	时间

复杂服役环境是各种单一环境的复合和叠加，复杂服役环境使材料的环境行为异常复杂。如材料及结构在腐蚀性介质中的电化学和化学腐蚀，在大气、海洋及土壤介质中的腐蚀；在使用过程中的高温氧化、脆化、蠕变、腐蚀疲劳、腐蚀磨损等都属于非单一环境下的材料行为。

1.3.1 环境适应性

在复杂服役环境或极端服役环境下，常会出现装备构件材料无法满足环境需求而使装备功能/性能失常，造成军事行动失效的现象。例如：第二次世界大战期间，德国坦克在莫斯科城外因冰雪交加、气温突降而无法启动，陷于瘫痪。又如，海湾战争中，伊拉克防空导弹和飞机因不能抗电磁干扰而失去战斗力。因此，武器装备必须具有较强的环境适应性。

环境适应性是装备（产品）在其寿命周期内，能够在预计可能遇到的各种环境的作用下，实现其所有预期功能、性能和（或）不被破坏的能力。环境适应性是装备的重要质量特性之一。装备实际上是由各种不同材料制成的构件所装配而成，因此装备的环境适应性，其本质上是构成装备的材料的环境适应性。

环境因素与材料交互作用呈现非线性耦合关系，这种交互作用环境行为具有非线性和开放性的特征，必须使用现代基础科学的新成果加以研究与描述，其环境行为大多以力学、化学、热学、材料的交互作用为主。构件在工作条件下受各种环境的交互作用，可能会导致各种形式失效的发生。

1.3.2 装备服役环境

各类武器装备在不同的环境条件下工作，新概念武器也不例外。根据新概念武器装备所处的工作环境、工作性质不同，归纳起来主要处于力学、热学、电磁、生化四类环境或者是其所形成的综合环境。

1. 力学环境

力学环境是指装备的材料、组件、分系统和系统在寿命期内承受工作状态下不同负荷（外力）的环境。例如，高超声速飞行器在飞行过程中，构件和材料将受到拉、压、剪、扭等多种不同的力。在力学环境中，构件或材料会出现畸变（形状变化）、断裂（断开，完全失去功能）、磨损（尺寸变化）等现象。

按照所受负荷随时间的变化情况，可将负荷分为静负荷和动负荷。若负荷随时间变化不显著，称为静负荷。作用于零构件上的静负荷主要有四种基本形式，即拉伸或压缩、剪切、扭转和弯曲，如图 1.12 所示。

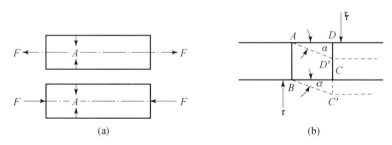

▼ 图 1.12 拉伸（或压缩）负荷与剪切负荷作用
（a）正应力；（b）剪应力。

若负荷随时间变化显著，则为动负荷。动负荷可分为交变负荷与冲击负荷。交变负荷是大小或大小和方向随时间按一定规律作周期性变化的负荷，或呈无规则随机变动的负荷，前者称为周期交变负荷，后者称为随机交变负荷。冲击负荷是指物体的运动瞬间发生突然或者无规则变化所引起的负荷。如紧急刹车时飞轮的轮轴、锻造时气锤的锤杆等，如图 1.13 所示。

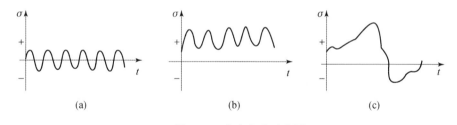

▼ 图 1.13 交变负荷示意图
（a）交变负荷；（b）重复负荷；（c）随机变动负荷。

2. 热学环境

热学环境是指装备的材料、组件、分系统和系统在寿命期内承受工作状态下不同温度（超低温、低温、常温、高温、超高温）的环境。例如，激光器晶体材料在工作中将承受 2000℃ 以上的高温。高超声速飞行器在飞行过程中，发动机燃烧室将达到 2000 ~ 3000℃，飞行器表面将处于 600 ~ 1500℃ 的热环境中。在热学环境中，装备的构件或材料会出现变形（零件形状变化）、烧蚀（溶解、消失和变形）、烧毁（彻底失效）等现象。

一般认为，低于 0℃ 为低温，室温至 200℃ 为常温，200 ~ 400℃ 为中温，超过 400℃ 为高温。温度对于材料的力学性能影响很大。随着温度的升高，材料将出现热胀冷缩的现象，原子间距离增大，结合力减弱，因此金属及陶瓷材料的弹性模量明显降低。温度变化对高分子材料弹性模量的影响更显著，这种变化也称为高分子材料的力学状态转变，如由玻璃态向橡胶态转变、由橡胶态向黏流态转变等，如图1.14所示。

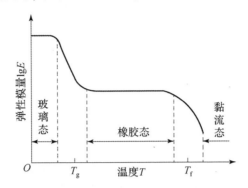

▶ 图1.14　高分子材料弹性模量与温度的关系

从力学性能上讲，一般规律是随着温度升高，材料中原子间距离增大，结合力降低，因此强度降低、塑性提高。同时，温度升高往往会引起材料微观结构的变化，甚至产生热应力，进而导致在某些特定的温度区间内材料的力学性能发生突变。所以高温下服役的零构件，要求使用高温强度好、热稳定性高的材料。反之，低温主要引起材料脆化，最典型的是金属，除面心立方金属外，其他金属随温度下降都可能发生由韧性状态向脆性状态的转变，其特征是在一定温度以下冲击韧性急剧下降，这种现象称为冷脆。

3. 电磁环境

电磁环境是指一定的战场空间内对作战有影响的电磁活动和现象的总和，即在一定的战场空间内，由空域、时域、频域、能量上分布的数量繁多、样式复杂、密集重叠、动态交迭的电磁信号构成的电磁环境。其构成的主要因素包括敌我双方的电子对抗，各种武器装备所释放的高密度、高强度、多频谱的电磁波，民用电磁设备的辐射和自然界产生的电磁波等。

复杂电磁环境中，战场感知困难、指挥控制效能降低、保障难度增加。雷达探测、光电探测和电子侦察是现代战争中探测战场目标的基本电磁手段，其运行均离不开电磁波。同时，由于各种作战平台间都需要通过电磁环境传递数据和指令，复杂电磁环境下指挥控制的效率将受到影响，其保障工作更加艰巨和复杂。

4. 生化环境

生化环境是武器装备在寿命期内工作所处的，由土壤、水体、空气等因素所组成的、给予武器装备一定作用的环境负荷。例如，海军的舰船、潜艇等处于高盐、高热、高湿的海洋环境；战斗机、装甲车、步战车等装备有可能处于含有众多污染物（二氧化硫、氮氧化合物等）的大气中。在生化环境中，装备的构件或材料会出现化学和电化学腐蚀（零件尺寸变化）、老化（外观、物理及力学性质随时间缓慢变化）等现象。

环境介质包括氧化性气体、潮湿、酸碱盐电解液、液体有机物、熔融的盐（碱）及液态金属、紫外线和红外线、核辐射及生物等。环境负荷对金属的作用分为化学腐蚀、电化学腐蚀和物理溶解。环境负荷对非金属材料的主要作用包括：强酸和强碱溶液对陶瓷材料的化学腐蚀；高分子材料周围介质（气体、蒸汽、液体）向其内部的渗透、扩散、吸胀及溶解；氧和臭氧、紫外线和红外线、核辐射等因素改变高分子材料的微观结构，恶化其理化性能。

实际上，装备往往处于多种因素共同作用的环境中。例如：应力腐蚀开裂现象是在应力与化学介质协同作用下引起的金属开裂（或断裂）；高温氧化现象是在热场和化学环境下的共同作用下产生的。

1.4　新概念武器与材料

20 世纪 70 年代，人们把信息、材料和能源称为当代文明的三大支柱。80年代以来，以高技术群为代表的新技术革命，又将新材料、信息技术和生物技术并列为新技术革命的重要标志。这些都突显了材料作为社会进步的物质基础，是人类进步程度的主要标志。如图 1.15 所示为新材料科技创新的发展

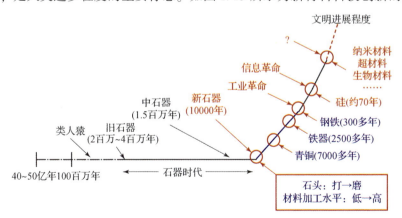

▶ 图 1.15　新材料科技创新的历史进程及其对人类文明的推动作用

对人类文明的推动作用。新概念武器的产生，是与当时材料技术的发展密不可分的。前已所述，采用新结构、新材料、新工艺创新可以制造出新概念武器，此外，在现有制式产品基础上采用新结构、新材料、新工艺改造也可以制备出新概念武器。

1.4.1 材料的重要性

材料是新概念武器发展的物质基础。前已所述，新概念武器是动态演变的，某一个时代的新概念武器，随着时间的演变逐渐成为常规武器。回顾整个人类发展史和战争史，从时间轴上可以分为古代战争、近代战争、现代战争和未来战争，如图 1.16 所示。分析每一个年代的战争可以发现，武器是决定战争的关键因素之一。例如古代战争的主要装备是弓箭、刀枪等冷兵器，弓箭的射程、刀枪的锋利程度是非常关键的因素，而这些与制造弓箭和刀枪的材料密切相关。

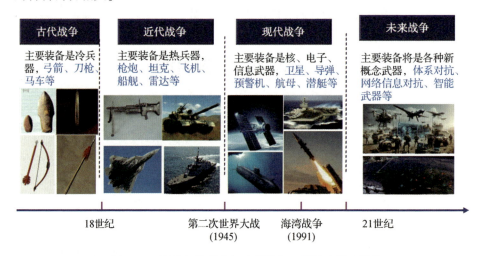

图 1.16　战争年代划分与武器装备（图片来源于网络）

以正在发展的新概念武器为例，新材料是新概念武器研制的保障与先导，所以才有"一代材料，一代装备"之说。如图 1.17 所示，新概念武器的研制涉及平台材料、动力材料、功能材料、毁伤材料、防护材料和能源材料等。这些材料是一个有机的整体，如果把武器装备比喻成人体系统，那么人体各部分的需求如下：

（1）装备平台就是人的骨骼，是承载的主体，需要高性能的结构材料，要求"身轻如燕，力壮如牛"。

装备平台—骨骼肌肉
①轻质高强材料

战斗部—拳头
④毁伤材料

动力系统—心脏
②耐高温材料

防护系统—衣着
⑤防护材料

信息系统—感官大脑
③功能材料

能源系统—饮食
⑥能源材料

▶ 图1.17 新概念武器所涉及的六类新材料

（2）装备的动力系统好比人的心脏，要求"力大无穷，快如闪电"。目前动力系统仍然是以热机转换为主，因此耐高温材料是关键。

（3）信息系统在装备中好比人的感官和大脑，是装备和战场的"灵魂"，需要是神算子、千里眼、顺风耳，要做到眼观六路、耳听八方。

（4）战斗部好比人的拳头，要做到快准狠，无坚不摧。当然也可以是降龙十八掌、化骨绵掌。

（5）防护系统是人的衣着，需要结实、保暖，甚至需要一些特殊的功能，如伪装隐身等，需要相应的防护材料。

（6）能源系统是人体补充的能量，相当于饮食保障，需要提供足够能量才能确保人体机能的正常运转。

来看一个具体的例子：飞机。制空权对现代战争至关重要，航空发动机是飞机的心脏，飞机性能的好坏主要取决于航空发动机。如图1.18所示，F – 15和F – 22是美国的两款主战战机，但是两者之间性能差别很大，根本的原因是发动机不同。众所周知，发动机的推重比越大，飞机性能越好。F – 15采用的是推重比为7～8的F – 110发动机，F – 22采用的是推重比为10的F119发动机。发动机的推重比与涡轮燃烧室的温度有关，温度越高，性能就越好。燃烧室的温度与材料有关，F – 110发动机采用的是第1代单晶高温合金叶片，服役温度约1030℃，F – 119发动机采用的是第2代单晶高温合金叶片，服役温度约1070℃，仅40℃的温差就使发动机在性能上产生了显著的差异。这充分说明了材料的重要性以及新材料研发的迫切性。

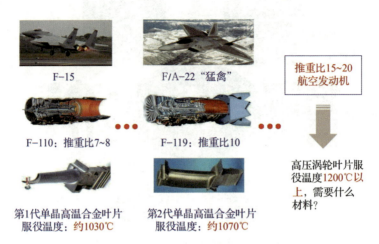

F-15

F/A-22 "猛禽"

推重比15~20
航空发动机

F-110：推重比7~8

F-119：推重比10

高压涡轮叶片服
役温度1200℃以
上，需要什么
材料？

第1代单晶高温合金叶片
服役温度：约1030℃

第2代单晶高温合金叶片
服役温度：约1070℃

▼ 图1.18 航空发动机发展与新材料

1.4.2 材料基本概念

新概念武器装备与材料密切相关，下面介绍一些材料中的基本概念。

1. 材料定义与分类

材料是可以用来制造有用的构件、器件或物品的物质。"制造"对应于材料的可加工性能；"有用"对应于材料的使用性能。材料的分类如图1.19所示。

结构材料
功能材料

使用性能

电子信息材料
生物材料
能源材料
建筑材料
航空航天材料
生态环境材料

金属材料
无机非金属材料
有机高分子材料
复合材料

组成

材料

应用领域

发展状态

传统材料
新材料

▼ 图1.19 材料的分类

按照使用性能，材料分为结构材料与功能材料两大类。结构材料是以其力学性质（如强度、塑性、韧性、硬度等）为基础制造受力构件或零件的材料。结构材料对物理和化学性能也有一定的要求。功能材料是指那些具有优良的电、磁、光、热、声、力学、医学等功能，特殊的物理、化学、生物学效应，能完成功能相互转化的材料，主要用来制造各种功能元器件。

按照组成来分，材料分为金属材料、无机非金属材料、有机高分子材料和复合材料。金属材料是指具有光泽、延展性、容易导电、传热等性质的材料，一般分为黑色金属、有色金属和特种金属材料。无机非金属材料是指以某些元素的氧化物、碳化物、氮化物、卤素化合物以及硅酸盐、铝酸盐、磷酸盐、硼酸盐等物质组成的材料。有机高分子材料，也称为聚合物或高分子化合物，是由大量重复的单元通过共价键连接而成的化合物。复合材料是由两种或两种以上性质不同的材料经复合工艺制成的材料，具有多种优良性能。

按照应用领域，材料分为电子信息材料、生物材料、能源材料、建筑材料、航空航天材料和生态环境材料等。按照发展状态，材料分为传统材料和新材料。

2. 金属材料

金属材料是由一种或多种金属元素（如铁、铝、铜、钛、金及镍等）组成，通常含有少量非金属元素（如碳、氮和氧等）。

金属材料主要由金属键构成，一般性能特点是具有光泽、延展性、容易导电、传热等优良性质。金属材料通常分为黑色金属、有色金属和特种金属材料。黑色金属包括铁、铬、锰等。其中，钢铁是基本的结构材料，称为"工业的骨骼"。由于科学技术的进步，各种新型化学材料和新型非金属材料的广泛应用，使钢铁的代用品不断增多，对钢铁的需求量相对下降。但迄今为止，钢铁在工业原材料构成中的主导地位还是难以取代的。各类金属制品和构件如图 1.20 所示。

▼ 图 1.20 各类金属制品和构件

（1）黑色金属。又称钢铁材料，包括杂质总含量小于0.2%及含碳量不超过0.0218%的工业纯铁，含碳0.0218%~2.11%的钢，含碳大于2.11%的铸铁。广义的黑色金属还包括铬、锰及其合金。

（2）有色金属。指除铁、铬、锰以外的所有金属及其合金，通常分为轻金属、重金属、贵金属、半金属、稀有金属和稀土金属等，有色合金的强度和硬度一般比纯金属高，且电阻大、电阻温度系数小。

（3）特种金属。包括不同用途的结构金属材料和功能金属材料。其中，包括通过快速冷凝工艺获得的非晶态金属材料，以及准晶、微晶、纳米晶金属材料等，还包括具有隐身、抗氢、超导、形状记忆、耐磨、减振阻尼等特殊功能的合金以及金属基复合材料等。

3. 陶瓷材料

陶瓷材料是指采用天然或合成化合物经过成形和高温烧结制成的一类无机非金属材料。它具有高熔点、高硬度、高耐磨性、耐氧化等优点，可用作结构材料、刀具材料，由于陶瓷还具有某些特殊的性能，也可作为功能材料。

陶瓷材料主要由离子键和共价键构成，一般分为普通陶瓷材料和特种陶瓷材料两种。陶瓷的抗压强度较高，但抗拉强度较低，塑性和韧性较差。陶瓷材料一般具有高熔点（大多在2000℃以上），且在高温下具有良好的化学稳定性和尺寸稳定性。大多数陶瓷具有良好的电绝缘性，因此大量用于制作各种电器的绝缘器件，这些器件在高温下不易氧化，并对酸、碱、盐具有良好的抗腐蚀能力。

（1）普通陶瓷材料。普通陶瓷材料是指采用天然原料如长石、黏土和石英等烧结而成的材料，是典型的硅酸盐材料，主要组成元素是硅、铝、氧，这三种元素占地壳元素总量的90%，普通陶瓷来源丰富、成本低、工艺成熟。这类陶瓷按性能特征和用途又可分为日用陶瓷、建筑陶瓷、电绝缘陶瓷和化工陶瓷等。

（2）特种陶瓷材料。采用高纯度人工合成的原料，利用精密控制工艺成形烧结制成，一般具有某些特殊性能以适应各种需要。根据其主要成分，分为氧化物陶瓷、氮化物陶瓷、碳化物陶瓷、金属陶瓷等；根据用途不同，分为结构陶瓷、工具陶瓷、功能陶瓷。特种陶瓷具有特殊的力学、光、声、电、磁、热等性能。常用功能陶瓷材料如表1.2所列。

表1.2　常用功能陶瓷材料

种类	性能特征	主要组成	用途
介电陶瓷	绝缘性	Al_2O_3、Mg_2SiO_4	集成电路基板
	热电性	$PbTiO_3$、$BaTiO_3$	热敏电阻
	压电性	$PbTiO_3$、$LiNbO_3$	振荡器
	强介电性	$BaTiO_3$	电容器
光学陶瓷	荧光、发光性	Al_2O_3CrNd 玻璃	激光
	红外透过性	$CaAs$、$CdTe$	红外线窗口
	高透明度	SiO_2	光导纤维
	电发色效应	WO_3	显示器
磁性陶瓷	软磁性	$ZnFe_2O$、$\gamma-Fe_2O_3$	磁带、各种高频磁芯
	硬磁性	$SrO \cdot 6Fe_2O_3$	电声器件、仪表及控制器件磁芯
半导体陶瓷	光电效应	CdS、Ca_2S_x	太阳电池
	阻抗温度变化效应	VO_2、NiO	温度传感器
	热电子放射效应	LaB_6、BaO	热阴极

4. 高分子材料

高分子材料又称聚合物或高聚物材料，是一类由一种或几种分子或分子团（结构单元或单体）以共价键结合成具有多个重复单体单元的大分子，其分子量高达 $10^4 \sim 10^6$。一般性能特点是强度不高、塑性好、易加工成型、不耐热、绝缘性好、耐腐蚀等，可满足多种特种用途要求，可取代部分金属和非金属材料。

高分子材料主要由共价键和分子键构成，根据性能和用途可将高分子材料分为塑料、纤维、橡胶三大类，此外还包括涂料、胶黏剂和离子交换树脂等。

（1）塑料。在一定条件下具有流动性、可塑性，并能加工成形，当恢复平常条件时仍可保持加工时形状的高分子材料称为塑料。塑料又分为热塑性塑料和热固性塑料两种。热塑性塑料可溶可熔，并且在一定条件下可以反复加工成形，例如聚乙烯、聚氯乙烯、聚丙烯等。热固性塑料则不溶不熔，并且在一定温度及压力下加工成形时会发生变化，这样形成的材料在再次受压、受热下不能反复加工成形，而具有固定的形状，例如酚醛树脂、脲醛树脂等。

（2）纤维。具备或保持其本身长度大于直径 1000 倍且具有一定强度的线条或丝状高分子材料称为纤维。纤维的直径一般很小，受力后形变较小（一般为百分之几到 20%）。纤维分为天然纤维和化学纤维，化学纤维又分为改性纤维素纤维与合成纤维。改性纤维素纤维是将天然纤维经化学处理后再纺丝而得到的纤维。例如，将天然纤维用碱和二硫化碳处理后，在酸液中纺丝就得到黏胶纤维。合成纤维是将单体经聚合反应而得到的树脂经纺丝而成的纤维，如聚酯纤维、聚酰胺纤维（尼龙 66）、聚丙烯腈纤维、聚丙烯纤维和聚氯乙烯纤维等。

（3）橡胶。在室温下具有高弹性的高分子材料称为橡胶。在外力作用下，橡胶能产生很大的形变（可达 1000%），外力除去后又能迅速恢复原状，如聚丁二烯（顺丁橡胶）、聚异戊二烯（异戊橡胶）、氯丁橡胶、丁基橡胶等。

塑料、纤维和橡胶三大类聚合物之间并没有严格的界限。有的高分子可以作纤维，也可以作塑料，如聚氯乙烯既是典型的塑料，又可制成纤维即氯纶，若将氯乙烯配入适量增塑剂，可制成类似橡胶的软制品。尼龙既可以用作纤维又可用作工程塑料；橡胶在较低温度下也可作塑料使用。各类高分子材料制品和构件如图 1.21 所示。

▼ 图 1.21　各类高分子材料制品和构件

5. 复合材料

复合材料是指由两种或两种以上不同性质的材料，通过物理或化学的方法，在宏观上组成具有新性能的材料。各种材料在性能上互相取长补短，产生协同效应，使复合材料的综合性能优于原组成材料而满足各种不同的要求。各类复合材料制品和构件如图 1.22 所示。

▶ 图1.22 各类复合材料制品和构件

复合材料按其组成分为金属基复合材料、聚合物基复合材料、陶瓷基复合材料等；按其结构特点分为纤维增强复合材料、夹层复合材料、细粒复合材料、混杂复合材料。通常情况下，将其分为结构复合材料和功能复合材料两大类。

（1）结构复合材料。结构复合材料是作为承力结构使用的材料，基本上由能承受载荷的增强体组元与能连接增强体成为整体材料同时又起传递力作用的基体组元构成。增强体包括各种玻璃、陶瓷、碳素、高聚物、金属以及天然纤维、织物、晶须、片材和颗粒等，基体则有高聚物（树脂）、金属、陶瓷、玻璃、碳和水泥等。由不同的增强体和不同基体即可组成各类结构复合材料，并以所用的基体命名，如高聚物（树脂）基复合材料等。结构复合材料的特点是可根据材料在使用中受力的要求进行组元选材设计，更重要的是可进行复合结构设计，即增强体排布设计，能合理地满足需要并节约用材。

（2）功能复合材料。功能复合材料一般由功能体组元和基体组元组成，基体不仅构成整体结构，而且能产生协同或加强功能的作用。功能复合材料是指除力学性能以外而提供其他物理性能的复合材料。例如，它们可以具有导电、超导、半导、磁性、压电、阻尼、吸波、透波、摩擦、屏蔽、阻燃、防热、吸声、隔热等某一功能，统称为功能复合材料。功能复合材料主要由功能体和增强体及基体组成。功能体可由一种或以上功能材料组成。多元功能体的复合材料可以具有多种功能，而且可能由于复合效应产生新功能。多功能是功能复合材料的发展方向。

1.4.3 材料失效模式

武器装备中的构件在工作条件下将受到各种力学负荷、热负荷和环境负荷的作用，有时只受到一种负荷作用，更多的时候是受到两种或两种以上负荷的共同作用，导致功能降低甚至完全丧失等各种失效形式的发生。按构件/

材料失效形式的不同，分为畸变、断裂、磨损、腐蚀及老化等 5 种。

1. 畸变

畸变是指在一定程度上减弱构件规定功能的变形。畸变可分为尺寸畸变或体积畸变（长大或缩小）和形状畸变（如弯曲或翘曲）。按卸载后构件尺寸、体积、形状等能否恢复可分为弹性畸变和塑性畸变。例如，受轴向负荷的连杆可产生轴向拉、压变形，受径向负荷则可产生轴的弯曲和杆体的翘曲变形等。产生畸变的构件或不能承受设定的负荷，或与其他构件运转发生干扰导致整体失去功能。

1）弹性畸变

弹性畸变是指外加应力或热应力作用于构件时产生的弹性变形，其特征是应变－应力关系符合胡克定律，外力去除后变形消失而恢复原状，即弹性畸变具有可逆性。超出设计要求的弹性畸变，对于承受拉、压负荷的杆、柱类构件会导致支撑件（如轴承）过载，或尺寸精度超差而造成动作失误。而对于承受弯曲、扭转负荷的传动轴类构件则会产生过大挠度、偏角或扭角等造成轴上啮合零件（如轴承、齿轮等）的严重偏载，甚至啮合失常及咬死，导致传动失效。

弹性畸变失效是由构件过大的弹性变形引起的。影响弹性畸变的主要因素是材料的弹性模量、构件的形状及尺寸、零构件服役温度及负荷的性质和大小等。材料不同，弹性模量差异很大。当采用不同材料时，相同形状及尺寸的零件，材料的弹性模量 E 越大，则其相应变形越小，如惯性制导的陀螺平台选用铍合金制造，其弹性模量大，不易引起弹性变形。铍的弹性模量是铝的 4 倍、钢的 1.5 倍。表 1.3 列出了常用材料的弹性模量。

表 1.3 常用材料的弹性模量

材料	E/GPa	材料	E/GPa	材料	E/GPa
金刚石	1000	Cu	124	Si_3N_4	289
WC	450～650	Cu 合金	120～150	尼龙	2～4
硬质合金	400～530	Ti 合金	80～130	铁及低碳钢	196
Ti、Zr、Hf 的硼化物	500	黄铜及青铜	103～124	有机玻璃	3.4
SiC	450	石英玻璃	94	铸铁	170～190
W	406	Al	69	聚乙烯	0.2～0.7

续表

材料	E/GPa	材料	E/GPa	材料	E/GPa
Al_2O_3	390	Al 合金	$69 \sim 79$	低合金钢	$200 \sim 207$
Mo 及其合金	$320 \sim 365$	混凝土	$45 \sim 50$	橡胶	$0.01 \sim 0.1$
碳纤维复合材料	$70 \sim 200$	玻璃纤维复合材料	$7 \sim 45$	奥氏体不锈钢	$190 \sim 200$
MgO	250	木材（纵向）	$9 \sim 16$	聚氯乙烯	$0.003 \sim 0.01$
Ni 合金	$130 \sim 234$	聚酯塑料	$1 \sim 5$	TiC	380

从选材角度，为防止构件的弹性畸变失效，应根据服役条件（力学负荷和热负荷）选用弹性模量高的材料，使同样应力状态下构件具有更小的弹性变形。

2）塑性畸变

塑性畸变是指外加应力超过构件材料的屈服极限时发生的明显的塑性变形（永久变形），其特征是外力去除后变形不消失，即变形具有不可逆性，但并未产生材料破裂的现象。与弹性畸变相比，塑性畸变引起的后果更严重。如钢结构房梁、输电塔承载过重发生弯曲塑性变形，导致倒塌；螺栓严重过载被拉长，失去紧固功能。齿轮、轴承传动等在过高压力下运行很可能出现表面塑性畸变，导致失效。

与弹性畸变类似，影响塑性畸变的主要因素是材料的屈服强度、安全系数、构件的形状及尺寸、构件服役温度及负荷的性质和大小等。从选材角度，为防止零构件的塑性畸变失效，应考虑采用屈服强度高的材料，使同样应力状态下构件具有更小的塑性变形。

3）翘曲畸变

翘曲畸变是指大小与方向上常产生的复杂规律的变形，而最终形成翘曲的外形，从而导致严重的翘曲畸变失效。这种畸变往往是由温度、外加负荷、受力截面、材料组成等所引起的不均匀性的组合，其中以温度变化，特别是高温所导致的形状翘曲最为严重。如受力钢架翘曲变形、壳体在高温下形状翘曲等。

翘曲畸变的形成机理复杂，为了防止构件的翘曲畸变失效，应考虑选用弹性模量大、屈服强度高的材料，同时应设计合理的受力截面。

2. 断裂

断裂是指含裂纹体承载达到临界值时，致使裂纹失稳扩展，最终产生破坏的现象。断裂的构件将完全丧失其承载或传动等功能。发生突然断裂时，往往会造成巨大损失。简单的断裂是指在远低于材料熔点的温度下物体在静外力（稳态或应力随时间缓慢变化）作用下破断成两块或多块的现象。

（1）断裂类型。按断裂产生的原因，可分为超载断裂、疲劳断裂、持久蠕变断裂、疲劳与蠕变交互作用断裂、应力腐蚀断裂等。除静载下超载断裂外，断裂强度都低于材料的强度极限和屈服极限。疲劳断裂在低于材料的弹性极限下发生。按断裂前吸收能量（或宏观塑性变形量）的大小，可分为脆性和韧性断裂两类。

（2）断裂模式。根据材料塑性变形能力的不同，将金属的断裂模式分为两种，分别是塑性断裂和脆性断裂。塑性金属断裂前一般有较大的塑性变形，吸收较高的变形能。而脆性断裂的特征是几乎没有塑性变形，吸收的能量极小。

塑性和脆性是相对的，特定断裂的模式是塑性还是脆性取决于其条件。所有断裂过程均有两个阶段，即在应力作用下裂纹形成和裂纹扩展。断裂模式主要取决于裂纹扩展机制。塑性断裂的特征是在扩展裂纹前沿邻近区有较大的塑性变形，该过程相对较慢，故裂纹扩展速率很低，该裂纹常称为稳态裂纹。若应力不增大，裂纹将不再扩展。该断裂模式的断口呈现明显宏观变形的特征，如扭曲和撕裂等。而脆性断裂裂纹扩展速率极快，且几乎不产生塑性变形，该裂纹也常称为非稳态裂纹。裂纹扩展一旦开始，无需增大应力，裂纹将持续扩展至断裂。

与脆性断裂相比，塑性断裂相对安全些。首先，脆性断裂的发生很突然且几乎无征兆，因为裂纹扩展速率极快且持续进行，往往会产生灾难性的后果。而塑性断裂发生前的塑性变形可提示失效即将发生，可采取措施防范。其次，材料的韧性越好，其塑性断裂所吸收的应变能越大。拉伸应力作用时，大多数金属呈塑性，陶瓷则多为脆性，聚合物材料则表现的比较复杂。

图 1.23 是两种不同断裂模式的宏观断口特征。图 1.23（a）为塑性极佳的金、铅等金属室温拉伸断口宏观形貌示意图，高分子材料、无机玻璃材料的高温拉伸断口形貌也大致如此。高塑性材料拉伸颈缩非常明显，断裂部位被拉尖，断面收缩率几乎达 100%。塑性材料常见拉伸断裂宏观断口呈图 1.23（b）所示，有一定程度颈缩，断裂过程大致有几个阶段，如图 1.24所示。从图中可以看出，第一阶段，颈缩开始（图 1.24（a））；第二阶段，

试样截面中心部位出现微小孔洞（图1.24（b））；第三阶段，继续变形，微小孔洞长大并聚集，形成椭圆形裂纹，其长轴垂直于拉伸应力。该过程在拉伸应力下持续进行，裂纹不断扩展（图1.24（c））；第四阶段，继续增加拉伸应力，颈缩区域产生与拉伸应力方向呈45°剪切变形（图1.24（d）），最后，拉伸应力使颈缩处外表面形成裂纹并迅速扩展导致断裂（图1.24（e））。

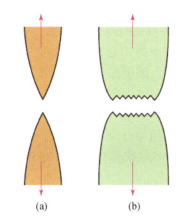

▷ 图1.23　不同断裂模式的宏观断口特征

（a）高塑性材料；（b）塑性材料。

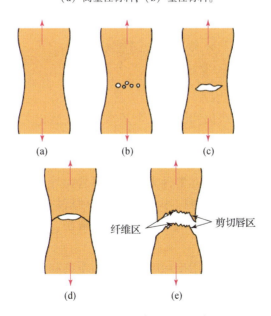

▷ 图1.24　杯锥断裂过程示意图

（a）第一阶段；（b）第二阶段；（c）第三阶段；（d）第四阶段；（e）断裂阶段。

3. 磨损

相互接触的金属表面相对运动时（摩擦副），表面材料不断发生损耗或产生塑性变形，使材料表面状态和尺寸改变的现象称为磨损。磨损是机械零件的三种主要破坏形式（断裂、磨损和腐蚀）之一。

机器运转时，任何零件在接触状态下相对运动时（滑动、滚动或滑动和滚动）都会产生摩擦，而磨损就是摩擦的结果。如果零件表面受到了损伤，轻者受损零件失去其部分应有的功能，重者会完全丧失其使用性。如齿轮表面、轴承表面、机床导轨等。磨损是机器和工具效率、准确度降低甚至报废的一个重要原因。

1）磨损的基本类型

按磨损的破坏机理，磨损可分为黏着磨损、磨粒磨损、表面疲劳磨损和腐蚀磨损等。黏着磨损和磨粒磨损模型如图 1.25 所示。

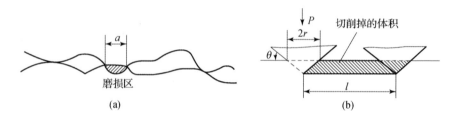

▼ 图 1.25　黏着磨损简化模型
（a）黏着磨损；（b）磨粒磨损。

2）磨损失效的影响因素

摩擦学涉及摩擦、磨损和润滑三个基本方面，磨损失效的影响因素包括摩擦副的材料和磨损工况等。

摩擦副材料。首先是材料的互溶性，晶格类型、原子间距、电子密度、电化学性能相近的金属材料互溶性大，易于黏着而导致黏着磨损失效，而金属与非金属互溶性小，黏着倾向小。其次，高硬度的材料有利于降低各类磨损。此外，材料表面缺陷的影响很大。夹杂、疏松、空洞及各种微裂纹都使磨损加剧。

工况参数。工况参数包括接触应力、滑动距离和滑动速率、温度、介质条件与润滑等方面。

4. 腐蚀

金属零件的腐蚀损伤是指金属材料与周围介质发生化学及电化学作用而

导致的变质和破坏。因此，金属零件的腐蚀损伤多数情况是化学过程，是由于金属原子从金属状态转化为化合物的非金属状态造成的，是一个界面反应过程。

按照腐蚀发生的机理，腐蚀基本上可分为两大类：化学腐蚀和电化学腐蚀。两者的差别仅仅在于前者是金属表面与介质只发生化学反应，在腐蚀过程中没有电流产生，而电化学腐蚀在腐蚀进行的过程中有电流产生。相对电化学腐蚀而言，发生纯化学腐蚀的情况较少。

金属的电化学腐蚀是由金属和周围介质之间的电化学作用引起的，其基本特点是金属不断遭到腐蚀的同时，伴有微弱电流产生，其原理如图1.26所示。金属零件发生电化学腐蚀的基本特征：一是两种金属或合金中的两个区域甚至两相之间的电极电位不同，即在某溶液中的稳定性不同；二是使这两种金属或合金中的两个不同区域相互接触或用金属导线将其连接起来；三是均在同一个电解溶液中，受腐蚀的是电位低的（或更负的）一极。

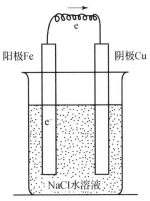

▶ 图1.26 电化学腐蚀原理

金属材料腐蚀大多数是电化学腐蚀，按照原电池腐蚀过程的基本原理，为提高金属材料的耐蚀能力，通常采用以下三种方法：一是减少原电池形成的可能性，使金属材料具有均匀的单相组织，并尽可能提高金属材料的电极电位；二是尽可能减小两极之间的电极电位差，并提高阳极的电极电位；三是使金属"钝化"，即在表面形成致密、稳定的保护膜，将介质与金属材料隔离。

5. 老化

与金属材料不同，高分子材料本身在加工、贮存和使用过程中由于对一些环境因素较为敏感而导致性能逐渐下降，即发生高分子材料或构件的老化。

引起高分子材料老化的环境因素包括物理因素（包括热、光、高能辐射等环境负荷和力学负荷作用）、化学因素（如氧、臭氧、水和酸、碱、油等环境负荷作用）和生物因素（如微生物和昆虫等环境负荷作用）。在这些负荷作用下，高分子材料性能下降。例如，有机玻璃发黄、发雾、出现银纹甚至龟裂；汽车轮胎和橡胶软管出现龟裂、变硬、变脆；油漆涂层失去光泽甚至粉化、龟裂、起泡和剥落。高分子材料在老化过程中性能下降的主要原因是分子链发生降解和交联反应。降解反应导致分子链断裂，即分子量下降，从而材料变软、发黏甚至丧失机械强度；交联反应则往往使高分子材料变脆或失去弹性。

各种高分子材料老化的难易程度与高分子链的结构直接相关。一般说来，杂链高分子容易受化学的侵蚀，而碳链高分子往往对化学试剂比较稳定，但容易在物理因素和氧的作用下老化。

一般说来，防止高分子材料的老化，可以采用如下四种方法：一是在高分子材料中添加各种稳定剂；二是改进聚合和成型加工工艺；三是将聚合物改性，如进行接枝、共聚等；四是用物理方法进行防护。

1.4.4　服役环境对材料的需求

所有装备均由构件组成，每个构件都有自身特定的功能，或完成规定的运动，或传递力、力矩或能量。不同功能构件有不同的使用效能要求，如承载能力、有效寿命、速率、能量利用率、安全可靠程度和成本以及寿命费用等。

装备构件在工作条件下可能受到力学负荷、热负荷和环境负荷的作用，有时只受到一种负荷作用，更多的时候是受到两种或两种以上负荷的共同作用，导致各种形式失效的发生。因此，不同的服役环境对于装备、构件以及组成构件的材料提出了不同的性能要求，这些要求总结起来主要体现在以下三个方面。

（1）结构方面。材料和构件需要具备满足要求的力学性能，如高比强度、高比刚度、高硬度、耐磨等。

（2）功能方面。材料和构件需要具备一定的功能性，这些功能通过材料本身或者结构体现出来，如声、光、电、热、磁等性能。

（3）环境适应性方面。材料和构件能够满足和适应装备的工作环境，即在装备的工作环境下，材料和构件不出现失效的现象。这些工作环境包括高温、低温、高湿、高过载、低气压等。

实际上，装备在工作环境下对于材料和构件的要求是多方面、综合的，它会涉及结构、功能和环境适应性多方面。关于每一种新概念武器对于材料和构件的具体要求，本书将在后续的章节中进行详细的介绍。

练习题

1-1　什么是新概念武器？其主要特征是什么？

1-2　新概念武器包括哪些种类？试举例说明。

1-3　简述环境适应性的概念，各类服役环境的含义是什么？

1-4　什么是材料？材料如何分类？

1-5　材料的失效模式有哪些？

1-6　谈一谈对材料与新概念武器关系的认识。

第 2 章　激光武器材料

激光武器是利用沿一定方向发射的激光束攻击敌方目标的定向能武器，具有快速、灵活、精确、抗电磁干扰能力强等特征，其毁伤目标的方式不同于常规武器，在光电对抗、防空和战略防御中可以发挥独特作用。

激光武器主要由大功率激光器、光束定向器及作战指挥系统三部分组成。大功率激光器是激光武器的"弹仓"，用于产生激光武器杀伤目标所需的大功率激光能量。其中，高能激光器是其核心部件。研制具有足够大功率、光束质量好、大气传输性能佳、破坏靶材能力强、适于作战使用的高能激光器，是实现高能激光武器的关键。光束定向器是控制光束方向和将激光能量准确发射到目标上的光学装置，由跟踪瞄准分系统（用于捕获、跟踪和瞄准目标）和发射望远镜分系统（用于激光能量聚焦到目标上）两部分组成。作战指挥系统主要用于控制整个武器系统共同完成杀伤、破坏或干扰敌方目标的作战任务。经过多年的发展，低功率激光武器已经开始进入应用，高功率激光武器也日渐成熟。

本章主要介绍激光武器的定义、分类、特点、杀伤机理、发展历史及现状、基本原理、系统组成和核心单元，重点阐述激光武器的核心关键材料，尤其是材料对于激光武器的发展推动作用等。

2.1　激光武器概述

2.1.1　定义和分类

1. 激光武器定义

激光武器是利用激光的能量干扰、致盲或毁伤敌方武器、装备等的一种定向能武器。激光武器主要技术参数包括激光功率、光束质量、跟踪瞄准精度、体积、重量和能耗等。激光武器的作战能力主要取决于到靶功率密度和持续作用时间。其中，功率密度 $I(\mathrm{W/cm^2})$ 与激光器输出总功率 P 成正比，与作战距离 L 和光束质量因子 β 的平方成反比，表达如下：

$$I \propto \frac{\tau P}{\beta^2 L^2} \qquad (2-1)$$

式中：τ 为激光传输的透过率，对于地面使用的激光武器，τ 是大气透过率。气象条件和战场环境对大气透过率有不同程度影响，雨、雾、霾等恶劣天气条件下激光武器可能无法使用；β 为描述激光束发散度的指标，其理论极限值为 1，数值越大，光束质量越差，表示光束发散越严重，激光有效作用距离越近。

2. 激光武器分类

按照激光器类型，激光武器分为半导体/固体激光器激光武器、氧碘化学激光器激光武器和氟化氢化学激光器激光武器等。

按照作战效能，激光武器分为致盲型、近距离战术型（可用来击落导弹和飞机）和远距离战略型三类。其中，远距离战略型研制困难最大，可以用来反洲际弹道导弹，是最先进的防御武器之一。

激光武器在立体布防上分三个层次，通常称天基、空基和地基，如图 2.1 所示。其中，天基激光武器主要用于战略目标，要求激光功率密度更高，射程更远，对控制精度、稳定性和可靠性都有更高要求，同时体积和重量却也有严格的限制。空基主要是机载激光武器，这种激光武器容易得到地面的有效支持，有较大的灵活性，可对抗巡航导弹和攻击地面目标。地基激光武器（舰载和车载）具有很大的灵活性，用于战术目标或战略目标，是目前发展的重点方向。

 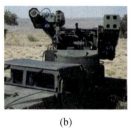 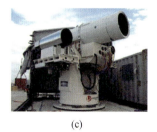

(a)　　　　　　　　(b)　　　　　　　　(c)

▼ 图 2.1　国外研发的几种激光武器（图片来源于网络）

（a）美空军机载激光武器（2011）；（b）美陆军车载激光"复仇者"（2007）；

（c）美海军舰载 Laws 系统（2010）。

从作战应用上，激光武器主要分为低能激光武器和高能激光武器两大类。

（1）低能激光武器。即激光干扰与致盲武器，它仅需采用中、小功率器件，技术比较简单。这种武器能干扰、致盲甚至破坏导引头、跟踪器、目标指示器、测距仪、观瞄设备等，在战场上起到扰乱、封锁、阻遏或压制等作用。

（2）高能激光武器。主要包括战略防御激光武器、战区防御激光武器和战术防空激光武器。其中，天基战略防御激光武器的作战目标为助推段的战略导弹等，可用于遏制弹道导弹所造成的威胁。战区防御机载激光武器主要用于从远距离（远达600km）对战区弹道导弹进行助推段拦截，从而使弹体碎片落在敌方区域，迫使攻击者放弃行动，起到遏制作用。战术防空激光武器可通过毁伤壳体、制导系统、燃料箱、天线、整流罩等拦截入侵的精确制导武器。将高能激光武器综合到现有的弹炮系统中，形成弹、炮、激光三结合的综合防空体系，可用于保卫指挥中心、重要舰船、机场、重要目标、重要区域等小型面目标和点目标。

上述各类激光武器中，战略防御天基激光武器和战区防御机载激光武器均具有助推段弹道导弹拦截能力。实施助推段拦截具有如下优势：发动机正在工作，喷出的火焰易于探测；导弹飞行速度相对较慢，弹头没有分离，也没有施放诱饵，易于跟踪、瞄准与拦截；助推段一般位于敌方境内，拦截后弹体碎片，特别是携带的核、生化弹头的碎片将落在敌方区域，不会对防御方造成附加损伤。

2.1.2 激光武器杀伤机理和主要特点

1. 激光武器杀伤机理

激光武器对目标的破坏效应是通过定向发射的激光束与目标的相互作用来实现的，破坏机理是指支配破坏效应的物理机制。

当激光辐照到目标上时，部分激光能量被激光辐照区的材料吸收，这是激光与物质的能量耦合过程。吸收激光能量的材料会产生各种不同的热学、力学、光学、化学和电磁学等响应，例如温度升高、熔化、气化、树脂材料的热分解等，即所谓的材料响应。材料性质发生变化，材料对入射、透射激光束将产生反作用。通过材料对激光的吸收，相关器件/结构/系统的功能产生响应和变化，如器件功能失效（器件响应）、承载结构发生坍塌（结构响应）、系统发生故障（系统响应）等，这是所谓的器件/结构/系统响应。

　　因此，激光与物质相互作用过程大体可以分为能量耦合、材料响应、器件/结构/系统响应三阶段。激光与物质相互作用过程中涉及多种宏观、微观物理机制，如图2.2所示。不同的激光类型和特性、不同的靶材类型、不同的环境条件，主导性的物理机制也不同，从而产生不同的响应和效应。综合来讲，激光武器的主要杀伤机理主要包括热作用破坏、力学破坏和辐射破坏。

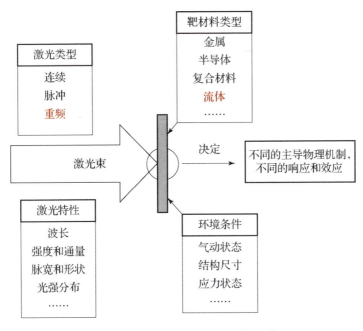

　▶　图2.2　诸多因素影响激光与物质相互作用过程

　　（1）热作用破坏。被激光照射的目标物体局部会瞬间气化，当持续气化很强烈时，材料蒸气高速喷出，同时将部分凝聚态颗粒或液滴一起冲刷出来，从而造成凹陷甚至穿孔破坏。

　　（2）力学破坏。蒸气高速喷出时，对目标物体会产生强大的反冲作用，使目标物体内部形成激波，激波传到目标物体的背面，产生强大的反射。外表面的激光与背面的激光对目标物体形成前后夹击，使目标物体变形破裂。

　　（3）辐射破坏。当激光照射到目标物体表面时，被气化的物质会被电离成等离子体云，等离子体云辐射出紫外线和X射线，对目标物体造成损伤。

　　激光辐照目标表面后，可能产生一系列的热学、力学等物理和化学过程，使目标的某些部件受到暂时或永久性损伤。飞行目标遭到激光的损伤后，可能从空中坠落，也可能因丧失精确制导能力而脱靶。

激光对目标的破坏作用大致可以分为软破坏与硬破坏两种。所谓的软破坏是指用激光破坏武器的传感器或导引头等易损部件，如摧毁装备上的光学元件与光电传感器；硬破坏是指用激光破坏敌方空中目标的金属等构件，如摧毁装备上的电池板等硬部件。

2. 激光武器特点

激光武器在工作原理、作战方式和杀伤机理等方面与传统武器有显著不同，其工作特点主要表现在以下 6 个方面：

（1）定向性好。激光武器的光束发散角特别小，一般只有几个微弧度，即使激光能量传输 10km，光束仅发散 1cm，激光能量集中度极高。如果在大气层外作战，激光能量几乎可以无损耗传输，能够摧毁几千千米以外的目标。

（2）无需提前量。激光能量以光速传播，每秒 30 万千米，常见军事目标的移动速度都无法与之相比，其他运动物体相对于光速可以认为是静止的。因此，激光武器攻击目标不需要计算目标运动的提前量，可以直接瞄准目标的当前位置点。

（3）命中率高。激光在真空中或在均匀的大气中以直线传播，跟踪瞄准射击精度高，其跟踪和瞄准的角误差一般与激光束的发散角相当，从而确保激光能够持续照射在目标或其特定的部位上。

（4）作战效费比高。激光武器每次作战主要消耗燃料，与动能武器相比，作战效能大大提高。1991 年，在"沙漠风暴"战争中，美国平均使用两枚以上"爱国者"导弹才能摧毁一枚"飞毛腿"导弹，"爱国者"导弹售价为百万美元量级，而采用以氟化氘激光器为主光源的战术高能激光武器，拦截一枚"飞毛腿"导弹只需要千美元量级。

（5）抗干扰能力强。基于雷达制导的武器系统受电磁干扰严重，而激光是一种特殊的物质，无重力，不受电磁场、重力场等影响，现代电子战的干扰手段几乎不影响激光武器的作战能力。

（6）对气候及环境要求高。激光武器在雨、雪、雾等恶劣气候条件下作战效能大幅度下降，战场烟尘等环境也不利于激光武器有效工作。因此，激光武器需要与其他武器配合使用以发挥其所长。

2.2　激光武器基本原理、 系统组成和核心单元

2.2.1　基本原理

1. 激光产生基本原理

按工作介质分，激光器可分为气体激光器、固体激光器、半导体激光器和染料激光器四大类，近年来还发展了自由电子激光器。除自由电子激光器外，各种激光器的工作原理基本相同，产生激光的必要条件是粒子数反转和增益大过损耗，所以装置的主要组成包括激励（或抽运）源和具有亚稳态能级的工作介质两部分。

激励是工作介质吸收外来能量后激发到激发态，为实现并维持粒子数反转创造条件。激励方式包括光学激励、电激励、化学激励和核能激励等。工作介质具有亚稳能级是使受激辐射占主导地位，从而实现光放大。激光器中常见组成部分还包括谐振腔，谐振腔可使腔内的光子具有一致的频率、相位和运行方向，使激光具有良好的方向性和相干性。而且，它可以很好地缩短工作物质的长度，还能通过改变谐振腔长度来调节所产生激光的模式。

2. 激光工作物质

激光工作物质是指用来实现粒子数反转并产生光的受激辐射放大作用的物质体系，有时也称为激光增益媒质，它们可以是固体（晶体、玻璃）、气体（原子气体、离子气体、分子气体）、半导体和液体等媒质。对激光工作物质的主要要求是尽可能在其工作粒子的特定能级间实现较大程度的粒子数反转，并使这种反转在整个激光发射作用过程中尽可能有效地保持下去。因此，要求工作物质具有合适的能级结构和跃迁特性。不同激光器的工作物质是不同的，根据工作物质物态的不同可把激光器分为以下 5 类。

（1）固体激光器。这类激光器所采用的工作物质是通过把能够产生受激辐射作用的金属离子掺入晶体或玻璃基质中构成发光中心而制成的。

（2）气体激光器。采用的工作物质是气体，并且根据气体中真正产生受激发射作用之工作粒子性质的不同，进一步区分为原子气体激光器、离子气体激光器、分子气体激光器、准分子气体激光器等。

（3）液体激光器。这类激光器所采用的工作物质主要包括两类，一类是有机荧光染料溶液，另一类是含有稀土金属离子的无机化合物溶液，其

中金属离子（如 Nd）起工作粒子作用，无机化合物液体（如 $SeOCl_2$）起基质的作用。

（4）半导体激光器。这类激光器是以一定的半导体材料作为工作物质而产生受激发射作用，其原理是通过一定的激励方式（电注入、光泵或高能电子束注入），在半导体物质的能带之间或能带与杂质能级之间，通过激发非平衡载流子而实现粒子数反转，从而产生光的受激发射作用。

（5）自由电子激光器。这是一种特殊类型的新型激光器，工作物质为在空间周期变化磁场中高速运动的定向自由电子束，只要改变自由电子束的速度就可产生可调谐的相干电磁辐射，从而形成高能激光。

3. 激励抽运系统

激励抽运系统是指为使激光工作物质实现并维持粒子数反转而提供能量来源的机构或装置。根据工作物质和激光器运转条件不同，可以采取不同的激励方式和激励装置，常见的包括以下 4 种：

（1）光学激励（光泵）。利用外界光源发出的光来辐照工作物质以实现粒子数反转，整个激励装置通常是由气体放电光源（如氙灯、氪灯）和聚光器等组成，这种激励方式也称为灯泵浦。

（2）气体放电激励。利用在气体工作物质内发生的气体放电过程来实现粒子数反转，整个激励装置通常由放电电极和放电电源组成。

（3）化学激励。利用在工作物质内部发生的化学反应过程来实现粒子数反转，通常要求有适当的化学反应物质和相应的引发措施。

（4）核能激励。利用小型核裂变反应所产生的裂变碎片、高能粒子或放射线来激励工作物质并实现粒子数反转。

4. 光学谐振腔

光学谐振腔通常是由具有一定几何形状和光学反射特性的两块反射镜按特定的方式组合而成。作用如下：一是提供光学反馈能力，使受激辐射光子在腔内多次往返以形成相干的持续振荡。该作用通常由组成腔的两个反射镜的几何形状（反射面曲率半径）和相对组合方式所决定。二是对腔内往返振荡光束的方向和频率进行限制，以保证输出激光具有一定的定向性和单色性。该作用是由给定共振腔型对腔内不同行进方向和不同频率的光具有不同的选择性损耗特性所决定的。

5. 波段范围

各类激光器的输出波长范围是不同的：

（1）远红外激光器。输出激光波长范围处于 25 ~ 1000μm 之间，某些分子气体激光器以及自由电子激光器的输出波长即处于这一范围。

（2）中红外激光器。输出激光波长处于中红外区（2.5 ~ 25μm）的激光器件，典型的代表有 CO_2 分子气体激光器（10.6μm）、CO 分子气体激光器（5 ~ 6μm）。

（3）近红外激光器。输出激光波长处于近红外区（0.75 ~ 2.5μm）的激光器件，典型的代表有掺钕固体激光器（1.06μm）、CaAs 半导体二极管激光器（约0.8μm）和某些气体激光器等。

（4）可见激光器。输出激光波长处于可见光谱区（4000 ~ 7000Å 或 0.4 ~ 0.7μm）的激光器件，典型的代表有红宝石激光器（6943Å）、氦氖激光器（6328Å）、氩离子激光器（4880Å、5145Å）、氪离子激光器（4762Å、5208Å、5682Å、6471Å）以及一些可调谐染料激光器等。

（5）近紫外激光器。输出激光波长范围处于近紫外光谱区（2000 ~ 4000Å）的激光器件，典型的代表有氮分子激光器（3371Å）、氟化氙准分子激光器（3511Å、3531Å）、氟化氪准分子激光器（2490Å）以及某些可调谐染料激光器等。

（6）真空紫外激光器。输出激光波长范围处于真空紫外光谱区（50 ~ 2000Å）的激光器件，典型的代表有氢分子激光器（1644 ~ 1098Å）、氙准分子激光器（1730Å）。

（7）X 射线激光器。输出波长处于 X 射线谱区（0.01 ~ 50Å）的激光器件。

2.2.2　激光武器系统组成和核心单元

激光武器主要由大功率激光器、光束定向器以及作战指挥系统三部分组成，如图 2.3 所示。大功率激光器产生激光武器杀伤目标所需的大功率激光能量，光束定向器是控制光束方向和将激光能量准确发射到目标上的光学装置，作战指挥系统主要用于控制整个武器系统共同完成杀伤、破坏或干扰敌方目标的作战任务。

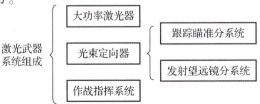

▼ 图 2.3　激光武器系统组成

同手枪射击要通过照门、准星和目标三点一线进行瞄准才能有效命中目标一样，激光武器系统在发射激光时也要预先瞄准目标，才能把激光准确地投射到目标表面。对于运动目标，激光武器系统还需要配备用于捕获、跟踪目标的探测器和跟踪设备，根据目标的状态和运动特性判断激光发射时机和方位。

激光武器系统结构如图 2.4 所示，由激光器发出的高能激光经过光束传输变换系统后进入光束定向器，再由光束定向器扩束后发射至远距离目标。当到达目标表面的激光能量密度达到或超过材料的毁伤阈值，目标表面材料强度下降甚至熔化、气化形成穿孔，即实现激光武器系统毁伤目标的目的，如引爆导弹的战斗部或引燃飞机、导弹等目标的燃料箱等。

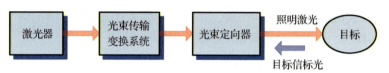

> 图 2.4　激光武器系统结构框图

下面重点介绍高能激光器、光束定向器、捕获跟踪与瞄准系统、大气传输及其补偿系统四个组成部分。

1. 高能激光器

高能激光器是激光武器的核心部件。研制具有足够大功率、光束质量好、大气传输性能佳、破坏靶材能力强、适于作战使用的高能激光器，是实现高能激光武器的关键，也是各国长期探索研究的目标。按激光生成方法可以分为化学激光器、固体激光器、光纤激光器和自由电子激光器等。

（1）化学激光器。利用工作物质的化学反应所释放的能量激励工作物质产生激光，例如以氟化氮作为氧化剂使得乙烯燃料在燃烧室内发生燃烧，在燃烧室的下游，氘氦混合气体被注入燃烧后的尾气中，产生自由的氟化氘分子，这些分子在激光器的谐振腔内受激发后，产生激光。目前常见的化学激光武器包括氧–碘激光器、氟化氢激光器、氟化氘激光器等。

其中，氧–碘化学激光器首先被美国用于 ABL 计划（机载激光器计划），尝试采用氧–碘激光器在 12km 高空摧毁 320km 外正在进行助推飞行的导弹。在发展 ABL 项目同时，美国空军于 1977 年发明了新的氧–碘化学激光器，其能量转化效率达到 20% 左右，后来继续发展用于空基激光器，计划使用波音747 –400F 飞机作为载机，装载功率更高的氧–碘化学激光器，目的是能拦截同时发射的 5~10 枚弹道导弹，如图 2.5 所示。

▼ 图 2.5　国外研发的化学激光武器系统（图片来源于网络）

氧－碘激光器具有更大的功率，在体积、功率、重量和可靠性上形成了一个平衡。但是，化学激光器共有的缺点是需要耗用大量的化学燃料，体积庞大，且需要解决废气废热排放问题。

（2）固体激光器。固体激光器是采用固体激光材料作为工作物质，一般采用光学透明的晶体或者玻璃作为基质材料，掺以激活离子或者其他激活物质等构成。其中，对于玻璃激光工作物质，容易制成均匀的大尺寸材料，用于高能量或高峰值功率激光器。但荧光谱线较宽，热效能较差，不适合高平均功率下工作。而晶体激光物质具有良好的热性能和机械性能，且有窄的荧光谱线，但不易获得大尺寸材料的晶体。

相较于其他类型的激光器，固体激光武器具有全电工作、战场保障相对简单，规模适中、易于机动平台装载，快速交战、适于拦截来袭目标，无限弹药、作战运行成本极低等优点。目前，美国在试验中使用最新激光防空武器击落了数架无人飞机。其中，固体激光器以 32kW 的能量在数秒之内将无人飞机烧毁。图 2.6 所示为美国研制的高能固体激光器。

▼ 图 2.6　美国研制的高能固体激光器（图片来源于网络）

不同激光器的特点对比如表2.1所列。相较于化学激光器、自由电子激光器，固体激光器具有更小的体积和重量，且成本较低。近年来，其输出功率已达到武器级的100kW。但由于固体激光武器光源发射的光谱中只有一部分为工作物质所吸收，再加上其他损耗，因而能量转换效率仍有待提高。

表2.1 不同激光器的特点对比

特点	化学激光器	固体激光器
优点	功率高、光束质量好	体积小、重量轻、性能稳定、易于战场维护
缺点	体积庞大、燃料消耗大、战场维护不便	功率相对低、光束质量退化

激光二极管泵浦固体激光器的种类很多，可以是连续的、脉冲的、调Q的以及加倍频混频等非线性转换的。工作物质的形状有圆柱和板条状。而泵浦的耦合方式又分为直接端面泵浦、光纤耦合端面泵浦和侧面泵浦三种。泵浦所用的激光二极管或激光二极管阵列出射的泵浦光，经由会聚光学系统将泵浦光耦合到晶体棒上，为减少耦合损失，在晶体棒的泵浦耦合面上镀有对激光二极管波长的增透膜。同时，该端面也是固体激光器谐振腔的全反端，因而端面的膜也是输出激光的谐振腔，起振后产生的激光束由输出镜耦合输出。激光二极管泵浦固体激光器的基本结构如图2.7所示。

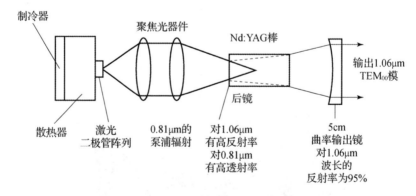

▶ 图2.7 激光二极管泵浦固体激光器基本结构示意图

（3）光纤激光器。与其他类型激光器相比，光纤激光器具有转换效率高、光束质量好、热管理方便、结构紧凑等优点，能够获得高功率和高光束质量的激光输出。

光纤激光器结构与固体激光器基本相同，由泵浦源（激光二极管和必要的光学耦合系统）、增益介质（掺稀土元素的增益光纤）、谐振腔（可为反射镜、光纤光栅或光纤环）等组成。按泵浦光的入射方式，光纤激光器可分为端面泵浦光纤激光器、双包层光纤激光器和任意形状光纤激光器。光纤激光器属于光波导激光器，以掺稀土元素（Nd、Yb、Er 等）的光纤为工作物质，并用二极管激光作为泵浦源，可脉冲和连续运转，其性能明显优于二极管泵浦固体激光器，光学谐振腔是高功率光纤激光器实用化的关键。光纤激光器采用光纤光栅做谐振腔。光纤光栅是通过紫外诱导在光纤纤芯形成折射率周期性变化的低损耗器件，具有很好的波长选择特性。光纤光栅的应用简化了激光器结构，窄化了线宽，同时提高了激光器的信噪比和可靠性，提高了光束质量。

典型的光纤激光器有自由空间结构光纤激光器和全光纤结构光纤激光器两种。自由空间结构光纤激光器如图 2.8 所示。该方法的优点是技术相对简单，易于实现，但同时存在很多缺点，如光纤端面易损伤、机械稳定精度要求高、系统结构复杂、可靠性和环境适应性较差等，不适合军事应用。

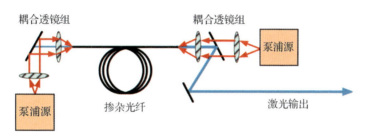

▶ 图 2.8 自由空间结构光纤激光器系统结构示意图

全光纤结构光纤激光器以光纤光栅为谐振腔镜，构成光纤化激光谐振腔，通过泵浦光纤合束器或其他方式实现高功率泵浦光到双包层光纤的光纤化耦合，从而实现高功率光纤激光器的全光纤化。全光纤激光器的系统结构具有典型的模块化特征，如图 2.9（a）所示。整个系统主要由泵浦源、泵浦合束器、光纤光栅、掺杂光纤和输出准直器组成。光纤光栅与掺杂光纤形成激光谐振腔，若干束泵浦激光通过多模光纤注入泵浦合束器，泵浦合束器通过波导结构设计实现模场匹配，将泵浦激光注入掺杂光纤的内包层，实现激光振荡输出，并通过输出准直器将激光导入自由空间。由于构建谐振腔的光纤布拉格光栅的承受功率以及泵浦激光器的功率的限制，要获得更高功率的激光输出，通常采用主控振荡器的功率放大器（master oscillator power – amplifier, MOPA）结构，如图2.9（b）所示，将图2.9（a）所示的激光器输出激光进行功率放大。MOPA结构的光纤激光器主要由主振荡器和放大器两个模块组成，其间根据主振荡器和回光功率大小决定是否设置隔离器。此外，根据实际应用对激光功率的需求，通常还可以采用级联放大的方式获得更高的激光功率输出。

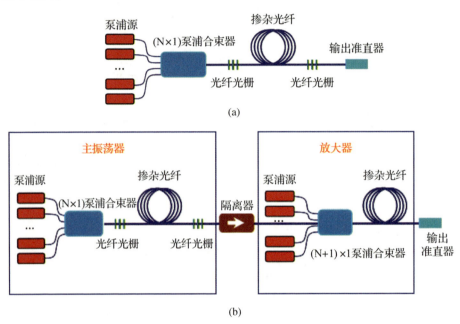

▶ 图2.9　全光纤激光器系统结构示意图
（a）全光纤激光器结构；（b）功率放大结构。

（4）自由电子激光器。自由电子激光器（FEL）利用自由电子的受激辐射，把电子束的能量转换为激光。其工作原理是电子从原子脱离后，通过线性加速器加速到高能态，这些高能态电子被导入到摆动器，迫使它们以光子的形式释放出能量，当光子进入谐振腔后，光子在谐振腔两端的反射镜之间来回运动，并激发出更多相同频率的光子，最后形成一簇连续的光束发射出去。自由电子激光器的主要结构和工作原理如图2.10所示。

美国海军研究实验室从1996年开始对自由电子激光器进行研制，2004年激光器功率已经达到10kW，2007年达到25kW。2009年，美国海军研究实验室与波音和雷锡恩公司签订合同，要求提供100kW级自由电子激光器的初步设计。

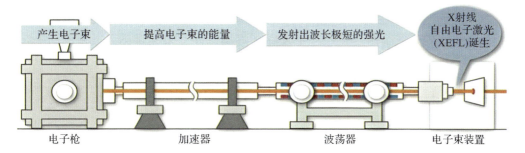

电子枪　　　　加速器　　　　波荡器　　　　电子束装置

▼ 图 2.10 自由电子激光器主要结构和工作原理示意图（图片来源于网络）

2. 光束定向器

光束定向器是与激光器匹配的重要部件。图 2.11 是光束定向器主要性能参数，图 2.12 是美军舰载 Laws 激光武器光束定向器及其结构示意图。

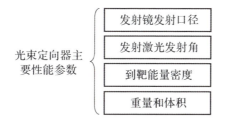

▼ 图 2.11 光束定向器主要性能参数

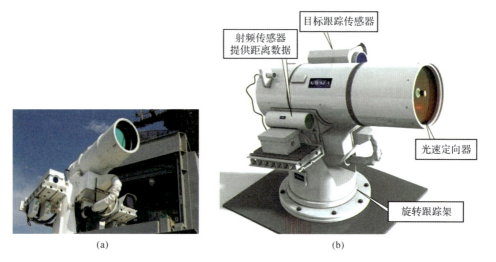

（a）　　　　　　　　　　　　　（b）

▼ 图 2.12 舰载 Laws 激光武器光束定向器及结构示意图（图片来源于网络）
（a）舰载 Laws 激光武器光束定向器；（b）结构示意图。

　　光束定向器由大口径发射系统和精密跟踪瞄准系统组成。发射系统相当于雷达的天线，用于把激光束发射到远场，并汇聚到目标上，形成功率密度尽可能高的光斑，以便在尽可能短的时间内破坏目标。跟踪瞄准系统用于使发射望远镜始终跟踪瞄准飞行中的目标，并使光斑锁定在目标的某一固定部位，从而有效地摧毁或破坏目标。因此，必须采用主镜直径足够大的发射望远镜，并可根据目标的不同距离对次镜进行平移，以起到调焦的作用。

　　光束定向器是将高能激光从发射平台导向运动目标的一种重要光学元件，图2.13为光束定向器的外观，图2.14所示为库德式光束定向器光路结构示意图。该光束定向器的光学元件包括中继反射镜、马蹄镜、望远镜主镜和次镜，通过这组光学元件可以实现对激光的传输变换和聚焦发射，同时也可以进行共光路目标探测和信标回波接收。望远镜是光束定向器的重要组件，作为接收装置，能够增加系统的采光（从目标处获取更多光线），同时与其后的光学系统一起增加目标成像的角分辨率，以完成目标识别和特征跟踪；作为发射装置，对于固定波长可以减小相对于较小的输出孔径引起的衍射效应，对于高功率应用一般采用反射式光学元件。随着反射光学元件的制造技术的发展，已经可以制造出相对于实心镜减重80%～90%的轻型望远镜主镜。反射光学元件必须镀膜以提高反射率，对单个波长的反射率可达99.99%。

▼　图2.13　光束定向器实物图

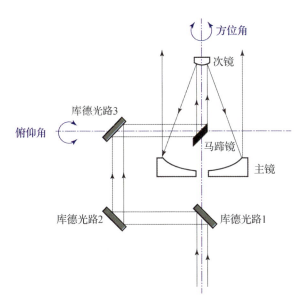

▶ 图2.14 库德光路结构示意图

随着到靶激光功率密度要求的不断提高，光束定向器发射望远镜的口径也不断增大。发射口径越大，发射激光的发散角越小，到靶能量集中度越高。但是大口径会带来更大的转动惯量和更大体积，更大的驱动电机功率会带来电气信号干扰问题，这些因素都将影响系统的跟踪瞄准精度。

此外，光束定向器系统内部的热管理也是影响系统输出光束质量的重要因素之一。由于激光功率密度不断提高，光学元件经长时间强光辐照会产生热变形，热畸变对出射激光波前相位产生影响，使得到靶激光光束质量严重下降。解决热效应的途径有两种，一是光学元件前表面镀制强光高反射膜系，缩小进入镜体内部的激光比例，同时后表面镀制增透膜，减少因二次反射引起的杂光影响；二是对光学传输通道进行隔热处理，通过管道抽真空或填充特殊气体、增加热置换速率等方式，将传输通道热效应的影响降到最低。

3. 捕获跟踪与瞄准系统

激光武器系统能否对目标实施毁伤取决于两个关键因素：一是高能激光光束质量；二是系统的跟踪、瞄准精度。即要想达到对目标的预期破坏效果，除应具备高光束质量、高功率激光光源外，还需借助一个功能完善、高精度的捕获跟踪与瞄准系统，才能使高能激光束精确、集中、稳定地击中目标。

捕获、跟踪和瞄准过程是激光武器系统发现并识别目标、跟踪目标和打击目标的最基本、最重要的技术环节，简称 ATP 技术。ATP 系统通常由光束定向器和伺服控制系统构成，主要具有以下三个功能：一是能够在外设引导或自主搜索的条件下迅速、可靠地探测、捕获指定目标，并在目标丢失后迅速重新捕获；二是能够持续稳定地跟踪目标，跟踪精度满足一定要求；三是能够在稳定跟踪基础上，对高能激光进行传输变换，将高能激光聚焦传输到目标上。

（1）捕获。用较大视场的雷达或者光电探测器作为探测手段，对所观测领域进行监视、搜索，发现并识别目标，获得目标的大致运动特性、轨迹和辐射特性。

对捕获的技术要求主要有捕获距离、捕获视场、捕获时间及捕获目标特性。其中，捕获距离与系统作战目标关系密切，跟踪一般战术目标，捕获距离只有几十千米，跟踪战略目标，捕获距离要求达到几百千米甚至上千千米。捕获视场与传感器的分辨率成反比，单方面追求大视场会降低信噪比，减弱系统对目标的识别能力。捕获时间是指当目标进入捕获传感器视场直至传感器送出目标位置信息所需的时间，主要是传感器响应及信号处理耗时，当目标较远信噪比较低时，往往需要经过多帧信号处理才能提取有效信号，捕获时间相对较长。

（2）跟踪。实时测量目标视轴与系统视轴的偏差，闭环控制光电系统运动，自动控制跟踪轴追随目标，使目标保持在传感器视场中心。

对跟踪系统的技术要求主要包括跟踪角度范围、跟踪角速度/角加速度、跟踪精度和过渡时间等，可以概括为跟踪精度和响应速度两个方面。这两个方面的指标要求由实际目标的特性决定，是跟踪系统设计时需要考虑的重要因素。由于目标运动以及各种扰动因素会产生跟踪误差，跟踪误差定义为跟踪轴与目标视轴偏差围绕其平均值变化的均方根值，即发射系统感知的跟踪误差。

（3）瞄准。瞄准方向是发射系统视轴的平均取向。考虑到目标运动、跟踪系统轴系或结构变形引起的误差、大气蒙气色差等因素的影响，瞄准方向通常需要设置偏置量。瞄准误差定义为发射系统发射轴与瞄准点视轴间偏差的平均值，即目标上的实际激光束瞄准误差。

ATP 系统工作流程可分为系统初始化、目标捕获、目标跟踪、瞄准四个步骤。从图像探测角度而言，是一个探测器视场逐渐缩小、目标探测精度逐渐提高和目标图像清晰度逐渐增强的过程，如图 2.15 所示。

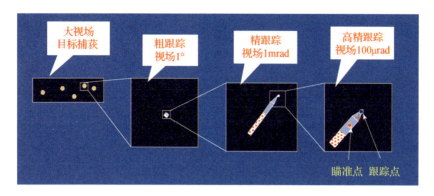

大视场
目标捕获

粗跟踪
视场1°

精跟踪
视场1mrad

高精跟踪
视场100μrad

瞄准点　跟踪点

▼ 图2.15　目标捕获跟瞄过程的探测器视场切换示意图

首先，系统进入初始化模式，初始化模式的工作主要是设备状态检查，包括系统自检、系统间通信检查和传感器初始化，完成相应任务的参数设定以及能动器件初始状态的建立。初始化完成后，进入目标捕获阶段。系统根据预警卫星和早期预警雷达提供的信息或目标运行轨迹预报数据，预测目标的出现时间及方位，驱动光束定向器机架在较大视场范围内进行搜索，发现并将目标拉入光束定向器捕获电视视场中心，根据目标运动特性实时调整主机架方位，完成目标捕获。

目标跟踪分为粗跟踪和精跟踪两个阶段。粗跟踪阶段利用大视场粗电视控制机架进行跟踪控制，将目标引入粗电视的跟踪视场。粗电视跟踪误差直接驱动机架，提供粗跟踪能力，同时目标跟踪滤波器根据编码器、脱靶量和引导数据对目标轨迹进行预测，提供辅助跟踪指令，以提高跟踪性能。精跟踪阶段根据目标速度、运动方向等信息，精确控制主机架指向，并利用主机架顶部的快速跟踪反射镜闭环修正主机架指向误差，使目标进入精跟踪探测器视场并位于视场中心附近，实现对目标的精密跟踪。

在精跟踪基础上，系统利用视场更小、时空分辨率更高的传感器测量目标质心位置，对目标进行高精跟踪。然后利用弱光探测光路中后向反射器，将高精跟踪视轴与瞄准视轴进行标定，再将两个视轴的角度偏差转化为快速跟踪反射镜的倾斜附加量，使光束定向器发射的高能激光经过长距离传输后能够精确击中目标，即实现瞄准。

4. 大气传输及其补偿系统

激光在大气中传输时，会受到大气分子和气溶胶的吸收与散射，其强度将受到衰减。由于大气湍流的影响，将导致目标上的光斑扩大。当激光功率足够大时，还会产生非线性的热晕现象。这些效应将会使目标上的激光功率密度下降，影响激光对目标的破坏效果。为补偿激光大气传输时受到的湍流等影响，可采用自适应光学技术，在发射系统中加入变形镜，变形镜受到从目标处信标发出的反向传输信号的适时控制，对发出的激光束预先引入相反的波前畸变，能够补偿部分大气传输造成的影响。

通过对以上激光武器系统的分析，高功率激光器和光束定向器两大系统的关键零部件材料主要包括能源材料、工作物质材料、光纤材料、光学窗口材料。如图 2.16 所示。本书将主要介绍工作物质材料、光纤材料和光学窗口材料。

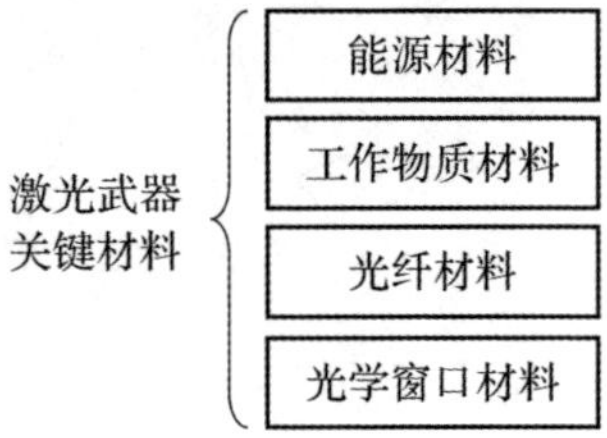

激光武器关键材料 {
- 能源材料
- 工作物质材料
- 光纤材料
- 光学窗口材料
}

▼ 图 2.16　激光武器关键材料

2.3　激光器用工作物质材料

2.3.1　工作物质组成及材料性能要求

1. 工作物质组成

固体激光器工作物质由基质材料和激活离子两部分组成。其中，基质材料的作用是为激活离子提供晶格场，决定工作物质的物理化学性质，主要包括激光晶体、激光玻璃和激光陶瓷。激活离子作为发光中心，实际上是少量掺杂离子。激光的波长主要取决于激活离子的内部能级结构。

常用的基质材料和激活离子如下：

（1）基质材料。主要包括晶体和玻璃两类。每一种激活离子都对应一种或几种基质材料。例如，Cr^{3+} 掺入氧化铝晶体中有很好的发生激光性能，但掺入到其他晶体或玻璃中发光性能就很差，甚至不会产生激光。作为基质材料的晶体包括五种类型：第一种是金属氧化物，如 Al_2O_3、Y_2O_3、La_2O_3、Ga_2O_3 等；第二种是复合氧化物，如 $Y_3Al_5O_{12}$、$Y_3Fe_5O_{12}$、$Y_3Ga_5O_{12}$、$Gd_3Ga_5O_{12}$ 等；第三种是氟化物，如 CaF_2、MgF_2、LaF_3、CeF_3 等；第四种是复合氟化物，如 $CaF_2 - YF_3$、$BaF_2 - LaF_3$、$NaCaYF_6$ 等；第五种是含氧酸盐，如 $SrMoO_4$、YVO_4、$LaAlO_3$、$Ca(PO_4)_3F$ 等。

（2）激活离子元素。第一类是过渡元素如铬、锰、钴、镍、钒等；第二类是大多数稀土元素如钕、镝、钬、铒、铥、镱、镥、镨、钐、铕等；第三类是个别的放射性元素如铀。目前，应用最多的是 Cr^{3+} 和 Nd^{3+}。

2. 工作物质材料性能要求

工作物质是激光器的核心，其主要作用包括两个方面：一是发出激光；二是作为介质传播光束。

从应用的角度，作为产生激光的发光体，工作物质需要具有以下的特征。

（1）具有宽而多的吸收带。工作物质可吸收多种波长的光，能有效地利用光泵的能量，提高光泵的激励效率。

（2）亚稳态有较长的寿命，这样才能积聚较多的粒子，便于实现粒子数反转。

（3）产生激光时，相应的低能级高于基态能级，使低能级上的粒子数很少，易实现粒子数反转。

作为光的传播介质，工作物质需要具有以下的特征：

（1）光学均匀性好，否则会引起光的散射和吸收，影响激光束的发射角。

（2）对产生的激光有较大的透过率，尽可能减少杂质对激光束的吸收。

（3）光照性能好，即在光泵照射下，工作物质的性能仍稳定，保持原有的机械性能和化学性能稳定性。

（4）导热性好。因为采用光泵激励时，部分光能转变成热能，使工作物质温度升高，影响其性能和使用寿命，因此要求工作物质尽快把热能传递出去。

材料是制备器件的基础，器件的性能需要从材料的角度去控制和实现。因此，无论是作为激光的发光体，还是作为光的传播介质，器件要实现上述的功能特性，从材料的角度，工作物质需要满足如下的要求：

（1）具有高的荧光量子效率。

（2）材料缺陷少、内应力小。

（3）与泵浦光辐射谱尽可能重叠。

（4）能掺入较高浓度的激活离子。

（5）高热导率、低膨胀系数。

（6）良好的机械性能，制备工艺简单，可获得足够大的尺寸。

2.3.2 工作物质材料

高能激光器常用工作物质材料主要包括激光晶体和激光玻璃，如图 2.17 所示。激光晶体按组成分为掺杂型激光晶体和自激活激光晶体两类，具有硬度高、荧光谱线窄、大尺寸制备成本较高的特点。激光玻璃具有尺寸较大、制造工艺成熟、成本适宜等特点。两类工作物质在高功率激光系统和中小功率激光系统中都有广泛的应用。

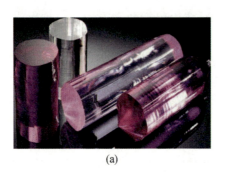 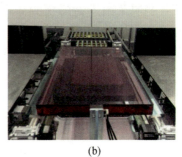

(a)   (b)

▶ 图 2.17　激光晶体和激光玻璃照片

（a）掺钕钇铝石榴石晶体；（b）磷酸盐掺钕玻璃。

1. 激光晶体

激光晶体是晶体激光器的工作物质，可将外界提供的能量通过光学谐振腔转化为在空间和时间上相干的，具有高度平行性和单色性的激光。激光晶体由发光中心和基质晶体两部分组成。大部分激光晶体的发光中心由激活离子构成，激活离子取代部分基质晶体中的阳离子形成掺杂型激光晶体。激活离子成为基质晶体组分的一部分时，则构成自激活激光晶体。激光晶体具有热导率高、硬度高、荧光谱线较窄的优点，缺点是光学质量和离子掺杂的均匀性比激光玻璃差。

1）掺稀土离子的激光晶体

稀土离子掺入晶体基质，一般摩尔分数在 1% 左右。虽然目前已有 200 多种掺稀土离子的激光晶体，但只有少数几种具有实际应用价值。

掺 Nd^{3+} 钇铝石榴石。掺 Nd^{3+} 钇铝石榴石（Nd^{3+}：$Y_3Al_5O_{12}$）是钇铝石榴石 $Y_3Al_5O_{12}$（YAG）基质晶体中的部分 Y^{3+} 被激活离子 Nd^{3+} 取代后形成的。Nd：YAG 晶体具有优良的物理、化学和激光性能，量子效率高（>99.5%），激光特性稳定、受温度影响小。Nd：YAG 晶体是目前实现化程度最高的激光晶体。

掺 Nd^{3+} 铝酸钇。掺 Nd^{3+} 铝酸钇晶体，简写为 Nd：YAP，化学式为 Nd^{3+}：$YAlO_3$，Nd：YAP 的物理和机械性质与 Nd：YAG 接近，它们都是 Y_2O_3 和 Al_2O_3 的二元化合物，只是两者的成分和比例不同。

掺 Nd^{3+} 氟化钇锂。氟化钇锂 $YLiF_4$，简记为 YLF，是一种可实现多种激光波长的晶体。掺 Nd^{3+} 的氟化钇锂，简记为 Nd：YLF，单轴晶体，四方晶系，其机械性能和导热性均不如 Nd：YAG，具有非线性折射率小、损伤阈值高等优点。惯性约束聚变磷酸盐钕玻璃 MOPA 系统中，常用 Nd：YLF 作为调 Q 工作主振荡器的工作物质，提供高稳定、高光束质量的纳秒脉冲中子光源。

2）掺过渡金属离子的激光晶体

红宝石激光晶体。红宝石的化学表达式为 Cr^{3+}：Al_2O_3，是在蓝宝石晶体（刚玉 Al_2O_3）中掺入少量 Cr^{3+}，使激活离子 Cr^{3+} 部分取代 Al^{3+} 而形成的。红宝石硬度高、热导率高、化学组分和结构稳定，而且具有强的抗腐蚀和抗光损伤能力。红宝石为典型的三能级系统，有很强且很宽的吸收带，带宽约为 100nm。红宝石晶体机械强度高，能承受很高的功率密度，易生长大尺寸晶体，亚稳态寿命长，储能大，可获得大能量输出，而且荧光谱线较宽，易获得大能量单模输出。此外，输出为可见光，适用于需要可见光的场合。采用红宝石的脉冲器件，输出能量达数千焦耳，峰值功率达 10^7 W，多级放大后可达 $10^9 \sim 10^{10}$ W。红宝石晶体主要缺点是阈值高和温度效应严重。随着温度升高，输出的中心波长向长波方向移动，荧光谱线加宽，荧光量子效率下降，导致阈值升高，严重时会引起"温度猝灭"。

掺 V^{2+} 的激光晶体。V^{2+} 离子与 Cr^{3+} 离子具有相同的电子构型（$3d^3$），但与 Cr^{3+} 离子相比，由于其价态低，晶格场相对较弱，因此掺 V^{2+} 晶体的激光波长位于长波段。掺 V^{2+} 离子的氟化物晶体具有长荧光寿命、宽吸收带和高激光损伤阈值，适用于长脉冲闪光灯泵浦的激光器和放大器。

2. 激光玻璃

激光玻璃是一种以玻璃为基质的固体激光材料，广泛应用于各类型固体激光光器中，并成为高功率和高能量激光器的主要激光材料。采用玻璃作为激光工作物质的特点是可以改变化学组成和制造工艺以获得许多重要的性质，如荧光性、高度热稳定性、热膨胀系数小、负的温度折射系数、高度的光学均匀性，以及容易得到各种尺寸和形状、成本较低等。

激光玻璃由基质玻璃和激活离子构成。激光玻璃的各种物理化学性质主要取决于基质玻璃，而其光谱特性主要由激活离子决定，但它们之间存在相互联系和影响。20 世纪 80 年代，基质玻璃体系主要是硅酸盐、磷酸盐和氟磷酸盐，近年来氟化物激光玻璃作为一类优异的激光基质材料，受到广泛关注。氟化物玻璃声子能量较低，因此无辐射、跃迁很小，这一特性在上转换激光的开发中尤为有利。

在激光玻璃中，最重要的是钕玻璃。Nd^{3+} 几乎能在所有的无机玻璃中产生荧光，但具有实用意义的玻璃基质主要是以下 3 种玻璃。

1）硅酸盐系统玻璃

硅酸盐系统玻璃是使用范围最广的激光玻璃。硅酸盐系统钕玻璃具有荧光寿命长、量子效率高、物化性能好（失透倾向小、化学稳定性好和机械强度高）、生产工艺较简单且成熟等特点，一般用于高能和高功率输出激光器。

2）硼酸盐及硼硅盐系统玻璃

含硼玻璃的荧光寿命较短、量子效率较低，但 Nd^{3+} 在其中吸收系数较高，热膨胀系数较低。因脉冲振荡的阈值能量与荧光寿命成正比，硼玻璃虽荧光寿命短但吸收系数高，可得到较低的阈值能量，适用于高重复率脉冲工作的激光器。

3）磷酸盐系统玻璃

磷酸盐系统玻璃的荧光寿命较短，荧光谱线窄，Nd^{3+} 在其中近红外吸收较强，有利于光泵能量的充分利用。由于在制造工艺上的困难，如对耐火材料坩埚的侵蚀严重、光学均匀性差等，限制了其广泛应用。但通过调整玻璃的成分可获得热光系数很小的磷盐玻璃，因此近来颇受关注，已用于重复频率高功率激光器件上。

3. 激光玻璃和激光晶体的区别

激光玻璃和激光晶体都是固体的激光工作物质。二者不同点在于玻璃材料中的激活离子处于无序结构的固体玻璃基质中，而激光晶体材料中的激活离子处于有序结构固体晶体基质中。虽然大部分在玻璃中能产生激光的激活离子，在晶体中都能产生激光，而且荧光机理也是相同的。但是，基质不同，激活离子的行为略有差异：在玻璃中主要取决于玻璃介质的极化作用，而晶体基质的影响主要取决于晶格场的作用，因此表现出的光谱特性也有所不同。同时，基质本身的物理、化学性质不同，使其能适用于不同的应用目的。

2.4　激光器用光纤材料

2.4.1　光纤及光纤材料性能要求

1. 光纤简介

光纤是光导纤维的简称，是一种由玻璃或塑料制成的纤维，可作为光传导工具，其传输原理是"光的全反射"。高锟和 G. A. Hockham 首先提出光纤可以用于通信传输的设想，高锟因此获得 2009 年诺贝尔物理学奖。

光纤是一种利用光在玻璃或塑料制成的纤维中的全反射原理而达成光传导的工具。光纤主要有损耗和色散两个特性。光纤通信具有传输频带宽、容量大、传输距离远、质量高、保密性好等优点。光纤的优良特性，使之在光纤通信、传感、传像、传光照明与能量信号传输等领域被广泛应用，尤其在信息技术领域具有广阔的应用前景。

光纤的典型结构一般包括纤芯、包层和保护套三部分，如图2.18所示。内层为纤芯，直径在几微米至几十微米，外包层的直径为0.1～0.2mm。一般纤芯材料的折射率比包层材料大1%。根据光的折射和全反射原理，当光线射到纤芯和包层界面的角度大于产生全反射的临界角时，光线无法透过二者界面而全部反射，从而光线在纤芯中进行传播。微细的光纤一般封装在塑料护套中，使其能够弯曲而不至于断裂。通常，光纤一端的发射装置使用发光二极管或一束激光将光脉冲传送至光纤，光纤另一端的接收装置使用光敏元件检测脉冲。在日常生活中，由于光在光纤中的传导损耗比电在电线中传导的损耗低得多，因此光纤被用作长距离的信息传递。

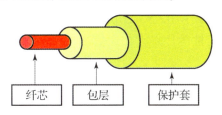

纤芯　包层　保护套

▶ 图2.18　光纤的典型结构

通常光纤与光缆两个名词会被混淆。多数光纤在使用前必须由几层保护结构包覆，包覆后的缆线即被称为光缆。光纤外层的保护层和绝缘层可防止周围环境对光纤的伤害，如水、火、电击等。光缆分为缆皮、芳纶丝、缓冲层和光纤。光纤和同轴电缆相似，只是没有网状屏蔽层，中心是光传播的玻璃芯。

综上所述，光纤具有独特的优点：传输损耗低、传输频带宽、抗干扰性强、安全性能高、重量轻、机械性能好、传输寿命长等。

2. 光纤主要种类

按照制造光纤所选用材料，光纤主要可以分为以下几类：

1）石英光纤

石英光纤是以高折射率的纯石英玻璃材料为主要原料，并按不同掺杂量来控制纤芯和包层的折射率分布的光纤。石英（玻璃）系列光纤数值孔径大、光纤芯径大、机械强度高、弯曲性能好，而且具有低损耗、宽带宽等特点，已广泛应用于有线电视和通信系统。石英光纤与其他原料的光纤相比，还具有从紫外光到近红外光（190～2500nm）的全光谱透过的特点。

2）掺氟光纤

掺氟光纤为石英光纤的典型产品之一。通过掺入一定量的氟元素来改变石英光纤的光学性质，以达到优化光纤性能的目的。氟元素的掺入可以有效地调整光纤的折射率，使得光纤在特定波长范围内具有更好的传输性能。同时，可以降低光纤的瑞利散射损耗，提高光纤的传输效率。掺氟光纤通常具有更低的传输损耗，使得信号在传输过程中衰减更小。此外，通过调整氟元素的掺入量，可以优化光纤的色散特性，使得光纤在特定波长范围内具有更好的色散补偿效果。

3）红外光纤

红外光纤是一种能在红外光谱范围内传输光信号的光纤，主要由纤芯、包层和涂覆层三部分组成。纤芯是光的传输通道，包层则用于约束光信号在纤芯内传输，涂层起保护作用。红外光纤的传输窗口主要集中在近红外和中红外波段，波长范围大致在 0.75～25μm 之间。红外光纤具有宽谱、低衰减、抗电磁干扰和高温稳定性等优点，在通信、军事和工业生产等领域具有广泛的应用前景。

4）复合光纤

复合光纤又称为混合光纤，其内部由两种或多种具有不同折射率的光纤材料组成。这些材料在光纤的横截面上以特定的布局和比例分布，从而实现光信号的传输和处理。复合光纤可以支持多种模式的光信号传输，这使得它在处理复杂的光信号时具有更高的灵活性。由于复合光纤内部材料折射率的差异，它能够实现光信号的高效耦合，从而提高光信号的传输效率。此外，通过调整内部材料的布局和比例，可以实现特定的光学特性，如光放大、光滤波等。复合光纤以其独特的光学特性和广泛的应用范围，成为光通信领域的重要研究方向。

5）塑包光纤

塑包光纤是将高纯度石英玻璃做成纤芯，将折射率比石英稍低的如硅胶等塑料作为包层的阶跃型光纤。与石英光纤相比较，具有纤芯粗、数值孔径高的特点。因此，易与发光二极管 LED 光源结合，损耗较小，适用于局域网和近距离通信。

6）塑料光纤

塑料光纤是由高折射率的高聚物芯层和低折射率的高聚物包层所制成的

光导纤维。最早的塑料光纤是美国杜邦公司于1968年开发的聚甲基丙烯酸甲酯阶跃型塑料光纤，由于衰减大、色散大，带宽远远不能满足高速数据通信的要求，仅仅用于照明、汽车车灯监控等非通信领域。随着高聚物材料的合成工艺、改性方法等技术的发展，使得塑料光纤的芯、包材料的选择，制造工艺方法，性能的改善等方面得以长足发展，目前塑料光纤已达到成熟生产和实用化水平。塑料光纤具有许多独特的优点，如轻便、柔韧、抗弯曲、抗拉伸等。

按照光纤中传输光信号的模式，光纤可以分为单模光纤和多模光纤。

（1）单模光纤。当光纤的几何尺寸较小，与光波长在同一数量级时，如芯径在 $4 \sim 10 \mu m$ 范围，光纤只允许一种模式（基模）在其中传播，其余的高次模全部截止，这样的光纤称为单模光纤（SMF）。SMF避免了模式色散，适用于大容量长距离传输。SMF没有多模色散，不仅传输频带较多模光纤更宽，再加上SMF的材料色散和结构色散的相加抵消，恰好形成零色散的合成特性，使传输频带更加拓宽。在SMF中，因掺杂物不同于制造方式的差别，分为许多类型。凹陷型包层光纤，其包层形成两重结构，邻近纤芯的包层的折射率较外倒包层的低。

（2）多模光纤。当光纤的几何尺寸远大于光波波长时（约 $1 \mu m$），光纤传输的过程中会存在一至几十种乃至上百种传输模式，这样的光纤称为多模光纤（MMF）。由于不同的传播模式具有不同的传播速度与相位，因此经过长距离传输会产生模式色散（经过长距离传输后，会产生时延差，导致光脉冲变宽）。模式色散会使多模光纤的带宽边窄，降低传输容量，因此，MMF只适用于低速率、短距离的光纤通信，目前数据通信局域网大量采用MMF。MMF按折射率分布进行分类，分为渐变（GI）型和阶跃（SI）型两种。GI型的折射率以纤芯中心为最高，沿包层逐渐降低。由于SI型光波在光纤中的反射前进过程中产生各个光路径的时差，致使射出光波失真，色激较大，使传输带宽变窄，目前SI型MMF应用较少。

按照制造光纤包层数量情况，光纤可以分为单包层光纤和双包层光纤。

（1）单包层光纤。单包层光纤由掺杂纤芯、包层和涂覆的外部保护层组成，如图2.19所示。单包层光纤结构中，泵浦光和激光使用相同的通道。由于纤芯较细，所以早期的单包层光纤激光器的输出功率受到一定的限制（W级以内）。为提高输出功率，需要大孔径光纤和大功率二极阵列泵浦光源相匹配。由于光纤纤芯增大，输出会产生高阶模振荡，输出光束质量会下降。单包层光纤具有结构简单、制造成本低、传输距离远等优点。但是，单层的包覆层结构使得光信号容易受到环境因素影响，如温度、压力等。此外，单包层光纤的带宽和传输性能相对多层结构的光纤有所限制。

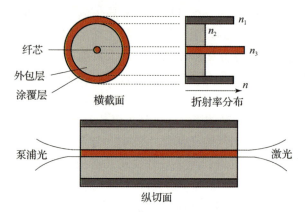

纤芯
外包层
涂覆层
横截面
折射率分布
n_1
n_2
n_3
n
泵浦光
激光
纵切面

▼ 图 2.19　单包层光纤的基本结构示意图

（2）双包层光纤。双包层光纤是由掺杂纤芯、内包层、外包层、保护层四部分组成，光纤芯是光信号传输的核心部分，通常由高纯度的二氧化硅或塑料等材料制成。内包层是包裹在光纤芯周围的一层材料，通常由折射率较低的材料制成，如氟化聚合物。外包层是覆盖在内包层外的一层材料，用于保护光纤的结构完整性和机械强度，通常由聚合物或金属材料制成。

与单包层光纤相比，双包层光纤具有两层包层，内包层和外包层。内包层的折射率通常比外包层低，可以使光信号在光纤内部保持在芯的中心传播，减少光信号在外部环境的损失。外包层则用于保护内包层，并且还可以提供额外的光学性能，比如减少光纤的弯曲损耗和提高光纤的抗拉性能。具体结构图如图 2.20 所示。双包层光纤通过其特殊的结构，实现了光信号的高效、

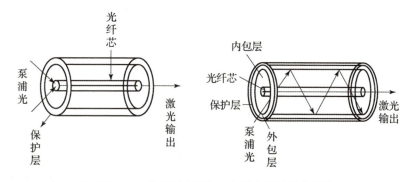

光纤芯
泵浦光
保护层
激光输出

内包层
光纤芯
保护层
泵浦光
外包层
激光输出

▼ 图 2.20　单包层光纤与双包层光纤的基本结构

稳定和可靠传输，同时保护了光纤的结构完整性和机械强度，防止了湿气和污染物的侵害，便于安装和维护。这使得双包层光纤在通信、数据传输、传感器尤其是高功率激光器等领域得到了广泛的应用，成为现代信息技术发展的重要基础。

3. 光纤材料性能要求

如前所述，光纤在激光器和光束定向器中均具有重要的应用，为提高激光武器的性能，要求高能激光器用光纤具有高激光输出功率（kW级）、低损耗（小于 1dB/m）、机械强度高（抗弯折）、耐温性好（0~100℃）、高数值孔径、易于光耦合等特征。其中，光纤的数值孔径（NA）仅取决于纤芯的折射率的大小及包层相对折射率差，与光纤的直径无关。研究表明，大的 NA 有利于耦合效率的提高。但 NA 太大，光信号畸变也越严重。

光纤要实现上述的功能特征，对材料提出了严格的要求，光纤材料必须具有如下的特点：吸收与散射损耗低、耐温性好、较高的机械强度、具备适宜的折射率。此外，材料的纯度也是影响光纤质量的重要因素。

2.4.2 光纤材料

目前，高能激光器用光纤材料主要包括氧化物玻璃材料、非氧化物玻璃材料、磷酸盐玻璃材料、硫属元素化合物、卤化物晶体、卤化物多晶等材料。不同材料体系组成和原料如表 2.2 所列。这里重点介绍石英光纤和双包层光纤所采用材料。

表 2.2 目前高能激光器应用的光纤材料体系

种类	组成材料	原料	低损耗波长范围/μm
氧化物玻璃石英	①$SiO_2 + GeO_2 + P_3O_4$ ②SiO_2，$SiO_2 + F$，$SiO_2 + B_3O_4$	$SiCl_4$，$GeCl_4$，$POCl_3$，$SiCl$，SF_6，熔融石英	0.37~2.4
氧化物玻璃多元系	①$SiO_2 + CaO + Na_2O + GeO_2$ ②$SiO_2 + CaO + Na_2O + GeO_2$	$SiCl_4$，$NaNO_3$，$Ge(C_4H_8O_4)$，$Ca(NO_3)_2$，H_2BO_2	0.45~1.8
非氧化物玻璃氟化系	①$ZrF_4 + BaF_2 + CdF_3$ ②$ZrF_4 + BaF_2 + CdF_3 + AlF_3$	$ZrF_4 + BaF_2 + CdF_3$ $ZrF_4 + BaF_2 + CdF_3 + AlF_3 +$ $NH_4 \cdot HF_4$	0.40~4.3
磷酸盐玻璃	$LiO_2 - CaO - Al_2O_3 - P_2O_5$ 掺杂 Yb^{3+}、Nd^{3+}	$LiO_2 + CaO + Al_2O_3 + P_2O_5$	1.3
硫属元素化合物	①$As_{42}S$，$As_{38}S_3Se_{17}$ ②$As_{40}S$	As，$Ge\ S$，Se	0.92~5.6 1.4~9.5

续表

种类	组成材料	原料	低损耗波长 范围/μm
卤化物晶体	CsBr, CsI	CsBr, CsI	—
卤化物多晶	TiBrI	TiBrI	—

1. 氧化物玻璃石英材料

石英光纤和一般的单包层光纤所采用材料为氧化物玻璃石英材料。石英光纤纤芯材料为纯度达到 99.999% 的高纯 SiO_2，在高纯 SiO_2 中掺杂极少量 GeO_2 以提高折射率。石英光纤包层材料同为高纯 SiO_2，但包层材料的折射率比纤芯材料低，一般通过在高纯 SiO_2 中掺杂少量硼元素或氟元素降低折射率。石英光纤外面的保护层一般为高分子材料（环氧树脂、硅橡胶等），以增加光纤的增强柔性与强度。

一般来讲，石英光纤具有三个低损耗窗口：第一传输窗口在短波长 0.85μm 附近，第二传输窗口在长波长 1.31μm 附近，第三传输窗口在长波长 1.55μm 附近，具体如图 2.21 所示。

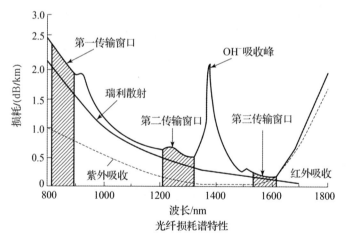

▶ 图 2.21　石英光纤材料的低损耗窗口

2. 磷酸盐玻璃材料

双包层光纤中纤芯所采用的材料主要为 Nd^{3+}、Yb^{3+} 稀土离子掺杂的磷酸盐玻璃。针对石英玻璃掺杂稀土离子浓度低的缺点，选择对稀土离子具有较高溶解度的磷酸盐玻璃作为增益介质，可以提高离子掺杂浓度，并通过熔融

过程中通入纯氧和 CCl_4 解决除水问题，提高掺杂离子的荧光寿命。例如，掺钕磷酸盐玻璃制备的纤芯材料，可以输出波长为 910nm、1064nm、1350nm 的高能激光，同时这种材料具有荧光寿命长、光学均匀性良好、掺杂浓度均匀、热导率低等特点。

　　双包层光纤的内包层采用与纤芯同基质的磷酸盐玻璃，通过调节组分严格控制内包层玻璃的折射率。玻璃折射率与分子体积和玻璃内阳离子的极化率有关，极化率越大，折射率越大；分子体积越小，折射率越大。阳离子极化率决定于离子半径及其外电子层结构，价态相同的阳离子，半径越大，极化率越高，且氧离子与周围阳离子间的键力越大，则氧离子的外电子被束缚得越牢固，极化率越小。因此，当阳离子半径增加时，不仅本身极化率上升，而且提高了氧离子极化率。通过改变配方组分可以直接对磷酸盐玻璃的折射率产生影响。

　　双包层光纤的外包层材料选用改性的磷酸盐玻璃，通过掺入氟化物降低外包层玻璃的折射率，并掺入 B_2O_3 稳定玻璃的网络结构，提高玻璃的热力学性能，以满足光纤拉制要求。双包层光纤纤芯所用的块状磷酸盐玻璃采用精密退火工艺制备，然后采用管棒法拉制双包层磷酸盐光纤的预制棒，最终采用拉制预制棒的方法制备得到设计直径的光纤芯材，如图 2.22 和图 2.23 所示。

▶ 图 2.22　采用块体磷酸盐制备的双包层光纤预制棒

▶ 图 2.23　双包层磷酸盐光纤的拉制和双包层磷酸盐光纤纤芯

2.5 激光器用光学窗口材料

2.5.1 光学窗口材料分类及性能要求

1. 光学窗口材料分类

窗口材料一般是作为仪器接收部分的材料,可用来隔离外部环境、保护内部器件,并且对特定波长或波段范围的光有较高的透过率,起到窗口的作用。窗口材料形式多样,可以为单晶、多晶、玻璃或薄膜。常见的窗口材料种类按波段范围划分为可见窗口材料(如蓝宝石)、红外窗口材料(如 ZnS、ZnSe、$MgAl_2O_4$、AlON、CaF_2、Ge 等)。按应用场合可分为高功率激光用窗口(10.6pmCO_2 激光器)、防护通信窗口(导弹整流罩等)、光电探测窗口(红外成像仪等)等。

早期使用的窗口材料是天然晶体如岩盐、水晶等。后来随着红外技术的发展,要求使用更高质量的透红外材料,目前已有单晶、多晶、玻璃、陶瓷、塑料、金刚石和类金刚石等许多品种。透红外晶体材料包括离子晶体和半导体晶体两种。离子晶体主要包括碱卤化合物晶体、碱土 – 卤族化合物晶体、某些氧化物晶体和无机盐晶体。半导体晶体主要包括 IV 族单元素晶体、III – V 族化合物和 II – VI 族化合物晶体等。碱卤化合物晶体包括 LiF、NaF、NaCl、KCl、KBr、KI、RbCl、RbBr、RbI、CsBr、CsI 等。一般说来,这类材料的熔点不高、比较容易生成大单晶,其退火工艺也不复杂,同时较易实现光学均匀性。

2. 光学窗口材料性能要求

在高能量激光系统中,高能激光器和光束定向器都会涉及激光光学窗口,激光窗口对于光束质量有着至关重要的影响,其性能优劣直接关系到输出激光的光束质量。随着高能激光器,尤其是空气激光系统的发展和应用,要求激光系统中的窗口材料要能在允许通过兆焦量级能量激光的同时不能使激光光束的波前发生畸变。导致光束畸变的主要原因是窗口吸收部分激光能量使得激光能量在窗口的表面以及体内积聚。

对于一般窗口如光学玻璃等,其热光系数以及热膨胀系数均为正,热量积聚在此类物质上必然导致热透镜效应,导致波阵面发生畸变。为了满足不发生光学畸变这一要求,一种有效的方法是选用具有负热光系数(折射率随温度升高而降低)的物质作为窗口材料。只要选择恰当,即使窗口温度上升,因热膨胀引起的光程增加也可以由相应的负热光系数导致的光程减少来补偿，使得激光在经过窗口时其光程不随温度变化，激光质量不受影响，创造出一个"无热窗口"。

综上所述，激光武器光学窗口材料性能要求如下：高透过率、低折射率、高硬度、低膨胀系数、机械加工性好、可大面积成型、耐温性好，能承受兆焦量级能量激光（不发生波前发生畸变），同时发射率要求尽量低，以免增加红外系统的目标特征。

2.5.2　光学窗口材料

高能激光器和光束定向器用光学窗口材料主要为红外晶体材料，包括离子晶体和半导体晶体材料，如图 2.24 所示。

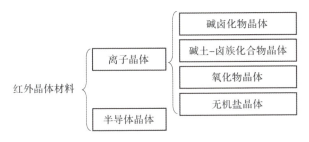

▶ 图 2.24　红外晶体材料类别

离子晶体材料如碱土 – 卤族化合物晶体 CaF_2、BaF_2、SrF_2、MgF_2 等。这类材料的主要特点是近红外透过率较高、折射率较低、反射损失小、不溶于水（如 MgF_2）或微溶于水。此外，包括热压多晶材料，如 MgF_2、ZnS、MgO、$Ca(CN)_2$、$ZnSe$、CdS、$CdTe$、LaF_3 等。这类材料的主要特点是可在高温、高压作用下排除材料中的微气孔，消除其对材料红外透过性能的影响。激光武器用典型红外窗口材料如图 2.25 所示，几种热压红外光学窗口材料的物理与化学性能如表 2.3 所列。

(a)

(b)　　　　　　　　　　　　　　　(c)

▼ 图2.25　激光武器用典型红外窗口材料

（a）直径为 440mm 的 CaF_2 晶体窗口；（b）MgF_2 窗口；（c）ZnS 窗口。

表2.3　几种热压红外光学窗口材料的物理与化学性能

材料	透射范围/μm	折射率/n	克氏硬度	熔点/℃	密度/(g/cm³)
MgFe	0.45 ~ 9.50	1.34	576	1396	3.18
ZnS	0.57 ~ 15.0	2.25	354	1020	4.09
MgO	0.39 ~ 10.0	1.70	640	2800	3.58
BaF_2	0.20 ~ 12.0	1.37	200	1360	3.18
ZnSe	0.48 ~ 22.0	2.40	150	—	5.27
CdTe	2.00 ~ 30.0	2.70	40	—	5.85

1. 硒化锌红外光学材料

硒化锌是一种化学惰性材料，具有纯度高、环境适应能力强、易于加工等特点。它的光传输损耗小，具有很好的透光性能，是高功率 CO_2 激光光学元件的首选材料。由于该红外材料的折射率均匀和一致性很好，因此也是前视红外热成像系统中保护窗口和光学元件的理想材料。同时，该材料还广泛用于医学和工业热辐射测量仪和红外光谱仪中的窗口和透镜。表2.4为硒化锌材料的光学性质参数，表2.5为硒化锌材料的理化性质，表2.6为硒化锌材料的激光损伤阈值。

表2.4　硒化锌材料的光学性质参数

指标	参数
透过波长范围/μm	0.5 ~ 22

续表

指标	参数
折射率不均匀性/($\Delta n/n$)	$<3 \times 10^{-3}$
吸收系数/(1/cm)	5.0×10^{-3}@1300nm
	7.0×10^{-4}@2700nm
	4.0×10^{-4}@3800nm
	4.0×10^{-4}@5250nm
	5.0×10^{-4}@10600nm
热光系数 dn/dT/(1/K,298~358K)	1.07×10^{-3}
	7.0×10^{-5}@1150nm
	6.2×10^{-5}@3390nm
	6.1×10^{-5}@10600nm

表2.5　硒化锌材料的理化性质

指标	参数
密度/(g/cm³@298K)	5.27
电阻率/($\Omega \cdot$ cm)	$\sim 10^{12}$
熔点/℃	1525
化学纯度/%	99.9996
热膨胀系数/(1/K)	7.1×10^{-6}@273K
	7.8×10^{-6}@373K
	8.3×10^{-8}@473K
热导率/(J/(K·m·s))	18.0 @ 298K
热容量/(J/(g·K))	0.339 @ 298K
抗弯曲强度/MPa	55
杨氏模量/GPa	67.2
泊松比	0.28

表2.6　硒化锌材料的激光损伤阈值（10600nm 脉冲激光，脉冲宽度 = 15μs）

入射方式	损伤阈值/（J/cm²）
正入射	>20
布鲁斯特角	>15

2. 硫化锌红外光学材料

硫化锌是一种化学惰性材料，具有纯度高、不溶于水、密度适中、易于加工等特点，广泛应用于红外窗口、整流罩和红外光学元件的制作。和硒化锌一样，硫化锌也是一种折射率均匀性和一致性很好的材料，在 8000 ~ 12000nm 波段具有很好的图像传输性能，该材料在中红外波段也有较高的透过率，但随着波长变短，吸收和散射增强。与硒化锌相比，硫化锌的价格低、硬度高，断裂强度是硒化锌的两倍，抗恶劣环境的能力强，非常适合用于制造军用飞行器和激光武器的红外窗口。表2.7 为 ZnS 材料的理化性质。

表2.7　ZnS 材料的理化性质

指标	CVD 硫化锌	多光谱 CVD 硫化锌
密度/（g/cm³@ 298K）	4.09	4.09
电阻率/（Ω·cm）	约 10^{12}	约 $10^{1.3}$
熔点/℃	1827	—
化学纯度/%	99.9996	99.9996
热膨胀系数（1/K）	6.6×10^{-6}@273K	6.3×10^{-6}@273K
	7.3×10^{-6}@373K	7.0×10^{-6}@373K
热导率/（J/（K·m·s））	16.7@298K	27.2@298K
热容量/（J/（g·K））	0.469@298K	0.515@298K
抗弯曲强度/MPa	103	—
杨氏模量/GPa	74.5	74.5
泊松比	0.29	0.28

3. 氟化钙和氟化镁晶体

氟化钙晶体硬度高、抗机械冲击和热冲击能力强，在紫外、可见和红外波段具有良好的透过率，广泛用于激光、红外光学、紫外光学和高能探测器等科技领域，特别是其在紫外波段的光学性能很好，是目前已知的紫外截止波段的光学晶体。在紫外波段，氟化钙晶体透过率高、荧光辐射很小，是紫外光电探测器、紫外激光器和紫外光学系统的理想材料。与氟化钙不同，氟化镁是一种双折射晶体，具有其独特的性能参数。表 2.8 为氟化钙和氟化镁晶体的性质参数，表 2.9 为氟化钙与氟化镁晶体的光学性质参数，表 2.10 为氟化钙晶体的折射率性质参数，表 2.11 为氟化镁晶体的折射率性质参数。

表 2.8　氟化钙与氟化镁晶体的性质参数

指标	氟化钙（CaF_2）	氟化镁（MgF_2）
密度/(g/cm^3)	3.18	3.177
相对介电常数	6.76 @1HMZ	4.87（平行 C 轴）、5.44（垂直 C 轴）
熔点/℃	1360	1255
化学纯度/%	99.9996	99.9996
热膨胀系数/(1/K)	18.85×10^{-6}	13.7×10^{-6}（平行）、8.48×10^{-6}（垂直）
	7.3×10^{-6}@373K	7.0×10^{-6}@373K
热导率/(J/(K·m·s))	9.71	0.3 @ 27℃
热容量/(J/(g·k))	0.854	1.003 @ 298K
杨氏模量/GPa	75.8	138.5
剪切模量/GPa	33.77	15.66
泊松比	0.26	0.276
体弹模量/GPa	82.71	101.32

表 2.9　氟化钙与氟化镁晶体的光学性质参数

指标	氟化钙（CaF_2）	氟化镁（MgF_2）
透过波长范围/nm	130 ~ 10000	110 ~ 7500
反射损耗（2 面）	5.4% @5000nm	11.2% @ 120nm 5.1% @1000nm
热光系数 dn/dT/(1/℃)	-10.6×10^{-6}	2.3×10^{-6}@400nm

表 2.10　氟化钙晶体的折射率性质参数

波长/nm	折射率（n）	波长/nm	折射率（n）
190	1.51	2650	1.42
210	1.49	3900	1.41
250	1.47	5000	1.40
330	1.45	6200	1.38
410	1.44	7000	1.36
880	1.43	8220	1.34

表 2.11　氟化镁晶体的折射率性质参数

波长/nm	折射率（n_1）	折射率（n_2）
200	1.42	1.43
230	1.41	1.42
270	1.40	1.41
340	1.39	1.40
560	1.38	1.39

练习题

2-1　简述高功率激光武器的主要类型、基本组成和工作原理。

2-2　简述高功率激光武器的主要特点。

2-3　简述高功率激光器的主要功能及其基本组成。

2-4　高功率激光对材料作用的主要形式有哪些？效应机理是什么？

2-5　高功率激光器用工作物质材料的核心指标是什么？

2-6　高功率激光器用光纤材料的核心指标是什么？

2-7　激光器用光学窗口材料类别和性能要求是什么？

2-8　请对比分析掺 Nd^{3+} 钇铝石榴石、掺 Nd^{3+} 铝酸钇、掺 Nd^{3+} 的氟化钇锂三种激光晶体的优缺点，分析其在高功率激光器中的用途。

第 **3** 章　高功率微波武器材料

高功率微波（High Power Microwave，HPM）通常指频率为 1 ~ 300GHz（即 $1 \times 10^9 \sim 3 \times 10^{11}$ Hz）、功率大于 100MW（即 1×10^8 W）的电磁波。从物理本质上讲，高功率微波是电磁波，具有电磁波的共性，例如在自由空间的传播速度为光速（每秒 30 万千米），可以通过天线定向发射。高功率微波武器是采用高功率微波实施攻击的武器，其高功率微波采用天线定向发射，主要攻击敌方武器装备和作战体系中的电子设备，简称微波武器。

产生高功率微波的装置称作高功率微波源。由于物理和技术上的限制，高功率微波源所产生出来的是持续时间很短的高功率微波脉冲。通常，所产生的微波功率越高，则相应的微波脉冲越短。目前，在吉瓦（即 1×10^9 W，GW）级微波功率水平上，微波脉冲宽度在几十纳秒至百纳秒（1 纳秒等于 10 亿分之一秒）范围。随着高功率微波及其军事应用研究的扩展，高功率微波的内涵也相应拓展，例如把频率属于上述范围但功率约为几百千瓦的连续波也纳入高功率微波范畴。高功率微波属于前沿交叉领域，其理论基础涉及物理学（电磁学、电动力学、等离子体物理、强流带电粒子束物理等）、电子科学与技术（电磁场理论、电真空技术、微波技术、微波电子学、天线技术等）、功率电子学（电路理论、脉冲功率技术、电子技术等），同时还涉及材料科学与技术等方面的问题。

本章主要介绍高功率微波武器的发展历史、分类、特点、现状、基本原理、系统组成和核心单元，重点阐述高功率微波武器的核心关键材料，尤其是材料对于高功率微波武器的发展推动作用等。

3.1　高功率微波武器概述

3.1.1　高功率微波武器发展历史

高功率微波武器的发展已经经历了几十年时间。20 世纪 40 年代，第二次世界大战的军事需求，推动微波技术及其应用的快速发展。微波的广泛应用使人们萌生了用微波作为武器的想法。理论表明，微波可以定向发射和传输，通过天线发射出的波束宽度与波长成正比，同时波束宽度与发射天线的口径成反比。此外，微波具有能量，而且传输损耗比较小，基本不受天气影响。于是有人设想将微波作为定向投送能量的武器，但限于技术水平，所产生的微波强度无法达到武器级功率水平。因此，在很长一段时间内，微波武器化一直被认为难以实现。

实际上，人们对高强度微波武器化的认识是无意间获得的。20世纪60年代初，美国的一次高空核爆试验，导致了距离几千千米以外的电力电子系统出现故障，比如变压器烧毁、警报器失灵、通信中断、监视指挥系统失灵等。研究发现，这是由于核爆所产生的高强度核电磁脉冲所造成的，而核电磁脉冲的很大成分是微波。由此人们认识到，一旦产生的微波足够强，就能造成可观的破坏效应，从而对微波武器可能具有的威力有了一定的认识。但是，采用核爆的方式来产生微波不便于应用。于是人们设法寻求采用非核方式来产生高强度微波。20世纪80年代，相关技术取得显著进展，已经能够产生所谓的高功率微波，相应的微波强度非常高，可以对很多目标造成不同程度的破坏。

此时，高功率微波武器的发展已经有了相当的基础，高功率微波的军事应用研究迅速发展。美国、俄罗斯率先开展高功率微波应用研究，并一直处于国际领先地位。我国紧随其后，于20世纪80年代末开展了相关研究，并据此开展了针对多种目标的高功率微波效应研究。目前，高功率微波武器的发展已进入系统武器化及作战应用研究阶段，日益走向成熟。

3.1.2 高功率微波武器分类

高功率微波武器具有多种类型，通常可以按照以下方式进行分类：

（1）按装载平台。分为地基（海基）高功率微波武器、空基高功率微波武器、天基高功率微波武器。这是目前的主流分类方式。

（2）按作战模式。通常分为高功率微波弹（现称电磁脉冲弹）、高功率微波炮和强力干扰机。电磁脉冲弹可采用导弹或飞机运载，定点投掷而进行攻击。高功率微波炮和强力干扰机均可地基部署或舰/车/机载。按照高功率微波的拓展内涵，强力干扰机也可以称为高功率干扰机。

（3）按微波脉冲方式。分为单脉冲型高功率微波武器和重复频率型高功率微波武器。所谓单脉冲型，是指此类高功率微波武器每次攻击时只发射单个高功率微波脉冲，重复频率型高功率微波武器每次攻击时则是以一定的速率重复发射一连串高功率微波脉冲。还有一类高功率微波强力干扰机，采用连续波方式运行，攻击时所发射的是连续不断的微波，而不是脉冲式的微波。

（4）按微波频谱宽度。分为窄谱型高功率微波武器和超宽谱型高功率微波武器。通常，窄谱型高功率微波武器所发射高功率微波的相对频谱宽度小于3%，超宽谱型高功率微波武器所发射高功率微波的相对频谱宽度大于25%。

（5）按微波脉冲宽度。分为窄脉冲型高功率微波武器和长脉冲型高功率微波武器。一般，将所发射微波脉冲宽度在几十纳秒以下的称作窄脉冲型高功率微波武器，将所发射微波脉冲宽度大于百纳秒的称作长脉冲型高功率微波武器。

3.1.3　高功率微波武器杀伤机理和主要特点

1. 高功率微波武器杀伤机理

高功率微波武器主要通过造成目标内电子器件功能失常来达成作用效果。定向辐射到目标上的高功率微波可以通过不同耦合方式进入目标，并作用于其内部电子器件。高功率微波进入目标内部的耦合方式通常有两种：

（1）前门耦合。高功率微波通过目标的天线和处于工作状态的传感器等通道进入电子系统。

（2）后门耦合。高功率微波通过目标的接合部缝隙、电源线、数据线等部位进入电子系统。作用于电子器件的微波一旦足够强，就会通过所谓场效应和热效应造成该电子器件其至相应目标的全系统出现功能失常。

场效应是指耦合到电子器件上的高功率微波场强一旦足够高，会导致该电子器件或整个系统出现误触发、局部击穿等现象，进而造成功能失常。通常，微波功率高，相应的场强就强，所以需要采用高功率微波。

热效应是指耦合到电子器件上的高功率微波能量一旦足够大，会导致该电子器件或整个系统出现过热、局部熔化等现象，从而造成功能失常。

现代信息化装备和网络信息体系均广泛采用大规模或超大规模集成电路，其中电子器件高度密集，客观上存在因场效应和热效应而导致的易损性。

高功率微波对目标的作用效果，主要由高功率微波武器发射微波的功率水平、脉冲宽度、频率范围、目标距离及目标特性等因素决定。高功率微波武器达成的攻击效果可以按照程度不同，由轻而重依次分为四个等级：干扰、扰乱、降级和损伤。相应地，目标遭受攻击后所出现的功能失常，有的可自动恢复，有的不能自动恢复，有的是暂时性的，有的是永久性的。

①干扰。属于可自动恢复的功能失常效应，高功率微波作用时效应存在，高功率微波脉冲过后极短时间内效应自动消失，电子器件或系统功能可自动恢复。

②扰乱。属于不能自动恢复的功能失常效应，高功率微波作用时效应存在，在高功率微波脉冲过后无人为干预情况下，电子器件或系统不能自动恢复正常。

③降级。属于永久性功能失常效应，高功率微波造成电子系统的关键器件性能下降或使非关键器件损坏，从而导致整个电子系统性能下降。

④ 损伤。属于永久性功能失常效应，高功率微波造成电子器件或系统的烧毁或致命损伤。

但是，由于高功率微波与目标耦合的极端复杂性，高功率微波直接辐照单元器件所产生的效果，与同样参数高功率微波辐照包含该单元器件的信息系统而对此器件产生的效果相比，两者之间差别极大。而且，信息系统不同，作用效果千差万别。因此，必须针对具体目标进行全系统的效应试验，以准确掌握高功率微波武器对该目标的系统级效应。当然，对单元器件所进行的器件级效应是深刻认识相应系统级效应的技术基础。

高功率微波效应主要研究高功率微波武器的毁伤机理及毁伤效果。由此，可掌握特定目标在特定条件下可能达成的毁伤程度对武器具体参数的依赖关系。具体而言，高功率微波武器可能有效攻击哪些有价值目标（干什么）、为此须采用何种参数组合并达到何种参数水平（是什么）、采用何种作战样式甚至武器配系（怎么干）。实际上，高功率微波效应还研究在什么条件下武器毁伤程度能够得到有效抑制，依此提出有效对抗高功率微波武器的防护和加固措施。

2. 高功率微波武器特点

高功率微波武器采用微波射束进行攻击，其主要特点如下：

（1）光速攻击。高功率微波武器以微波射束实施攻击，而微波以光速传播，因此在不太远的距离上即便对高速目标也可不考虑攻击提前量，即可以进行直瞄。例如：目标距离30km，目标速度马赫数为6（约2km/s），波束行进30km仅需1/10000s，在此时间内目标仅移动0.2m（20cm）。同时，高功率微波武器是面杀伤武器，对于前述的算例，此时波束宽度为130m，远远大于目标移动距离20cm，因此即便目标高速机动，仍然逃脱不出高功率微波武器的杀伤范围。由此可见，高功率微波武器在针对高速目标的作战应用中具有独特优势。

（2）定向攻击和面杀伤。微波可以通过天线进行定向发射而形成微波射束。通常，天线所发射的微波射束（简称波束）呈圆锥状，波束宽度即由此圆锥顶角的角度来衡量。该角度与发射天线的口径成反比，与所发射微波的波长成正比。该角度越小，波束（能量）越集中，相应地定向性越好。例如，若发射天线口径为5m，微波波长为3cm，则相应的波束角宽度大致为0.5°。由此可见，高功率微波武器可以发射很窄的波束以实施定向攻击。发射的波束在传播中呈锥状展开，传播距离越远，波束覆盖面越大。对于前例，波束从发射天线传播30km时，其覆盖面直径约为130m。如果所发射的微波功率足够高，则对波束覆盖范围内的特定目标均可能进行有效攻击，所以高功率微波武器攻击范围较大，是面杀伤武器，可能同时对一定区域的多个目标进行攻击。由于微波射束较宽，导致微波能量分散在较大区域，这种能量分散将导致武器攻击的损伤程度降低。因此，高功率微波武器是软杀伤武器。

（3）主要攻击目标内的电子器件。高功率微波武器主要攻击目标内的电子器件。电子器件是信息技术的硬件基础，导弹的导引头、高度表、引信、飞控设备及制导系统中均包含电子器件。信息链节点，如军用 GPS、武器专用数据链、电子侦察机、预警机、无人机和雷达等系统中包含功能电子器件，广播电视台、金融中心、电力系统等的计算机网络均包含大规模集成电路。因此，导弹、信息链（包括重要政治经济目标的信息设施）等都属于高功率微波武器可能攻击的对象。

（4）储弹量大。高功率微波武器用于实施攻击的高功率微波射束，通常是通过武器系统供应的电能转化而来，只要武器系统的供电得以保障，其"射弹"也就是高功率微波射束就可以通过电能转化而源源不断地加以"装填"，因此高功率微波武器的"储弹量"大，可不断对目标实施攻击。

（5）全天候作战运用。高功率微波的传输受天气条件影响较小，无论是云雨雾雪天气，微波传输衰减不大。因此，可以在各种天气条件下作战运用。

3.2　高功率微波武器基本原理、系统组成和核心单元

3.2.1　基本原理

高功率微波武器的类型不同，组成也不相同，但其核心部分均包括高功

率微波源分系统及高功率微波发射分系统。此外，包括指控分系统、跟瞄分系统及运载平台等。高功率微波武器的系统组成如图 3.1 所示。

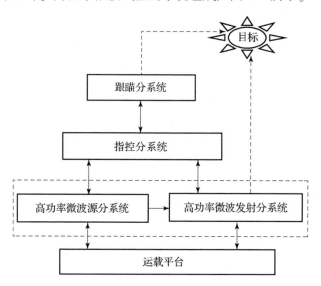

▶ 图 3.1　高功率微波武器的系统组成

1. 高功率微波产生

高功率微波是由高功率微波源分系统产生的。下面就窄谱高功率微波产生的物理过程及相关技术要求进行介绍，其中很多技术要求对超宽谱高功率微波同样适用。窄谱高功率微波源一般包括三大部分，即初级能源、脉冲功率驱动源和高功率微波产生器件，如图 3.2 所示。

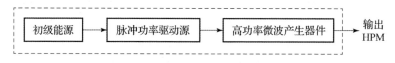

▶ 图 3.2　窄谱高功率微波源分系统的组成

初级能源必须能够独立保障武器系统的能量供应，主要是为脉冲功率驱动源提供能量。脉冲功率驱动源主要具有两项功能：一是将初级能源提供的低功率电脉冲转换成所需脉冲宽度的高功率电脉冲，并对此电脉冲进行整形；二是实现与高功率微波器件的阻抗匹配。高功率微波产生器件的作用是将脉冲功率驱动源提供的高功率电脉冲转换成高功率微波脉冲。

1）初级能源技术要求

能量储备充足、储能密度大、能量效率高、输出电功率大、运行稳定可靠、平台适应性好、使用寿命长（电磁脉冲弹等一次性使用的武器可适当降低要求）。

2）脉冲功率驱动源技术要求

储能密度大、能量效率高、输出电功率高、输出脉冲长、输出波形好、具有适当的阻抗、可重复频率运行、运行稳定可靠、体积小、重量轻。核心材料技术涉及储能介质、绝缘介质、电极材料、电磁结构材料等。主要技术难题是提高能量效率、耐高电压击穿、高功率开关可控稳定、小型化和轻量化等。

3）高功率微波产生器件技术要求

功率效率高、能量效率高、输出微波功率高、输出微波脉冲长、具有适当的阻抗、输出所需的微波频率及波形、输出所需的微波模式、可重复频率运行、运行稳定可靠。核心材料技术涉及二极管结构和阴极材料、电动力学结构及其材料、电子束收集极结构及其材料、微波输出窗材料等。主要技术难题是提高能量效率、提高输出微波功率、提高微波频率和相位的稳定性、避免射频击穿和脉冲缩短、提高功率容量和热容量等。

2. 高功率微波发射

高功率微波发射分系统的作用是将高功率微波源分系统所产生的高功率微波定向发射出去。下面结合窄谱高功率微波发射，对其物理过程及相关技术要求进行简要介绍，其中的很多技术要求对超宽谱高功率微波发射同样适用。窄谱高功率微波发射分系统通常包括模式转换器、馈源和发射天线，如图3.3所示。

> 图3.3　窄谱高功率微波发射分系统的组成

模式转换器的作用是将高功率微波源所产生的高功率微波模式转换成适合定向发射的模式。由于物理上的限制，高功率微波源产生（输出）的高功率微波模式往往不适于定向发射，因此通常需要进行模式转换。馈源用于将已转换模式的高功率微波对发射天线进行馈电，需要时还可实现微波极化方式的变换，以及多路高功率微波对同一发射天线进行多路馈电等。发射天线的作用是将馈入的高功率微波定向发射出去。

此外，高功率微波武器系统必须满足电磁兼容要求。电磁兼容是指电子系统各分系统的电子设备之间不会相互产生电磁干扰而影响系统功能，亦即各分系统在电磁特性方面可以相互兼容，保证系统正常工作。

3.2.2 高功率微波的系统组成及核心单元

1. 高功率微波的系统组成

高功率微波系统可以简单分为初级能源、脉冲功率源、高功率微波产生器件和辐射系统四大部分，其逻辑关系如图3.4所示。其中，初级能源的作用是能量的存储和供给，存储形式包括电能、化学能、动能等，供给形式一般为电能。脉冲功率源的作用是将初级能源提供的电能进行升压和整形，为高功率微波产生器件提供波形适宜的脉冲高电压。高功率微波产生器件的作用是利用脉冲功率源提供的脉冲高电压产生高功率微波，实现电能向微波能量的转换。辐射系统的作用是将高功率微波产生器件产生的高功率微波定向辐射到目标系统。

> 图3.4 HPM系统主要组成部分

高功率微波产生机理如下：电源进行初级储能后，给脉冲功率系统充电，经过脉冲功率系统压缩后，产生几十至几百纳秒、可达数兆瓦、数百千安的直流电脉冲，驱动阴极产生电子束，在微波源的波束互作用结构中进行能量转换，把电子束的动能转换为高功率的微波辐射。区别于传统微波系统，高功率微波源是依赖于脉冲功率驱动源和强流电子束的相对论电真空器件。

高功率微波源是基于真空电子学基础上发展起来的，按照波束作用机制可以分为空间电荷波器件、快波器件和慢波器件，按照有无种子信号注入可分为放大器和振荡器。其中，慢波、振荡器件由于结构相对简单、功率容量高、重复频率稳定性好，是高功率微波研究和工程应用重点关注的器件。

2. 初级能源

高功率脉冲驱动源按照能量传递顺序可以分为初级储能充电系统、脉冲功率调制器以及负载三部分。初级储能充电系统作为高功率脉冲驱动源的能量存储和供给单元，是高功率脉冲驱动源的核心部分，其工作性能和体积重量直接决定着高功率脉冲驱动源高功率输出、高重频运行和小型紧凑化的能力。

标准的紧凑型初级储能充电系统具有输出电压高、能量效率高和可重频运行的特点。此外，为了拓展高功率脉冲驱动源在特殊环境下的应用潜力，初级储能充电系统必须具备可独立运行的能力。

典型基于谐振脉冲技术的初级储能充电系统如图 3.5 所示。该系统主要由能量补充部分、功率压缩部分以及能量传递和电压变换部分构成。其中，能量补充部分主要包括能量补充电容器、LC 谐振充电装置以及初级储能电容器；功率压缩部分为大功率晶闸管；能量传递和电压变换部分主要由 Tesla 变压器，负载电容器承担。采用初级储能电容器和能量补充电容器作为储能元件，其中初级储能电容器的主要作用是通过 Tesla 变压器对负载电容器 LC 谐振充电，能量补充电容器的主要作用是通过 LC 谐振充电装置对初级储能电容器进行能量补充。

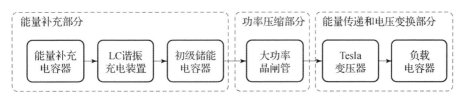

▶ 图 3.5　典型基于谐振脉冲技术的初级储能充电系统

初级能源中的 Tesla 变压器是一种双谐振脉冲变压器，通过电磁耦合的形式进行能量传递和电压变换。初级能源中的晶闸管主要起到电路开关的作用，其结构形式是一种 $p+n-pn+$ 型三端四层结构的半导体元器件，全称为晶体闸流管。同其他传统开关相比，晶闸管具有体积小、重量轻、寿命长、固态化和易集成等优点，是实现高功率脉冲驱动源高重复运行频率、长寿命、紧凑化和固态化的理想开关元件之一。目前，采用若干个晶闸管串并联组成晶闸管组件是实现脉冲功率主控开关高电压、大电流运行的主要方式。

3. 脉冲功率源

初级能源提供足够大的能量，但受到耐压的限制，其输出的功率密度尚不足以产生高功率微波。为获得足够的功率，需要将脉宽进一步压缩，即脉冲功率技术。脉冲功率技术是一种以较低的功率储存能量，将其以高得多的功率变换为脉冲电磁能量并释放到特定负载中去的电物理技术，其产生装置即为高功率脉冲驱动源。高功率脉冲及其驱动源技术在国防和国民经济等领域具有广泛的应用，并且随着应用领域的不断丰富和研究水平的不断提高，对高功率脉冲驱动源的技术指标提出了更高的要求，主要包括高功率输出、高重频运行和小型紧凑化等。

1）脉冲功率源系统组成

高功率脉冲调制器基本工作原理如下：初级能源运行并存储低功率、长脉冲（毫秒级）的电（磁）场能量，再由脉冲压缩变换装置对电压（电流）脉冲进行变换和压缩调制，将低功率、长脉冲电（磁）场能量转换为高功率短脉冲（微秒级）电（磁）能量，最后由脉冲形成装置和开关将微秒级高功率脉冲电（磁）能压缩为纳秒级高功率脉冲电（磁）能量并释放到负载上，输出高电压（大电流）脉冲。典型的脉冲功率装置结构如图3.6所示。

▶ 图3.6 脉冲功率装置结构示意图

脉冲压缩与变换装置包括脉冲变压器、Marx发生器、电压倍压器、感应电压叠加器等。常用开关包括断路开关以及气体开关、磁开关、半导体开关等闭合开关，脉冲形成装置包括脉冲形成线、脉冲形成网络和层叠线倍压器等。其中，脉冲压缩与变换、开关和脉冲形成技术是高功率脉冲调制技术的关键。

2）脉冲功率源储能装置

初级能源提供的电能先进入储能装置进行脉冲变压转换，储能技术是指通过有效措施对能量的空间进行压缩，把电能高密度地储存起来。目前，根据功率调制方案不同，脉冲功率系统可分为电容储能型和电感储能型两种。

（1）电容储能。以电场形式储能的电容器尽管在能量密度方面不具备优势，但是凭借其稳定可重复的快速闭合开关及能量保持时间远大于电感储能装置，因而是大多数脉冲功率系统的主要储能器件。目前使用电场储能的电容器主要分为两类：一是内感尽可能小且能够实现多次短路放电的高压脉冲电容，其储能密度达到2kJ/kg；二是新型超级电容，储能密度达到30kJ/kg。超级电容虽然储能密度较高，但受限于电流不能过高，因此制约了其放电功率。采用电容储能的脉冲功率发生器的主要组成如图3.7所示。可闭合开关在充电时处于断开状态，在放电时瞬间闭合，此时放电电流远大于充电电流，从而导致脉冲输出的功率倍增。

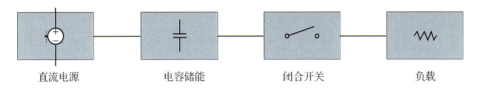

直流电源　　　　　电容储能　　　　　闭合开关　　　　　负载

▼ 图 3.7　电容储能的脉冲功率发生器的主要组成

电容储能型脉冲发生系统通常可分为初级储能、升压、脉冲形成和负载四个模块。按升压方式不同，电容储能型脉冲发生器可分为 Marx 型、变压器型和传输线倍增型。Marx 型装置内主要部件为 Marx 发生器，其基本原理是对几个电容器并联充电、串联放电，从而得到电压倍增效果，将毫秒级低电压长脉冲进行升压变换并压缩成微秒/纳秒级高电压短脉冲。传统紧凑型 Marx 发生器采用气体开关控制各级 Marx 电容器的充、放电过程。

（2）电感储能。电感储能的密度远高于电容储能，其最大能量密度受导体表面的溶化或存储电感线圈结构强度的限制。采用电感储能的脉冲功率发生器的主要组成如图 3.8 所示。

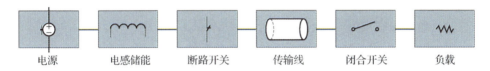

电源　　　电感储能　　　断路开关　　　传输线　　　闭合开关　　　负载

▼ 图 3.8　电感储能的脉冲功率发生器的主要组成

可闭合开关处于闭合状态，形成一定的感应电流。当电流达到所需强度时，开关瞬间断开，保持绝缘状态。此时，电感里的感应电压高于电源电压，从而导致脉冲输出功率倍增。电感储能的优点是储能密度高、系统结构紧凑。缺点是不易实现高重复频率运行、输出电压波形不好、输出脉冲阻抗与多数高功率微波源阻抗不易匹配、其电路关键部分切断开关的技术不如电容型脉冲功率系统所采用可闭合开关技术成熟。

3）脉冲功率源脉冲形成装置

高功率微波产生器件的微波输出功率与脉冲功率源提供的电脉冲功率之比称为功率效率，微波的脉冲持续时间称为微波脉宽，高电压的脉冲持续时间称为电压脉宽。显然，高功率微波产生器件的能量转换效率等于功率转换效率与微波脉宽和电压脉宽之比的乘积。对于特定高功率微波产生器件，在不考虑脉冲缩短条件下，微波脉宽和电压脉宽之比基本确定，故功率转换效率大小反映能量转换效率。因此，常采用功率效率表征高功率微波产生器件效率。

目前，脉冲功率装置中主要包括两类脉冲形成装置：脉冲形成线（pulse forming line，PFL）和脉冲形成网络（pulse forming network，PFN）。

（1）脉冲形成线。脉冲形成线是以长线的状态制备，常见的是长距离平板型构件，为压缩体积，可将线型构件折叠，形成折叠型脉冲形成线。脉冲形成线可以形成上升时间短、平顶质量好的百纳秒以内的脉冲，其内部使用液体介质填充，如水或油。对于大多数装置，单位长度油或水形成线可分别产生 10ns 和 60ns 脉宽。但是，当需要形成几百纳秒的长脉冲时，脉冲形成线的体积和重量将相当巨大。微波效应研究发现，脉宽为 100ns 左右的长脉冲 HPM 作用效果最好，采用脉冲形成线时，要输出脉宽 100ns 的脉冲，采用变压器油介质需要形成线的长度约为 10m，采用去离子水介质需要 1.67m，体积过大严重制约了 HPM 的应用。

（2）脉冲形成网络。脉冲形成网络在输出长脉冲时有类似脉冲形成线的特性，在高频区间由于电容器自身电感和相邻网格间电感难以减小而影响输出。增减网络节点数或更改电容、电感连接方式能调节脉冲形成网络输出特性。此类装置具有电压倍增和长脉冲输出的特点，将升压模块和脉冲形成模块整合，降低了脉冲功率系统复杂度，减小了体积、提高了可移动性。

4）脉冲电子束源

脉冲电子束源是高功率微波系统的核心部件之一，用于产生强流相对论电子束。通常强流脉冲电子束源包含真空界面、阴极（发射极）以及阳极（收集极）。随着高功率微波向重复频率、长寿命发展，强流脉冲电子束源中涉及的问题已成为系统的发展瓶颈。对于未来高机动、紧凑性装置，强流束源必须同时满足绝缘、束流输运以及热管理方面的要求。

（1）真空界面。强流脉冲电子束源中的真空界面用于隔离脉冲功率驱动源中的工作介质（如去离子水、变压器油、SF_6 等）及微波源中的真空环境。在强流束发射之前，该界面通常将承受几百千伏甚至兆伏量级的脉冲电压，而由于沿面闪络，真空界面往往成为高功率流的限制因素。随着高功率微波系统的实用化进程，要求强流束源、微波源及辐射天线组成的真空室具备脱离地面机组后长时间保持工作真空度的能力。

（2）阴极（发射极）。场致发射阴极在脉冲高压场强下能够产生强流脉冲电子束，强流电子束源阴极直接影响甚至决定着高功率微波器件的技术性能。在高功率微波器件、强流加速器和一些武器装备中使用的强流电子束的束流强度需要达到兆安量级，要获得如此大电流强度的脉冲电子束，利用冷阴极来获得强流电子束主要还是依靠阴极等离子体发射。目前，在强流二极管中应用的典型阴极有铁电阴极、热阴极和场致发射阴极。在强流二极管的电子束源中，场致发射阴极具有使用成本低、产生电流大、工作条件要求低、使用寿命较长及稳定性较好等优点，成为强流二极管中应用比较广泛的一类。衡量高功率微波源用强流电子束源的性能，除发射电流密度外，束流品质和寿命等参量也很重要。电子束均匀性会影响 HPM 器件的输出功率、束波转化效率，还会影响微波输出的中心频率和所激励模式。因此，在单次运行的高功率微波系统中，对强流电子束源的要求是能够提供 kA/cm^2 量级的束流密度且发射均匀即可。实现高功率微波源重复频率且长时间运行，要求强流电子束源不仅具备较高的束流发射品质，还要能耐烧蚀、放气量小、寿命长，能够在重复频率下稳定可靠等。

（3）阳极（收集极）。由阴极产生的强流电子束经过束波作用区后将一部分动能转换为微波能量，最后到达收集极。收集极即阳极，起到收集电子束并平稳导出的作用。目前，绝大多数高功率微波源的能量效率不及 30%，这意味着到达收集极的电子束虽然经历了能量衰减，但仍具有较高的能量。当这些强流电子束辐照剂量较大时，可能会导致阳极等离子体的产生，从而引起阳极等离子体膨胀和双极流的形成，对强流电子束二极管的性能有着重要影响，如脉宽缩短、二极管阻抗不稳定、发射电流激增以及脉冲功率装置与二极管的功率失配等。高的热流密度将使收集极材料表面温度骤然升高，引起材料表面吸附气体热脱附甚至材料表面的蒸发气化，蒸发物质被电子束碰撞电离会引起二次电子及不必要等离子体的形成。更严重的是，当高功率微波源以一定重复频率连续运行时，如果不能在脉冲串间隔期内把热量迅速散开，甚至会导致收集极局部温度超过材料熔点而发生熔蚀，影响高功率微波系统的可靠运行。因此，收集极的设计、选材、制造同样是高功率微波源的关键核心问题。

5）高功率微波定向投射单元

经过多年的发展，高功率微波源技术日趋成熟，窄带高功率微波源在 L（1～2GHz）、S（2～4GHz）、C（4～8GHz）和 X（8～12GHz）波段均已实现数吉瓦量级的微波输出，微波脉宽已达百纳秒量级。但要实现武器化，还需要将这些高功率微波定向投射到给定的区域或部位，即高功率微波定向投射单元。

（1）辐射天线。在高功率微波从微波源向自由空间投射的过程中，为在远场得到更高的功率密度，需要更高增益的天线，因此通常选用较大口径的天线进行辐射，要求天线对于微波源产生的几纳秒至百纳秒量级的短脉冲能够正常的响应，不会带来远场增益的下降或者波形畸变，这时纳秒级短脉冲特性对天线辐射场波形的影响将不能忽略。高功率微波源是将电子能量转化为射频能量的器件，诸如可实现太赫兹频率的真空管器件的回旋管、可实现小型化的磁绝缘线振荡器、常用于微波弹的虚阴极振荡器和输出功率很高的相对论返波管等，它们的输出模式一般为旋转对称的高次模式 TE01 或 TM01。为保证高功率微波的远距离传输，且能保持模式的纯度和较低损耗，一般采用高次模式作为传输模式。例如，同轴波导的过模比（外径与内径之比）远大于同轴线缆，这是以牺牲尺寸和阻抗匹配为代价增加传输功率的折中选择。

（2）介质窗口。输出窗真空－介质界面或空气－介质界面的击穿限制了高功率微波的有效传输和辐射。微波窗口是用来隔开大气环境和 HPM 器件腔内的高真空环境的关键构件，目前介质窗的击穿问题已经成为 HPM 装置进一步发展的技术瓶颈。尽管高功率微波源的输出能力已达到较高水平，但就单个微波源而言，提高峰值输出功率、增加微波脉宽以及实现更高重复运行频率始终是其发展的主要趋势。在此过程中，高功率微波系统的性能受到了脉冲缩短问题的限制。它在 HPM 辐射过程中表现为辐射场脉冲宽度明显小于微波源输出微波脉冲宽度，产生的重要原因之一在于输出窗介质界面的击穿。

通常情况下，HPM 输出窗一般运行在极端恶劣条件下，这些极端条件包括有限空间内的强电场、并伴有较强的紫外线和 X 射线。受限于窗口材料和加工工艺的限制，当输出窗传输的微波功率超过一定值后，容易在真空－介质或空气－介质界面产生击穿。该击穿的产生不仅限制了辐射到目标物体上的微波功率，降低了微波源的利用效率，同时还会增大天线损耗，引起天线辐射性能的急剧下降，严重时甚至引起输出窗过热烧毁。高功率微波输出窗真空－介质界面击穿是限制高功率微波有效传输和辐射的重要因素。虽然采用大尺寸喇叭天线可以降低输出窗口面的电场强度，达到抑制击穿的目的，但这显然与系统紧凑化的要求背道而驰。因此，研究高功率微波输出窗真空－介质界面击穿现象，分析影响击穿的因素，探索抑制击穿的手段和方法，是高功率微波系统实现长脉冲、高功率、高重频及紧凑化等目标的要求。

3.3 材料在微波环境中的性能

3.3.1 微波特性与材料介电性能

微波是一种特殊频率的电磁波，与材料互作用分为材料对微波的作用和微波对材料的作用，两者不可分离。一方面，通过研究物质的性质，寻找其对微波的影响，由此设计不同性质的物质改变微波的传输特性，实现材料对微波的控制和应用；另一方面，研究微波对材料的作用机理，可利用微波来改变材料特性，开发新型功能材料，并扩展到其他微波能应用领域。因此研究微波与材料互作用机理对于高功率微波技术、微波武器技术和材料科学的发展都具有重要意义。

众所周知，分子或原子的跃迁会吸收或发射一定的能量，不同波段的电磁波对物质分子、原子的转动、振动总结如图 3.9 所示。

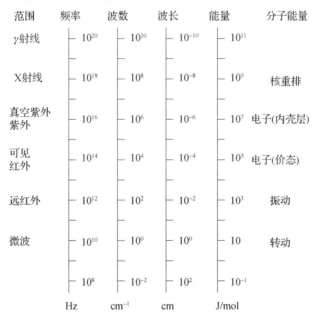

▶ 图 3.9 电磁波谱的范围和分子能量关系

从图 3.9 中可以看出，微波可以影响材料的分子转动，激发材料分子的转动能级跃迁。基于此，人们从物理电子学观点总结了微波不同于其他波段电磁波的重要特性，主要包括微波的加热特性和微波的非热特性等。

材料在电磁场中的行为一般由材料的本构参数决定，即相对介电常数、磁导率和电导率。这几个参数共同决定了电磁场在给定频率下进入材料的宏观尺度范围。一般情况下，材料都具有一定的损耗，即材料介电特性通常用复数函数来表示：

$$\varepsilon = \varepsilon' - j\varepsilon'' \tag{3-1}$$

式中：ε' 为复相对介电常数的实部，表征的是材料对微波的束缚能力，即材料在电场中被极化的能力；ε'' 为复相对介电常数的虚部，表示材料吸收微波的难易程度，即材料将微波能量转化为热能的能力，其大小与材料的损耗项有关，它与角频率的乘积即为材料的电导率：

$$\sigma = \omega \cdot \varepsilon'' \tag{3-2}$$

通常也采用损耗角正切来度量材料的损耗特性，即

$$\tan\delta = \frac{\varepsilon''}{\varepsilon'} = \frac{\sigma}{\omega \cdot \varepsilon'} \tag{3-3}$$

材料的复相对介电常数综合反映的是材料在微波电磁场环境下的电极化行为。对于一般的介质材料来说，主要存在四种损耗项：电子极化损耗项、离子极化损耗项、取向极化损耗项和界面极化损耗项。材料在微波场作用下会发生以上四种主要极化，极化将导致材料内部产生分子间摩擦、分子内部摩擦以及电荷泄漏。摩擦运动会产生热量损耗，电荷的泄漏会产生电能损耗。热量损耗和电能损耗就是介电损耗的两种形式，前者是最主要的损耗来源。

3.3.2 材料对微波的作用机理

当微波在传输过程中遇到材料，将产生反射、吸收或者穿透三种现象。根据材料对微波作用的不同特性，把材料分为导体、绝缘体、电介质和磁性材料 4 类。当微波遇到金属导体时，微波在导体表层呈指数衰减，只有很少的微波进入金属，即"趋肤效应"，所以金属导体常被用来引导、反射微波信号。当微波遇到绝缘材料时，大部分微波将透过材料，部分微波发生反射，只有很少一部分能量被吸收。当微波遇到介质材料时，微波将发生部分反射、部分吸收以及部分透射，具体要决定于介质材料的性质，即材料的微波特性。对于磁性材料，它对微波的作用与介质材料类似，只是介质材料对微波的影响与电场有关，而磁性材料对微波的作用与磁场有关。

麦克斯韦方程从宏观尺度揭示了材料对微波的作用机理。麦克斯韦方程的微分形式如下：

$$\begin{cases} \nabla \times \boldsymbol{H} = \boldsymbol{J} + \dfrac{\partial \boldsymbol{D}}{\partial t} \\[2mm] \nabla \times \boldsymbol{E} = -\dfrac{\partial \boldsymbol{B}}{\partial t} \\[2mm] \nabla \boldsymbol{B} = 0 \\[2mm] \nabla \boldsymbol{D} = \rho \end{cases} \tag{3-4}$$

式中：$\boldsymbol{H}$、$\boldsymbol{E}$、$\boldsymbol{D}$、$\boldsymbol{B}$、$\boldsymbol{J}$ 及 ρ 分别为空间中磁场强度矢量、电场强度矢量、电位移强度矢量、磁感应强度矢量、电流密度矢量及电荷密度。

上述公式表明：一是空间中的时变电场与时变磁场相互依存不可分离；二是磁通永远是连续的，磁场是无散度场；三是空间任意一点如果存在正电荷体密度，则从该点发出电位移线，若存在负电荷体密度，则空间电位移线终于该点。式（3-4）共同组成了描述宏观材料对微波场作用的理论基础。

麦克斯韦方程描述的是自由空间中无媒质存在的情况，当有媒质存在时，上述方程不够完善，因此增加了反映物质电磁特性的参量与场量关系的方程，简称本构方程：

$$\begin{cases} \boldsymbol{D} = \varepsilon \boldsymbol{E} \\ \boldsymbol{B} = \mu \boldsymbol{H} \\ \boldsymbol{J} = \sigma \boldsymbol{E} \end{cases} \tag{3-5}$$

以上本构方程针对的是线性和各向同性的媒质材料。对于非线性媒质材料，则以上本构方程中的相对介电常数和电导率将为张量形式。

当微波遇到介质材料，微波的部分能量会被材料吸收，即材料对微波具有功率耗散特点，这符合时变电磁场能量守恒规律。根据能量守恒有如下公式：

$$-\nabla \cdot (\boldsymbol{E} \times \boldsymbol{H}) - \frac{\partial \rho_\omega}{\partial t} = P$$

$$\rho_\omega = \frac{1}{2}(\boldsymbol{E} \cdot \boldsymbol{D} + \boldsymbol{H} \cdot \boldsymbol{B}) \tag{3-6}$$

上式也可以写成：

$$-\nabla \cdot (\boldsymbol{E} \times \boldsymbol{H}) - \frac{\partial \rho_\omega}{\partial t} = P_e + P_m + P_j \tag{3-7}$$

因此，得到材料对微波造成的损耗项分布，即介质材料单位体积的极化损耗 P_e、介质材料单位体积磁滞损耗 P_m 及介质材料单位体积的欧姆损耗 P_j。

微波无论在自由空间还是在有耗介质材料中传输，都由相应的传播特性参数决定，即传播常数、波阻抗以及波速，而这些参数又和材料的本征参数相对介电常数息息相关。当空间没有媒质存在的时候，微波不受约束，其大小和方向具有任意性。基于前述的麦克斯韦方程、物质的本构方程等基本理论可以得到自由空间中电磁波的传播常数、波阻抗以及波速表达式：

$$\begin{cases} k_0 = \dfrac{\omega}{c} = \omega \sqrt{\mu_0 \varepsilon_0} \\[3mm] \eta_0 = \sqrt{\dfrac{\mu_0}{\varepsilon_0}} \\[3mm] \nu_0 = c = \dfrac{1}{\sqrt{\varepsilon_0 \mu_0}} \end{cases} \qquad (3-8)$$

当微波经过介质材料时，微波在材料中的传播特性将发生改变，根据材料本征参数可得到介质材料中微波的传播常数、波阻抗以及波速表达式：

$$\begin{cases} k = \omega \sqrt{\mu\varepsilon} \\[3mm] \eta = \sqrt{\dfrac{\mu}{\varepsilon}} \\[3mm] \nu = \dfrac{1}{\sqrt{\varepsilon\mu}} \end{cases} \qquad (3-9)$$

所以，微波在介质材料中的传播速度比自由空间中低。综上所述，材料对微波的作用主要是通过其本征参数复相对介电常数来影响微波的传播特性，因此掌握不同环境中材料的复相对介电常数即可控制微波的传播特性，达到对其的控制和利用。

3.3.3 微波对材料的作用机理

微波对材料主要有两个作用机理：一是微波对材料的加热特性。微波照射到材料，物质会因为吸收微波能而出现温度升高的现象，简称微波热效应；二是当微波照射一些物质后，物质特性的变化并没有严格的与温度成一定关系，即温度的变化不能完全解释微波对材料的影响，这一类现象称为微波非热效应。微波热效应和微波非热效应都是微波对材料作用的宏观表达。

1. 微波热效应

微波热效应实质上是指微波和材料进行相互作用，微波场引导材料内部分子变化造成微波能向热能转化，表现出微波加热材料的特性。微波热效应和材料本身的损耗机制有关，由于材料本身的损耗特性造成了材料对微波能的吸收，表现为微波加热材料。

如前所述，微波在介质材料中传输时将会产生损耗，损耗机理主要包括极化损耗、欧姆损耗及磁滞损耗。极化损耗主要与材料的介电特性有关，欧姆损耗与材料的电导特性有关，即物质吸收微波转化为热能的大小取决于极化损耗和欧姆损耗的贡献。材料电导率越大或材料介电损耗越大，微波能转化为热能越多，热效应越明显，反之热效应不明显。

（1）极化损耗。一般来讲，非极性分子组成的材料同微波的耦合作用非常弱或不产生耦合作用，而对于极性分子组成的材料，在微波场中将会发生分子极化运动，材料将和微波进行较强的耦合作用。研究表明，极性分子的极化运动分为三个过程：原子核外的电子云位移极化、分子中的原子或离子的相对位移极化、分子内的固有电矩转向极化。上述微观过程通过材料的复相对介电常数宏观体现，并且和微波频率有关。当极化运动的速度与微波电场变化的速度接近时，极化损耗较低，基本不消耗微波能；当极化运动跟不上微波电场变化速度，即微波频率很高时，分子的热运动及相邻分子之间的转向会相互影响，并且分子的转向运动往往滞后于电场的变化，大量消耗微波能，微波能转化为热能，使材料温度升高。介质材料在微波场的极化行为主要包括电子位移极化、离子位移极化、偶极子转向极化（取向极化）及界面极化。其中，后两种极化对微波热效应影响较大。

（2）欧姆损耗。如果材料中存在导电载流子，如自由电子或离子，当材料处于微波场环境下将会发生载流子定向流动形成传导电流，传导电流形成的损耗称为欧姆损耗。对于低电导率的材料，材料中几乎没有自由电子，欧姆损耗可以忽略。

（3）磁滞损耗。磁滞损耗和极化损耗相似，根据麦克斯韦方程组，单位体积的介质材料的极化损耗和磁滞损耗表达式形式一致，只是电场强度 E、电位移 D 置换为磁场强度 H 和磁感应强度 B。在微波场中电子轨道磁矩和自旋磁矩都会受到影响，发生磁矩转向磁化，和微波进行较强的耦合作用。当磁矩磁化的速度能够与微波磁场变化的速度接近时，磁滞损耗较低；当磁矩磁化跟不上微波磁场变化速度，大量消耗微波能，微波能转化为热能，使材料温度升高。

2. 微波非热效应

多年来，学术界关于微波对材料特性影响机理的研究从未停止，其中微波引起的材料介电加热一直以来被广泛接受。然而，部分学者认为微波可能不仅存在热效应，还可能存在一些特殊的性质。如传统加热反应物可提高化学反应速率，通过微波辐射使反应物获得同样的反应温度时，一些化学反应的速率大大提高，这些不能完全用微波加热能够解释的现象被称为微波非热效应，目前关于微波非热效应的内在机理的研究还不够充分。

在微波化学领域，微波非热效应的影响机理是十分复杂的。首先，化学反应中的物质会吸收微波能，其运动速度显著提高，分子运动的不确定性增加，即熵增加。此外，极性分子受微波场的影响会按照电磁场的变化方向运动，熵会减小。因此，在微波化学反应中，微波的影响机理不能完全通过微波加热物质分子形成热效应来解释，还应存在微波非热效应。有部分研究者认为微波改变了反应物的活化能，类似于一种微波催化剂的效果，微波引起了分子共振导致化学键断裂，在反应物内部产生了电势梯度力使得反应过程加剧，即微波非热效应的存在与分子极化分子振动有关。大部分不能用微波加热解释的非热效应都是基于微波对反应物分子的作用，这种作用与单纯的温度引起的分子运动不同，但更深层次微波非热效应影响机理仍不明确。

微波辐射对生物体的影响可能是热效应也可能是非热效应。与微波加热其他介质材料一样，微波能使生物体温度上升表明它具有微波热效应。而微波作用于生物体后检测到一些通过常规加热方法无法检测到的效应就属于微波对生物体的非热效应。研究表明微波可以引起不同类型的生物效应，这些生物效应和微波电磁场强度、频率、波形、调制以及暴露时间有关。通常这些生物效应大都被认为是微波热效应引起的，但是现在有很多研究证明微波非热效应在分子转换和变化方面提供了需要的能量。

在微波场作用下材料的微观结构、化学成分和相组成成分发生改变，部分研究从实验角度讨论了微波辐射对材料的影响机理，提出了微波非热效应的存在。微波对于半导体材料的非热效应主要论据包括：微波辐射场产生一种额外的内部质动力，导致缺陷和杂质在材料中积聚；微波辐射场产生足够的内部机电应力，导致带电粒子传输发生弛豫。

3.4 脉冲功率源用储能介质材料

3.4.1 储能介质材料性能要求

储能介质材料主要是指用于脉冲功率源中脉冲形成装置中的填充介质材料。脉冲形成线是脉冲功率技术常用的脉冲压缩成型结构，将直流或慢脉冲电压信号压缩成脉冲宽度为数十纳秒的输出脉冲波形。形成线电参数主要由脉冲电压 V_b、电长度 τ 和脉冲前沿 $\Delta\tau$ 以及特征阻抗 Z_b 等参数表征。形成线参数和其中填充的复合材料介电性能之间的关系如下：

$$\tau = 2L \left(\mu \varepsilon \right)^{1/2} / c \tag{3-10}$$

$$Z_b = 120\pi d / \left[\varepsilon^{1/2} \left(W + d \right) \right] \tag{3-11}$$

式中：L 为形成线长度；W 为两电极宽度；d 为两电极间距；μ 为材料的相对磁导率。由此可见，当脉冲形成线的电压、电长度不变时，材料的相对介电常数 ε 越高，形成线的长度就可以越短，越容易实现小型化和集成化。因此，为了获得用于脉冲形成的储能介质材料要求具有高相对介电常数。

对于平板传输线来说，击穿电场强度主要取决于介质的介电强度，为最大程度发挥介质薄膜的介电强度，需要设计使介质内电场分布均匀的结构，尽量避免电场分布不均造成传输线击穿场强的下降。

平板 Blumlein 线是一类最典型的脉冲功率源形成线，其储能密度主要与充电电压 V_b、形成线电容 C_b、形成线输出脉冲宽度 t_p 有关。形成线的储能密度可表征装置实际可利用的能量。储能密度 γ 是指单位体积的电介质材料所能够储存的能量，单位为 J/cm^3。储能密度如下式所示：

$$\gamma = \int_0^{D_{max}} E dD \tag{3-12}$$

式中：E 为电场强度；D 为电位移；D_{max} 为最高电场强度下的电位移。

考虑到储能电子元器件的体积与其中填充的电介质材料的体积差异，电容器本身储能密度公式可调整为

$$\gamma_N = \frac{1}{2} \frac{\varepsilon E^2}{K} \tag{3-13}$$

式中：ε 为电介质材料的相对介电常数；E 为电介质材料所承受的电场强度；K 为电容器总体积和所填充充介材料的体积之比。

要提高储能电子元器件的储能密度，填充的电介质材料必须具有很高的相对介电常数，可承受的介电强度也需要很高，以及尽量小的 K 值。因此，提高电介质材料的相对介电常数和介电强度是提高储能电子元器件储能密度的主要方向。但一般来讲，一种电介质材料很难同时具备高介电强度和高相对介电常数两种优点。因此，能够兼具各组分优良性能的复合电介质材料成为当前的研究热点。

总体而言，目前高功率微波系统用储能介质材料需要储能密度超过 $0.05 J/cm^3$，才能通过脉冲功率驱动源实验平台考核及可行性验证。

3.4.2　储能介质材料

传统的脉冲形成线采用液态介质材料（如变压器油和去离子水）。变压器油相对介电常数在 2～10 之间，相对介电常数低、储能密度低，所以采用该

材料的形成线体积较大。去离子水相对介电常数为81，相对介电常数较高、储能密度也较高，但去离子水介质需要附加去离子设备，以维持去离子水具有较高的电阻率，严重影响脉冲形成线的小型化和紧凑化。此外，常温液态的水/油介质材料也不适合在高低温环境条件下使用。因此，如何采用耐高压固态储能介质材料来实现脉冲功率装置的紧凑化和小型化是实现高功率微波武器可移动性和机载的关键技术之一。常见固态功能陶瓷材料如钛酸钡体系、钛酸锶体系和铌酸盐体系等，具有高相对介电常数、高击穿电压，是固态脉冲形成线用理想的电介质材料。但陶瓷材料的成型加工性能差，脉冲形成线属于较大尺寸构件，陶瓷构件的制备和致密化在工艺上存在较大困难，限制了功能陶瓷材料在固态脉冲形成线上的应用。

目前，国外大多数紧凑型脉冲功率装置的脉冲形成线仍采用液态介质材料。2005年，美国空军研究实验室的Matthew提出了固态折叠型脉冲形成线结构，选用高分子聚合物与纳米陶瓷的复合材料作为介质材料，试制出3mm厚大尺寸板材，在脉冲充电至41kV情况下发生击穿，击穿场强约为14kV/mm，材料相对介电常数为50。俄罗斯科学院强流电子学研究所、电物理学研究所、莫斯科大学、托木斯克理工大学、日本长冈大学、乌克兰电磁研究所也提出类似的材料研究计划，以进一步提高脉冲功率装置的紧凑化程度和输出参数指标。

高介电复合电介质材料作为一种应用前景广泛的电能存储材料，由于具备很好的均匀电场和储电性能，在电子电工等行业中具有非常重要的应用。高相对介电常数介电材料按照基体类型、填充成分的电学性能等可分为不同的种类；按照材料属性不同，可分为全有机聚合物复合材料和无机/聚合物复合材料。

常用的主要包括以下三类：

1）导电体/聚合物复合电介质材料

采用导电粒子填充聚合物基体方法制备复合电介质材料，主要根据逾渗理论提高复合电介质材料的相对介电常数。当导电粒子达到逾渗阈值时，复合材料会发生绝缘体 – 导体转变，对于逾渗体系，材料的相对介电常数可表示成

$$\varepsilon = \varepsilon_1 \left(p_c - p \right)^{-\beta} \tag{3-14}$$

式中：p 为导电粒子体积分数；P_c 为逾渗阈值（绝缘体 – 导体转变临界浓度），且 $p < p_c$，β 为常数，与微观结构、材料性质及导电粒子 – 基体界面的连通性有关。

　　具有逾渗行为的复合材料的相对介电常数与导体的实际填充分数与逾渗阈值之差成反比。因此，要得到高相对介电常数必须使导电粒子体积分数小于临界值的同时又无限接近临界值。若导电粒子体积分数合适，可得到非常高的相对介电常数。

　　目前，制备导电体/聚合物复合电介质材料最主要的导电粉体包括铝、银、镍、炭等。导电体/聚合物复合电介质材料虽然能得到较高的相对介电常数，但在制备过程中需要精确控制导电填料的体积分数，制备困难，限制其推广应用。另一方面，引入导电粉体会使电导损耗增大，尤其在高频区会产生大量焦耳热，使损耗急剧升高。同时，在外加电场的作用下，导电体容易形成导电通路，降低复合材料的介电强度。因此，导电体/聚合物复合电介质材料整体介电性能不好，并不能很好地应用于储能元器件。

　　2）全有机高介电复合电介质材料

　　单一高分子材料的相对介电常数通常较小，在 10 以下。聚合物分子的极性是影响聚合物相对介电常数的主要因素，分子的极性越大，材料的相对介电常数也相对越大。例如，非极性高分子聚乙烯相对介电常数为 2.2，比较小；聚氯乙烯由于分子具有极性，相对介电常数可达 4.5；分子中含有强极性 $C-F$ 键的 PVDF，其相对介电常数相比于非极性高分子大很多，在 1kHz 室温下相对介电常数可达到 10 左右。

　　为得到高介电的聚合物，一般采用多种分子聚合的方法。有学者制备了聚（偏氟乙烯 - 三氟乙烯）和聚（偏氟乙烯 - 三氟乙烯 - 氯代三氟乙烯），在室温下的相对介电常数分别为 20 和 50。采用超声聚合法合成的具有超枝化结构的聚苯胺分子，室温下相对介电常数可高达 104，但是，这类材料通常都存在制造和加工困难的问题，无法采用普通聚合物常使用的熔融加工法或溶液加工法成型。

　　另外一种提高聚合物材料相对介电常数的思路是将两种或是两种以上的聚合物共混改性来制备全有机聚合物复合电介质材料，工艺相对简单，也可获得高的介电常数。

　　目前，环氧树脂、聚酰亚胺和聚偏二氟乙烯是使用最广泛的聚合物基体，以聚酰亚胺为基体的全有机聚合物复合电介质材料具有高柔韧性和高耐热性；以聚酰亚胺为基体的聚合物复合电介质材料具有较高的相对介电常数。虽然全有机复合电介质材料应用比较广泛，优点很多，但其相对介电常数较低。添加导电高分子会大大提高相对介电常数，但同时介电强度会降低，不利于储能密度的增加。

3）陶瓷/聚合物复合电介质材料

陶瓷/聚合物复合电介质材料多是以铁电体陶瓷粉体如 $BaTiO_3$、$PbTiO_3$、Pb（Zr，Ti）O_3 等为功能相填料，结合具有加工性能好、介电强度高、介质损耗小等优点的聚合物基体而制备，得到的陶瓷/聚合物复合材料，其相对介电常数一般随陶瓷体积分数的增加而提高。对于陶瓷粉体填充聚合物复合材料的相对介电常数，通常用 Logarithmic 模型近似预测：

$$\varepsilon = (1 - f_c)\varepsilon_p + f_c\varepsilon_c \tag{3-15}$$

式中：ε_c 和 ε_p 分别为陶瓷和聚合物自身的相对介电常数；f_c 为陶瓷的体积分数；ε 为复合材料的相对介电常数。

由式（3-15）可知，因聚合物基体的相对介电常数较低，因此第一项对复合材料的相对介电常数贡献较小。为提高陶瓷/聚合物复合电介质材料的相对介电常数，往往使用相对介电常数高的陶瓷并增加其在复合体系的体积含量。

因此，陶瓷/聚合物复合电介质材料的相对介电常数可通过陶瓷的体积分数来进行控制，相对介电常数可控，能够同时发挥陶瓷材料高相对介电常数和高分子材料易加工、高介电强度的优点，制备相对介电常数较高、介电强度较高、整体储能密度较高的复合电介质材料。在这三种复合电介质材料中，陶瓷/聚合物复合电介质材料是性能最全面，也是目前研究最为集中的复合电介质材料，是未来有望在高功率微波系统中实现应用的储能材料。

3.5　脉冲电子束源用阴极材料

3.5.1　阴极材料性能要求

阴极用于发射高功率电子束，阴极材料的选择和设计是建立高功率微波源的关键技术之一。理想的高功率微波束源阴极应具有如下的特征：发射电流密度大于 $1\ kA/cm^2$、总的发射电流达几十千安；工作脉冲长，重复频率高；在 10^{-8}Torr（1Torr≈133.322Pa）的真空条件下，具有良好的重复性及较长的寿命。因此，阴极材料应具有的发射特性：高电流发射密度、长寿命、低等离子体膨胀速度、低发射阈值、低出气率及发射均匀、可重复性好等。

目前，唯一能提供 kA/cm^2 发射电流密度的阴极是爆炸发射阴极，具有简单、易用、需要较少辅助设备等优点。但是存在以下三个主要问题：一是等离子体间隙闭合造成的脉冲缩短问题；二是等离子体的不均匀发射及发射的可重复性差问题；三是脉冲持续过程中或其后的材料放气问题。

为获得较长脉冲的电子束源，必须解决爆炸发射阴极存在的问题或使用其他强流阴极技术。因此，如何进一步提高二极管阴极的电子发射能力、增加阴极使用寿命、提高重复工作频率及在长脉冲下降低等离子体的运动速度是目前重复频率高功率微波束源技术中亟待解决的瓶颈技术。

3.5.2　阴极材料

常见阴极可分为光阴极、热阴极、场致发射阴极和爆炸发射阴极等几类。高功率微波束源用阴极研究重点围绕两个方面：一是开展新型阴极材料的设计及其发射机理研究；二是注重材料制备工艺及成型技术研究。美国、以色列等在阴极材料方面进行了大量的基础研究，俄罗斯建立了一系列脉冲高功率微波束源装置，在爆炸发射阴极技术的研究中也取得了重要进展。国内研究主要选用易于加工成型的天鹅绒及石墨阴极，碳纤维阴极也逐步应用，但面临制备成型工艺问题。

1. 光阴极

光阴极是一种能够将光能转化为电子流的装置。光阴极的工作原理基于光电效应，即当光子撞击金属表面时，会从金属中激发出电子。这些被激发出的电子具有足够的能量，可以逃离金属表面形成电子流。通过控制入射光的波长、强度和照射时间等参数，可以调节光阴极产生的电子流的密度和能量分布。

光阴极根据所使用的材料和工作原理的不同，可以分为多种类型。其中，最常用的光阴极材料是碱金属（如钾、钠、铯等）和多碱金属化合物（如银氧铯、银氧钾等）。此外，还有一些半导体材料也可以用作光阴极，如硒、硅等。

光阴极材料由于产生的电流密度达不到高功率微波用的强流电子束水平，因而一直没有被 HPM 源所用。

2. 热阴极

热阴极是一种通过加热阴极材料使其发射电子的装置，通常为高熔点金属或氧化物制成的小丝状物，这些材料在加热到足够高的温度时，会通过热电子发射机制发射出电子形成电子源。热阴极的主要工作原理是热辐射效应。当阴极被加热时，其表面原子获得热能并开始振动。这些振动的原子会释放出热辐射，导致电子从原子中被激发出来。这些被激发的电子具有较高的动能，能够克服阴极材料的逸出功，并进入电子管或真空管等设备的电子路径中。

热阴极的加热方法分为直热式和间热式两种：直热式是直接对发射体或它们的基金属通电加热；间热式是对热子通电加热，再由热子将热量辐射和传导给发射体。热阴极制备材料包括纯金属、原子薄膜、氧化物、扩散材料和六硼化镧等。

在热电离阴极中，W 和 LaB_6 是比较常用的，两者的逸出功分别为 4.5eV 和 2.7eV。氧化物具有低逸出功，但其性能不稳，极易中毒。相比而言，LaB_6 是一种具有应用前景的热阴极材料，它不易被毒化，逸出功低于纯金属材料，并能提供较高的电流密度（达 $100A/cm^2$）。要想在高功率微波束源中应用，热阴极必须克服材料重复性较差、易中毒、离子反轰可能造成材料表面破坏及电子发射时因电阻加热导致的热应力破坏等问题。

3. 场致发射阴极

场致发射阴极的发射原理基于量子力学中的隧道效应。当固体表面的电场强度足够高时，电子的波函数可以穿透表面的势垒，实现从固体到真空的隧道穿越，发射出电子。它是一种非热电离发射的场发射阵列，并不依赖于等离子体的形成来形成发射电子，而是通过几何结构增强表面场强直接将电子从导体表面拉出。

场致发射阴极通常由以下几部分组成：

（1）发射体。发射阴极的核心部分，通常由具有低逸出功的金属或半导体材料制成。发射体形状可以是尖端的、平面的或其他特殊形状，以适应不同应用需求。

（2）绝缘支撑体。用于支撑发射体并保持其与阳极之间的绝缘距离。绝缘支撑体通常由相对介电常数高、耐高温的材料制成。

（3）外部电源和电路。提供电场，使得阴极和阳极之间产生足够高的电压差，以触发场致发射。

场致发射阵列阴极存在的问题是：必须工作于超高真空，尖端几何形状及表面清洁程度的轻微不同使特定点的发射增强，导致电流失控，引起尖端过热，并且永久破坏阵列。

4. 爆炸发射阴极

爆炸发射阴极是通过外电场的作用，将阴极表面由于"熔解"和"爆炸"过程产生的等离子中的电子不断拉出而产生电子束流的。通过爆炸发射产生的电子束流密度可达 kA/cm^2、束流高达兆安量级，而且简单、易用、对真空环境的要求也不是很苛刻。因此，爆炸发射阴极成为高功率微波武器用阴极材料的第一选择。但阴极表面的爆炸电子发射过程和电子轰击阳极表面所形成的等离子体都可以沿轴向和径向扩展，相当于减少了阴阳级有效间隙，引起二极管阻抗变化，使高功率微波束源输出微波脉宽受到限制，从而减弱慢波结构中束波耦合，降低了微波的输出效率。

国内外研究和应用的爆炸发射阴极材料主要包括金属阴极、天鹅绒阴极、石墨阴极、碳纤维阴极和金属－陶瓷阴极。

（1）金属阴极。简单非热电离的金属阴极（如不锈钢、铜、铝、钼等）在许多 HPM 源上得到了应用。这类阴极对真空的要求很低，但其产生的等离子体温度高，等离子体运动速度快，使其在高功率微波武器中的应用受到了极大限制。

（2）天鹅绒阴极。天鹅绒作为冷阴极材料的主要优点如下：第一，启动时间很短，其阻抗可以在瞬间由无穷大降到它的特征值；第二，阴－阳极之间等离子体的闭合速度较慢，这样使用天鹅绒阴极的二极管的电流波形可以得到近似理想的方波；第三，天鹅绒阴极的电子束亮度高，发射电流密度大。但是，天鹅绒阴极在发射过程中释放出很多吸附性气体和分子团颗粒，引起二极管本底压强增加，限制脉冲持续时间，因而存在着真空性能差、使用寿命短等致命缺点。

（3）石墨阴极。石墨具有耐高温性、良好的导电和导热性、高化学稳定性及高的二次电子发射率等特点，将石墨作为阴极材料，可以表现出很低的出气率和长的寿命。由于石墨材料价格低廉，且加工性能好，其在高功率微波束源中也得到了较好的应用，但石墨阴极的电子发射密度难以满足高功率微波束源的发展需求。

（4）碳纤维阴极。20 世纪 80 年代，美国与苏联开展了碳纤维阴极的研究。碳纤维阴极在发射均匀性、阴极等离子体膨胀速度、产生的电子束质量、输出微波功率与脉宽、阴极寿命等方面具有优点。因此，碳纤维阴极在高功率微波束源中具有很好的应用前景，但由于碳纤维为束丝状，如何制备出纤维分布均匀、满足形状要求、重复特性好且出气率低的实用阴极是碳纤维阴极所面临的问题。

阴极材料的选择是设计和建立 HPM 源最关键的问题之一，对于提高二极管产生电子束的能力和质量，增加电子束脉宽，延长二极管使用寿命，实现高重复频率运行至关重要。材料复合技术在许多功能材料领域都得到了很好的应用，尽管复合阴极的研究在国内外刚刚开展，但已显示出良好的应用前景，开展复合阴极的研究工作是突破长寿命强流电子束阴极技术的发展趋势。

3.6　脉冲电子束源用收集极材料

3.6.1　收集极材料性能要求

电子束收集极用来回收阴极发射出的高能电子束流跟射频电磁场作用完毕后，抵达收集极的电子束的残余能量。在 HPM 产生器件中，用于与器件相互作用的强流相对论电子束受磁场约束，具有很高的电流密度，这给电子束收集极的设计带来了巨大的压力，尤其是当高功率微波产生器件以重复频率工作时。在实用化高功率微波系统中，电子束收集极的可靠性是影响系统可靠性的主要因素，也是系统设计的重点之一。

高效电子束收集极的设计主要有两个要求：一是要求收集面能够承受瞬间的高功率强流相对论电子束脉冲；二是要尽量减少收集面所承受的平均功率密度，同时能够快速把收集极上沉积的热量传递出去。此外，要求收集面材料有良好的加工性能和强度、较低的二次电子发射系数等。

理想的高功率微波束源收集极应具有如下的特征：电流密度大于 $1\text{kA}/\text{cm}^2$、总电流达几十千安；工作脉冲长度达 $20 \sim 100\text{ns}$，重复频率达 $20 \sim 100\text{Hz}$；在 10^{-8} Torr 的真空条件下，有良好的重复性及较长的寿命。提高电子束收集极材料所能承受的脉冲功率和平均功率能力，同时改进其结构和力学性能，对新型强流相对论电子束收集极的研制具有重要意义。

3.6.2　电子束与收集极材料相互作用物理机制

强流相对论电子束与物质相互作用的主要微观现象是能量沉积，在宏观上则表现为多种热 – 力学效应，涉及原子物理、热学及力学等。研究其相互作用，首先要研究电子束与物质原子的碰撞、散射等相互作用和能量沉积过程，在此基础上研究材料的动力学响应，包括固体材料在熔融、汽化状态下的喷射飞散，热激波的形成与传播等。

强流相对论电子束与收集极的相互作用主要有两个特点：一是束流密度大，达到 kA/cm^2 量级；二是强磁场的引导下，与无引导磁场情形下的相互作用存在一定的差异。电子入射到材料内部，通过与材料原子中的电子及原子核的相互作用损失能量并将能量沉积在材料中，主要有 4 种相互作用类型，即电子分别与原子中电子和原子核的弹性碰撞及非弹性碰撞。电子与收集极材料原子相互作用损失能量时，上述 4 种作用同时存在，但电子的主要能量损失机理是非弹性碰撞。

（1）入射电子与原子核外束缚电子发生弹性碰撞时，传递给束缚电子的能量不足以引起其激发，满足动量守恒和动能守恒，能量损失很少，可以忽略。入射电子与原子核发生弹性碰撞时，满足动量守恒和动能守恒，但是由于原子核的质量远远大于电子的质量，入射电子传递给原子核的能量非常少，可以忽略。因此，入射电子与材料中原子的弹性碰撞损失能量可以忽略。

（2）入射电子与原子核外束缚电子发生非弹性碰撞时，引起核外束缚电子的激发或电离，其能量损失称为入射电子的碰撞能量损失。入射电子与原子核发生非弹性碰撞时，引起入射方向的偏转，入射电子的部分能量转化为能谱连续分布的光子辐射出来，即韧致辐射，其能量损失称为入射电子的辐射能量损失。电子入射到收集极材料中，碰撞能量损失和辐射能量损失是主要的能量损失机制。

入射电子初始能量不同，碰撞能量损失和辐射能量损失所占的比例不同。当入射电子的能量较低时（一般小于 2MeV），由于原子核和电子的质量差异，入射电子与原子核的碰撞基本上为弹性碰撞，与束缚电子发生非弹性碰撞引起的束缚电子的激发和电离是能量损失的主要方式，辐射能量损失很小，基本上可以忽略不计。但当电子的能量较高（一般大于 2MeV）时，入射电子经过束缚电子的时间（即作用时间）变短，束缚电子被激发或电离的概率较低，而与原子核发生非弹性碰撞引起入射电子偏转辐射的能量增加，辐射能量损失所占的比例增加。电子入射到材料中，单位路径上的能量损失近似有如下的比例关系：

$$\left(\frac{\mathrm{d}E}{\mathrm{d}s}\right)_{\mathrm{col}}\bigg/\left(\frac{\mathrm{d}E}{\mathrm{d}s}\right)_{\mathrm{rad}}=\frac{800}{E(Z+1.2)} \tag{3-16}$$

式中：E 为入射电子能量；Z 为材料的原子序数。从式中可以看出，对于低能电子，碰撞损失是主要的，对于高能电子，辐射能量损失是主要的。

在高功率微波系统中，电子能量一般小于 1MeV，电子与原子核碰撞方向偏转辐射出光子的辐射能量损失所占的比例非常小，主要能量损失为电子与原子核外电子的非弹性碰撞引起核外电子激发或电离的碰撞能量损失。激发和电离的电子很快将能量传递给晶格，转化为晶格振动的能量，即转化为材料的内能。

由于目前高功率微波器件的能量转换效率一般不超过 40%，相对论电子束所携带能量大部分以热能的方式沉积在电子束收集极上。系统在重复频率工作时，要求把沉积在收集极的热量迅速传走，以保证收集极的状态不发生变化。在工程化的高功率微波系统中，电子束收集极的使用寿命是限制系统寿命的最主要因素。电子收集极的设计主要有两个要求：一是要能耐受瞬间的高功率电子束冲击；二是能把收集极收集的电子束的能量尽快传递出去，以使系统能够重复频率工作。

此外，电子束在收集极上会产生二次背射电子。一方面会从微波中提取能量降低微波输出功率，另一方面返流回束波作用区影响束波相互作用，导致输出微波功率降低和脉冲缩短，因此要抑制二次背射电子的产生。同时，收集极材料必须具有良好的机械加工性能和强度，以保证其与高功率微波产生系统其他部件的紧密配合，并耐受内部真空和外部冷却介质所带来的压力。

3.6.3 收集极材料

从材料角度，提高收集极耐受冲击功率的能力，主要有三点：一是提高材料的熔点，二是提高材料的热容，三是提高材料的热导率，同时保证材料耐受热冲击的能力。而综合来讲，强流电子束收集极对材料的要求如下。

（1）电性能：导电良好，二次电子发射能力低。

（2）热性能：高熔点、高热容量、高热导率、耐受热冲击。

（3）力学性能：满足强度要求，加工性能好。

（4）耐高能电子轰击性能：电子在材料中的射程远，能量沉积密度低。

（5）其他性能：无磁、密度低、真空密封性好。

因此，目前适宜作为高功率微波源收集极的材料和其性能主要如表3.1所列。

表 3.1 电子束收集极材料性能

材料	密度 /(g/cm³)	熔点/℃	沸点/℃	热导率 /(W/(m·K))	比热容 /(J·kg/K)	电阻率 /(10⁻⁶Ω·cm)	热膨胀系数 /(10⁻⁶/K)
304 不锈钢	7.8	1398~1454	2750	13.8	394	72	17.2
钛	4.50	1725	3260	19	503	56	9.28
铱	22.4	2410	4130	147	120	5.0	6.45
钼	10.2	2620	4650	138	257	5.2	6.0
钨	19.3	3410	5660	174	130	5.65	4.5
铜	8.90	1083	2567	385	385	1.7	16.9

研制具有良好电性能、热性能和机械性能，且无磁性、密度较低的材料是目前强流电子束收集极研究中关键问题之一。钨、钼等金属由于具有极高的熔点、较高的热导率和比热容，是常用的面对等离子体材料。国外不少学者开展了利用金属钨钼制作收集极的尝试。美国奥本大学 M. Frank Rose 等在太空基高功率微波管研究中，采用钨、钼等金属作为电子束收集极材料，利用其高温性能，在不使用冷却剂条件下，钨收集极可整体长时间工作在1700℃而不发生变形和失效。日本九州大学 N. Yoshida 等研究钨在高密度电子束作用下的热破坏效应。结果表明：采用 60keV 的长脉冲电子束（1s）轰击钨块体材料，发现平均能量密度小于 25kW/cm^2 时，钨表面几乎无损伤；当平均能量密度高于 34kW/cm^2 时，钨表面出现明显的损伤，主要破坏机制是熔融蒸发。但是由于种种原因，在电子能量密度更高的条件下，金属钼和钨承受电子轰击的能力尚未见文献报道，这对收集极的设计非常重要。

3.7 高功率微波投射单元用介质窗材料

3.7.1 介质窗材料要求

在 HPM 武器系统中，由于微波源在真空状态运行，需要介质窗将真空和大气进行隔离。根据外场试验及效应研究，实用化高功率武器需要数吉瓦的微波辐射功率以实现远距离攻击目标的目的。随着高功率微波武器输出功率的不断提升，介质窗击穿成为限制 HPM 系统最大辐射功率的决定性因素之一。

在短脉冲高功率微波传输过程中，介质窗表面承受的电场强度达数十kV/cm。当中子电子作用到材料表面时，将引起介质窗表面二次电子倍增和释气并最终导致强电磁场真空击穿。介质窗材料最主要的性能要求就是在大尺寸、高气密性要求下保持极高的击穿场强。HPM 介质窗击穿问题是一项重要且非常复杂的技术难题，属物理、化学、材料等多学科交叉领域。HPM 介质窗抗击穿技术一直是国内外研究的热点。

HPM 介质窗击穿是一系列复杂物理规律发展到最后的结果，通过最终微波传输的突然截止来表征。从现象上看，介质窗击穿过程中产生的高密度等离子体严重影响了微波的透射，导致微波的大量反射和传输截止，辐射微波脉冲缩短。在重复频率微波击穿下介质窗材料发生表层击穿破坏，导致介窗永久性损伤并失效。目前，在用的高分子聚合物介质窗在短脉冲 HPM 强电磁场作用下击穿阈值在 30kV/cm 水平。通过扩大介质窗直径来降低口面电场幅度可满足输出功率不断提升的要求，但是介质窗径变大将引入很大不利因素：一方面大尺寸、高纯度、高均匀度的介质窗材料获取不易，另一方面大口面带来的应力及形变问题也将进一步降低介质窗击穿阈值和工作寿命。

介质窗真空界面是一个物理性质和化学性质均不同于真空状态和介质内部的物质相，即使在真空环境中，聚合物表面仍会吸附一层气体分子。真空沿面击穿现象，事实上是一种在绝缘体表面气体脱附后形成的高气压环境中发生的放电过程，因此材料表面吸附气体释放是导致击穿发生的关键，改善介质窗表面特性对其真空抗击穿特性有非常重要的影响。

3.7.2　介质窗击穿机理

在介质窗表面二次电子倍增和击穿动力学理论方面，国内外的相关学科开展了大量的研究。

美国 Texas Tech 大学研究人员利用行波谐振环和 S 波段、微秒脉宽的兆瓦级磁控管建立了几十兆瓦功率下的高功率微波介质窗击穿实验平台。研究发现：在击穿通道形成之前整个窗表面都发射荧光，并可以诊断到 C、H 谱高能 X 射线；一旦击穿通道形成，高能 X 射线快速停止，而可见光和紫外线的光强增加，其后在上下波导壁之间形成多个击穿火花通道。研究人员认为表面诱导释放气体层可能对介质窗强电磁场真空击穿过程产生影响。

日本学者在与美国 Texas Tech 大学类似的 S 波段兆瓦级实验平台上开展了微波陶瓷窗击穿实验，在窗上观察到长度在厘米量级的表面熔化和穿孔。穿孔从表面起始并在介质内部形成多分支通道（深度 3~4mm）。因此他们认为倍增电子碰撞或局部射频损耗产生 F 色心增强了局部加热，导致表面熔化、破裂和穿孔。微波窗表面缺陷位置和表面杂质带来局部加热和材料气化，导致表面气压升高。

国内外目前尚无提高 HPM 介质窗击穿阈值的有效途径，普遍采用大口径的平板形介质窗以降低口面电场幅度，光面介质窗击穿阈值在 30~40kV/cm 之间，介质窗击穿过程中产生的高密度等离子体严重影响了微波的透射，导致微波的大量反射和传输截止，辐射微波脉冲缩短。在重复频率微波击穿下介质窗材料发生表层击穿破坏，导致介质窗永久性损伤并失效。介质窗表面的导电树枝层主要由电场加速下的二次电子轰击材料表面产生，而介质窗内层导电树枝通道则是由于表面能量的沉积引起的。

对于长脉冲和高重复频率 HPM，倍增的热累积效应非常明显。倍增电子将能量沉积在介质表面薄层中，导致近表层处显著升温，表层材料蒸发，热塑性高聚物在软化温度下的击穿性能急剧降低，在 HPM 强电场作用下表层材料发生体积击穿，导致介质窗材料永久损伤。此外，介质窗需要承受外界大气和内部真空的压力差，当材料机械强度较低时，介质窗发生较大的形变，导致材料承受大的应力，同时窗表面电场幅度显著提高。

为显著提高介质窗抗击穿能力，需要从抑制二次电子倍增的物理方法、新材料和表面处理等多方面开展研究。在物理方面，需要探寻实现抑制二次电子倍增的新方法。在材料选择和研制方面，需要尽量减少杂质和缺陷以减少中子及电子的产生，材料需要具有足够高的机械强度以减小介质窗在承受大气和真空压力差时的形变量、避免窗表面电场幅度增强。在材料表面处理方面，需要有效减少释放气体、提高微观分子键能等。

3.7.3　介质窗材料

HPM 介质窗材料要求苛刻，选取材料时首先重点考虑其相对介电常数、介电损耗正切及二次电子发射系数等参数，再综合考虑其他几种热力学参数。因此，介质窗材料选择原则如下。

（1）介电性能：较低的相对介电常数和介电损耗。

（2）力学性能：在一定温度范围内，保持高的力学强度，尺寸稳定性好。

（3）绝缘性能：高的绝缘强度。

（4）表面性能：二次电子产额低，不易吸附气体和水分。

（5）可加工性能好，易进行表面机械处理。

（6）材料纯度高、内部缺陷少。

（7）耐候性好。

本节重点介绍适用于 HPM 介质窗的高分子聚合物材料和特种陶瓷材料两类。

1. 高分子聚合物材料

高功率微波系统中通常应用的高分子聚合物介质窗材料包括聚四氟乙烯（PTFE）、聚乙烯（HDPE）、聚苯乙烯（PS）、丙烯酸树脂（ACR）、交联聚苯乙烯（CLPS）等，如表 3.2 所列。

表 3.2　几种高分子聚合物介质窗材料性能

聚合物		聚四氟乙烯（PTFE）	高密度聚乙烯（HDPE）	聚苯乙烯（PS）	交联聚苯乙烯（美国 CLPS）
密度		2.13 ~ 2.20	0.96	1.05	1.05
力学性能	拉伸强度/MPa	14 ~ 34	22 ~ 45	26 ~ 35	62
	断裂伸长率/%	200 ~ 400	200 ~ 900	0.9 ~ 1.1	1.6 ~ 2.0
	拉伸弹性模量/GPa	0.40	0.42 ~ 1.06	3.05 ~ 3.68	3.30
	弯曲强度/MPa	11.7	25 ~ 40	57 ~ 63	79
	弯曲弹性模量/GPa	0.35 − 0.48	1.1 ~ 1.4	3.05 ~ 3.86	3.2
热学性能	热变形温度/℃	110 ~ 120	50 ~ 120	100	110
电学性能	相对介电常数/(9.3GHz)	2.0 ~ 2.1	2.3 ~ 2.4	2.4 ~ 2.65	2.53
	损耗角正切/(9.3GHz)	$(2 ~ 3) \times 10^{-4}$	$(2 ~ 4) \times 10^{-4}$	4×10^{-4}	6.6×10^{-4}
	体积电阻率/(Ω·m)	10^{17}	$10^{17} ~ 10^{18}$	$> 10^{14}$	$> 10^{15}$
机械加工性能	车削加工	容易	容易	一般	容易
	裂纹敏感	不敏感	不敏感	敏感	不敏感

　　研究表明，非极性高分子聚合物（如聚乙烯、聚丙烯、聚四氟乙烯等）本身的相对介电常数较低且相对介电常数随温度的升高而略有减小，而极性高分子聚合物的相对介电常数和介电损耗随温度的升高都有增大的趋势，只有到达一定温度后才有减小的趋势。根据击穿原理分析，相对介电常数低有利于提高介质材料的抗击穿能力，所以在选择 HPM 介质窗材料时可侧重于选择非极性高分子聚合物。

　　2. 特种陶瓷材料

　　特种陶瓷不同的化学组成和组织结构决定了其特殊的性质和功能，如高强度、高硬度、高韧性、耐腐蚀、导电、绝缘、磁性、透光、半导体以及压电、光电、电光、声光、磁光等。

　　（1）氧化铝陶瓷。HPM 领域应用最多的特种陶瓷之一，其力学性能好、耐高温、易加工、气密性能好、损耗小，但导热性偏低、相对介电常数偏大。美国和日本的众多研究机构对此类材料的击穿现象开展了深入的研究。结果表明，在高功率测试条件下高纯度 Al_2O_3 陶瓷的性能优于其他 Al_2O_3 陶瓷材料，主要原因是高纯度 Al_2O_3 陶瓷的弱导电性使其表面电荷积累较少。

（2）氮化铝陶瓷。具有优异的抗热震性、优良的电绝缘性和介电性质，其导热率是 Al_2O_3 陶瓷的 $2 \sim 3$ 倍，热压时强度比 Al_2O_3 高，但 AlN 陶瓷高温抗氧化性差，在大气中易吸潮、水解。近年来，AlN 陶瓷的性能有了大幅提高，许多性能优于 Al_2O_3 陶瓷（包括介质损耗），而且在二次电子发射、径向温度分布、可靠性等方面的性能良好。AlN 陶瓷的二次电子发射系数低于 Al_2O_3 陶瓷，但是 Al_2O_3 陶瓷出现击穿现象时的传输功率明显高于蓝宝石和 AlN 陶瓷。

（3）氮化硼陶瓷。BN 陶瓷是最近研究较多的特种陶瓷，六方 BN 和石墨的晶体结构比较相近，为类似石墨的层状结构。机械性能上，BN 可以像石墨一样通过干法加工，而且由于 BN 比石墨更加致密，加工精度更高。热压 BN 具有与不锈钢相似的导热系数，且 BN 的导热系数随温度上升而下降的趋势不大。在 600℃ 以上，BN 的导热系数高于 BeO，在 1000℃ 时，导热系数高于所有已知的电绝缘体。BN 的相对介电常数为 $3 \sim 5$，介电损耗角正切约为 2×10^{-4}，与 Al_2O_3 相当。同时，BN 具有很高的电场击穿强度，约为 Al_2O_3 材料的 4 倍。与其他材料比较，BN 具有优良的电性能，是理想的高频绝缘、高压绝缘和高温绝缘的材料。

3.8 短脉冲超高压固体绝缘材料

3.8.1 固体绝缘材料要求

在短脉冲超高电压脉冲功率装置中，固体绝缘材料通常用于高电压绝缘、高压（气压、油压）隔离密封、真空密封、油－气隔离密封、油－真空隔离密封、高－低压油－油隔离密封等，既要满足高电压（强电场）绝缘的电气要求，还需要满足结构（支撑、密封等）强度的要求。

用于短脉冲高电压绝缘的固体材料，其击穿场强是评估材料性能的首要因素。绝缘介质的体击穿及沿面闪络电场强度则是介电强度评估的重要指标，而在实际应用的高电压电场环境中，对于普通的绝缘材料，沿面闪络电场往往显著低于材料体击穿电场，材料的沿面闪络是绝缘结构最薄弱的环节。

用于高电压绝缘的固体材料通常应具有以下的基本特性。

（1）较高的结构强度：材料的弹性模量应达到 3GPa 以上。

（2）优良的介电强度：介电强度是绝缘材料承受高电场的能力表征。随着脉冲电场脉宽的减小，材料所能承受的电场强度逐步增强。新研制的固体绝缘材料的静态击穿场强达到 30kV/mm 以上。

（3）适宜的相对介电常数：固体绝缘材料的相对介电常数应介于 2~5 间。

（4）良好的相容性：具备良好的耐溶剂性和耐油性，在溶剂中不溶蚀、不溶胀、不起皱等。

（5）较大的温度适用范围：具备良好的耐热性和耐低温性能，适于 −40~50℃ 的使用环境等。

除以上的基本特性外，固体绝缘材料还应满足一定的结构尺寸需求，具备良好的可加工性和适于进行一定的后工艺处理等。

3.8.2 固体绝缘材料

目前，应用较多的固体绝缘材料主要包括聚酰亚胺（PI）、聚苯硫醚（PPS）和聚醚醚酮（PEEK）等特种工程塑料。

1. 聚酰亚胺

聚酰亚胺（PI）是指主链上含有酰亚胺环的一类聚合物，其中以含有酞酰亚胺结构的聚合物最为重要。聚酰亚胺作为一种特种工程材料，具有优良的尺寸稳定性、力学性能、电性能、化学稳定性以及高抗辐射性能、耐高低温性能（−269~400℃），广泛应用在航空航天、微电子、激光等领域。最早是由美国杜邦 Kapton 公司开发成功，商品名为 Kapton。目前主要产品包括美国的杜邦、日本的东丽−杜邦和宇部兴产等。

聚酰亚胺是聚合物中热稳定性最高的品种之一，全芳香聚酰亚胺的开始分解温度一般都在 500℃ 左右，而由联苯四甲酸二酐和对苯二胺合成的聚酰亚胺的热分解温度达 600℃。聚酰亚胺可耐极低温，如在 −269℃ 的液态氢中不会脆裂，长期使用温度范围为 −200~300℃。聚酰亚胺具有良好的电气绝缘性能，介电损耗很低。表 3.3 中显示了聚酰亚胺薄膜（Kapton Type HN（25μm））的电学性能参数，测试条件为温度 23℃，相对湿度 50%。

表 3.3 聚酰亚胺的电学性能参数

测试参数	测量值	测试条件	测试方法
介电强度	303（kV/mm）	60Hz，500V/s	ASTM D−149−91
相对介电常数	3.4	1kHz	ASTM D−150−92

测试参数	测量值	测试条件	测试方法
介电损耗	0.0018	1kHz	ASTM D－150－92
体积电阻率	1.5×10^{17} （$\Omega \cdot cm$）	—	ASTM D－257－91

随着温度升高，聚酰亚胺的介电强度和相对介电常数逐渐降低，介电损耗略有升高。同时随着聚酰亚胺薄膜厚度的不同，材料的介电强度不同，厚度增大，介电强度减小。除力学、热学和电学性能外，聚酰亚胺的其他重要性能包括：

（1）多数聚酰亚胺品种不溶于有机溶剂，缺点是有一定的吸水性。

（2）良好的耐辐照性能，薄膜在 5×10^9 rad 电子辐照后强度保持率为90%。

（3）聚酰亚胺在极高的真空下放气量很少。

（4）加工性能。传统的聚酰亚胺产品为热固性，具有加工成型困难和制造成本高两个重要的限制因素。新开发的热塑性聚酰亚胺产品，加工性能改善，但部分性能有所降低，其长期使用温度为 230～240℃，玻璃化温度为250℃。

2. 聚苯硫醚

聚苯硫醚（PPS）是苯环在对位与硫原子相连而成的大分子刚性结构。PPS 是一种高性能热塑性树脂，具有优异的耐高温、耐腐蚀、耐辐射、阻燃、均衡的物理机械性能和极好的尺寸稳定性及优良的电性能等特点，被广泛用作结构性高分子材料，通过填充、改性后广泛用作特种工程塑料。同时，还可制成各种功能性的薄膜、涂层和复合材料，在电子电器、航空航天、汽车运输等领域应用广泛。PPS 产品最早由美国飞利浦石油公司成功研制，商品名为 Ryton PPS。

目前，产品主要有美国 Ryton PPS 系列和泰科纳 Ticona PPS 系列、日本吴羽 Fortron PPS 系列和油墨公司的 DIC PPS 系列。PPS 的结晶度高，强度一般，刚性优（见表3.4），但易产生应力脆裂，通常需要进行一定的填充增强，其力学性能参数如表3.4所列。

表3.4　聚苯硫醚的力学性能参数

力学性能	测量值	测试条件	测试方法
抗拉强度	90MPa	5mm/min	ISO 527－2/1A

力学性能	测量值	测试条件	测试方法
拉伸模量	3.8 GPa	1mm/min	ISO 527 – 2/1A
断裂伸长率	3%	—	—
缺口冲击强度	3.5kJ/m²	23℃	ISO 180/1A

PPS 树脂是结晶型高分子，其玻璃化温度在 85～93℃，熔点为 280～295℃。PPS 树脂的热稳定性好，在氮气中分解温度大于 550℃，即使在 643℃的高温下依然能保持 50% 质量。PPS 短期可耐 260℃，可在 200～240℃下长期使用。PPS 的热学性能参数如表 3.5 所列。

表 3.5 聚苯硫醚的热学性能参数

热学性能	测量值	测试条件	测试方法
熔点	280℃	10℃/min	ISO 11357 – 1 – 2 – 3
玻璃化温度	90℃	10℃/min	ISO 11357 – 1 – 2 – 3

PPS 的电性能十分突出，与其他工程材料相比，其相对介电常数与介电耗损角正切值都比较低，并且在较大的频率、温度及温度范围内变化不大。PPS 的耐电弧的性能好，可与热固性塑料媲美。PPS 的电学性能参数如表 3.6 所列。

表 3.6 聚苯硫醚的电学性能参数

电学性能	测量值	测试条件	测试方法
介电强度	200kV/mm	75μm	IEC 60243 – 1
相对介电常数	3.2	23℃，10kHz	IEC 60250
介电损耗	0.0084	23℃，1MHz	IEC 60250
体积电阻率	10^{11} Ω·cm	23℃	IEC 60093

3. 聚醚醚酮

聚醚醚酮（PEEK）聚合物是在主链结构中含有一个酮键和两个醚键的重复单元所构成的高聚物，具有耐高温、耐化学药品腐蚀等物理化学性能，是一类结晶高分子材料，其熔点为 334℃，软化点为 168℃，拉伸强度为 132～

148MPa，可用作耐高温结构材料和电绝缘材料，是目前可用的性能最好的热塑材料。此外，具有耐高温、自润滑、耐磨损和抗疲劳等特性，被认为是可用传统热塑加工设备加工的性能最佳的材料，主要应用于航空航天、汽车工业、电子电气和医疗器械等领域。常规 PEEK 聚合物的典型力学性能如表3.7 所列。

表3.7 聚醚醚酮的力学性能参数

力学性能	测量值	测试条件	测试方法
抗拉强度	100MPa	23℃	ISO 527
拉伸模量	3.7GPa	23℃	ISO 527
冲击强度	6.0kJ/m²	23℃	ISO 179/1eA

PEEK 聚合物具有 143℃的玻璃态转化温度，是一种半结晶态热塑材料，在熔点温度343℃附近仍可保持优良的机械性能。常规 PEEK 聚合物的典型力学性能如表3.8 所列。

表3.8 聚醚醚酮的热学性能参数

热学性能	测量值	测试条件	测试方法
熔点	343℃	10℃/min	ISO 11357
玻璃化温度	143℃	10℃/min	ISO 11357

PEEK 材料的初始分解温度大于 540℃，5% 的热失重温度为 550℃，在600℃保持27% 的残碳率。由于 PEEK 聚合物具有良好的耐热、物理电阻和环境电阻性能，故常被用作电气绝缘体。此外，PEEK 聚合物也用作形成支持电子设备并与之绝缘的部件。这些部件往往要在极宽范围内的温度及环境变化下经受各种频率交替的势场强度。常规 PEEK 聚合物的典型电学性能如表3.9 所列。

表3.9 聚醚醚酮的电学性能参数

电学性能	测量值	测试条件	测试方法
相对介电常数	3.2	23℃，50Hz	IEC 60250
	4.5	200℃，50Hz	
介电损耗	0.003	23℃，1MHz	IEC 60250
体积电阻率	$10^{16}\ \Omega \cdot cm$	23℃	IEC 60093

PEEK 的其他重要性能：

（1）加工性能。易于加工是 PEEK 聚合物最重要的特性之一，可采用注射、挤出、模压、吹塑、静电涂覆等方法成型，大型的复杂构件可使用多种传统的热塑加工设备直接成型，注射成型零件无需进行任何后续热处理。因此，无需再进行退火或传统的机械加工，即可很容易地批量生产出高性能设备。PEEK 聚合物是唯一可以不经进一步热处理而浇注为成品部件的高性能摩擦材料。

（2）纯度。PEEK 聚合物材料成分纯净，只有极少量的可分离离子，且除气特性优良。

（3）耐环境性能。PEEK 聚合物可用于制造工作环境要求苛刻或需要经常经受杀菌处理的部件，这些设备的使用寿命取决于其物理性能的保持能力。

（4）耐化学腐蚀性能。PEEK 聚合物是一种可以经受极强化学腐蚀的材料。即使在高温下，也能很好地抵抗大多数的化学环境。在通常环境中，唯一能够溶解 PEEK 聚合物的是浓硫酸。

（5）抗水解性能。水或高压蒸汽不会破坏 PEEK 聚合物的化学性质。这些材料可以在高温下和蒸汽或高压水环境下连续工作而仍保持良好的力学性能。

（6）抗辐射性。如果经常受电磁或粒子电离辐射，热塑材料会变脆。但 PEEK 聚合物具有稳定的化学结构，在高剂量电离辐射下部件仍可以正常工作。

练习题

3-1 简述高功率微波武器的主要类型、基本组成和工作原理。

3-2 简述高功率微波武器的主要特点。

3-3 简述高功率微波源的主要功能及其基本组成。

3-4 简述高功率微波对目标作用的耦合方式。

3-5 高功率微波对材料作用的主要形式有哪些？效应机理是什么？

3-6 脉冲功率源用储能介质材料的核心指标是什么？

3-7 脉冲功率源用固态储能介质材料和去离子水液态储能介质材料相比，其优缺点有哪些？

3-8 石墨材料作为脉冲电子束源用长寿命强流爆炸发射阴极材料的优势是什么？

3-9 脉冲电子束源用收集极材料的主要功能是什么？为什么不锈钢材料作为收集极材料不是好的选择？

3-10 BN 陶瓷材料用来设计制造高功率微波投射单元介质窗，存在的主要技术问题有哪些？

3-11 请对比分析聚酰亚胺（PI）、聚苯硫醚（PPS）和聚醚醚酮（PEEK）三种材料的高压耐压特性，总结其各自的优缺点。

第 **4** 章 高超声速飞行器材料

高超声速飞行器是指最大飞行速度 $Ma \geqslant 5$、在大气层内或跨大气层长时间机动飞行的飞行器。高超声速飞行器兼有航天器和航空器的优点，融合了人类诸多航空航天领域的新技术，是未来飞行器发展的重点，具有重要的战略意义和很高的应用价值，成为 21 世纪航空航天领域的主要发展方向之一，得到世界各国尤其是美俄等国的广泛关注。

高超声速飞行器需要承受高速飞行带来的严酷力学载荷和气动热载荷，对飞行器机体结构与热防护系统提出了严峻的挑战。严重的气动加热环境和质量、容积等条件的制约，对热防护系统用材料体系提出了苛刻的耐高温要求。

本章主要介绍高超声速飞行器的概念、特征与分类、系统组成与核心单元，重点阐述高超声速飞行器服役环境、失效原理和几种关键的热防护材料，尤其是材料对于高超声速飞行器的发展推动作用。

4.1 高超声速飞行器概述

4.1.1 高超声速飞行器概念

高超声速（Hypersonic）一词由我国著名科学家钱学森于 1964 年首次提出，高超声速是指马赫数大于等于 5 的速度。X－43A 高超声速飞行器如图 4.1 所示。

根据飞行速度，飞行器可以分为低速、亚声速、跨声速、超声速和高超声速五类。马赫数在 0.4 以下的为低速，主要的飞行器代表为无人机。马赫数在 0.4～0.85 之间的为亚声速，主要为现有民航飞机的速度。普通军用作战飞机的马赫数在 0.85～1.3 之间，可以实现跨声速飞行。战斗机的马赫数主要在 1.3～5.0 之间，实现了超声速飞行。$Ma \geqslant 5$ 的飞行速度称为高超声

▼ 图4.1　X-43A高超声速飞行器（图片来源于网络）

速，例如，美国的X-15实现了空基发射、以火箭为动力的首次高超声速飞行，X-43A实现了以超声速燃烧冲压发动机（简称超燃冲压发动机）为动力的高超声速飞行。飞行器的速度分类与代表飞行器如图4.2所示。

▼ 图4.2　飞行器的速度分类与代表飞行器（图片来源于网络）

　　高超声速飞行器是指最大飞行速度$Ma \geqslant 5$、在大气层内或跨大气层长时间机动飞行的飞行器，在临近空间以极高速度持续远程飞行，具有极强的突防能力和战略威慑力，将改变未来战争形态。

4.1.2　高超声速飞行器特征

　　高超声速飞行器技术的突破，将成为人类航空航天科学技术史上继发明飞机、突破"声障"之后的第三个划时代的里程碑，将对国际战略格局、军事力量对比、科学技术和经济社会发展等产生重大与深远的影响。

1. 技术特征

　　高超声速飞行器技术作为航天和航空技术的结合点，涉及高超声速空气动力学、计算流体力学、高温气体热力学、化学动力学、导航与控制、电子信息、材料结构、工艺制造等多门学科，是高超声速推进、机体/推进一体化设计、超声速燃烧、热防护、吸热型碳氢燃料、高超声速地面模拟和飞行试验等多项前沿技术的高度综合和交叉。

2. 战略特征

高超声速飞行器技术是 21 世纪航空航天技术新的制高点，具有"高风险、高回报"特征，是典型的军民两用技术，具有战略性、前瞻性、标志性和带动性，是世界航空航天史上的一颗璀璨明珠，具有广阔的军事和民用价值。

3. 军事应用特征

与传统的亚声速或超声速飞行器相比，高超声速飞行器飞行速度更快、突防能力更强，大幅度提高了飞行速度和高度，扩展了飞行空域，在未来战争中可作为新型常规快速精确打击武器或平台，实现防区外对时间敏感目标的精确打击和全球兵力快速投送与物资补给。

4.1.3　高超声速飞行器分类

按照技术特点与主要应用形式，高超声速飞行器可分为高超声速动力巡航飞行器、高超声速无动力滑翔飞行器、高超声速飞机（包括有人/无人高超声速飞机等）以及空天飞行器等武器装备和具有广泛用途的航天空间飞行器。

1. 高超声速动力巡航飞行器（导弹）

高超声速动力巡航飞行器是指以超燃冲压发动机为主动力、高超声速飞行的巡航导弹，如图 4.3 所示，可配备在陆基、海基和空基等多种发射平台上，具备敏捷快速的区域打击能力，可对敌方陆上、海上和空中高价值目标、时间敏感目标等进行高超声速毁伤和打击，涵盖了高超声速飞行器的主要

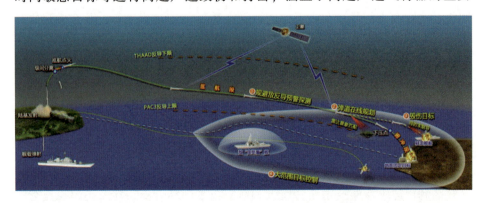

▶ 图 4.3　高超声速动力巡航飞行器（导弹）工作构想示意图（图片来源于网络）

技术特征：全弹规模小，可全程机动，实施精确打击，速度快、强突防、精准打击和运用灵活等。

高超声速动力巡航飞行器（导弹）飞行马赫数 5 以上，以吸气式发动机或相应的组合发动机为主要动力，能在大气层和跨大气层中远程飞行。2004年 3 月，X–43A 成功实现 Ma 为 6.8 飞行，同年第三次飞行创造了 Ma 为 9.8 的飞行记录。2013 年 5 月，X–51A 成功实现 Ma 为 4.8 的超声速点火试验。

2. 高超声速无动力滑翔飞行器

高超声速无动力滑翔飞行器是指从大气层外或临近空间机动再入、在大气层内无动力长时间高超声速机动滑翔飞行的飞行器，如图 4.4 所示。以中间大气层为主要飞行区域，具有高超声速、高机动、助推滑翔、远程精确打击以及轨道机动重复使用天地往返等方面特点。

▼ 图4.4　高超声速无动力滑翔飞行器（图片来源于网络）

3. 高超声速飞机

高超声速飞机包括有人和无人高超声速飞机，是指以超燃冲压发动机或其组合发动机为主动力、高超声速飞行并可作为平台进行远程武器投放、执行快速实时情报监视和侦察任务、实施全球兵力投送兼具远程精确打击能力的飞行器。高超声速飞机（SR–72）如图 4.5 所示。

▼ 图4.5　高超声速飞机（图片来源于网络）

4. 空天飞行器

空天飞行器是一种可重复使用、长期在轨并能够进行轨道机动的飞行器，可完成空间运送、监视和侦察、空间控制卫星及快速体系补充等多方面的空间任务。空天飞行器概念图如图 4.6 所示。

▼ 图 4.6　空天飞行器概念图（图片来源于网络）

4.2　高超声速飞行器服役环境与热防护系统

与传统飞行器相比，高超声速飞行器飞行速度更快、飞行高度更高。发动机速度不断提升的同时，发动机热端部件所处的热环境也在发生变化，热防护技术已经成为其发展瓶颈之一，严重制约了发动机的性能提高和飞行马赫数提升。

本节介绍高超声速飞行器服役环境，包括发动机热环境与飞行器飞行环境特点，掌握高超声速飞行器用热防护系统服役环境。

4.2.1　高超声速飞行器服役环境

1. 高超声速飞行器发动机热环境

超燃冲压发动机是高超声速条件下唯一能有效工作的吸气式发动机，超燃冲压发动机工作在高速、高温和高强度燃烧的极端热物理条件下，在来流空气的气动加热和燃料的燃烧释热共同作用下将产生巨大的热载荷。

图 4.7 是超燃冲压发动机主要工作原理示意图。通过与飞行器一体化设计的前体和进气道对来流进行压缩，气流经进气道压缩后仍保持超声速状态，气流进入燃烧室后供入燃料进行燃烧加热形成高温高压燃气。进气道与燃烧

室之间通过隔离段缓解逆压梯度，防止燃烧室压力升高影响进气道工作状态。最后，燃烧室内的高温高压燃气通过尾喷管膨胀产生推力做功。

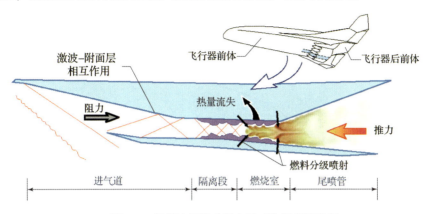

▼ 图4.7 超燃冲压发动机主要工作原理示意图

发动机热环境具有内部温度高、速度快、冲刷强，而且为氧化环境，可用冷却工质流量小，同时具有工作时间长或可重复使用的特点。发动机在 Ma 为 6 状态下工作时，燃烧室工作温度高达 2300℃，局部超高温区工作温度达到 2600℃，使得超燃冲压发动机在飞行过程中面临严峻的热环境挑战，因此必须依靠有效的热防护系统来保证自身的稳定运行。

2. 高超声速飞行器飞行环境

高超声速飞行环境主要包括大气环境、电离层和空间粒子辐射引起的电磁环境以及飞行器在高速飞行过程中承受的热环境和力学环境等。

飞行器在大气层内飞行时所处的环境条件，称为大气环境。无论是对于吸气式还是无动力式高超声速飞行器，大气环境都是重要的飞行环境。飞行器主要飞行空域位于距地面 20～100km 的临近空间。在临近空间飞行时，需要面临复杂的大气环境，包括涵盖平流层、中间层和热层底层的大范围环境特性变化，如图 4.8 所示。

（1）电磁环境。

高超声速飞行器在临近空间飞行过程中，将受到等离子体环境和空间粒子辐射等电磁环境因素的影响。飞行器在电离层飞行时，与等离子相互作用，引发飞行器充放电效应，甚至会被充电至非常高的负电位状态，产生的强电场可造成材料或电子设备被击穿，放电所引起的电磁辐射会干扰飞行器各种精密电子设备的正常工作，其后果将导致飞行器性能异常，甚至导致飞行任务失败。

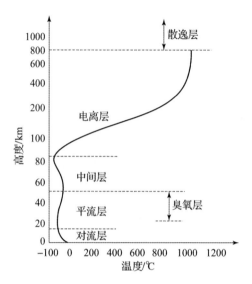

空间粒子辐射环境由两大类组成，一类是天然粒子辐射环境，另一类是高空核爆炸后所生成的核辐射环境。在天然粒子辐射环境中，主要包括地球辐射带、太阳宇宙射线和银河系宇宙射线，并且与太阳活动密切相关。

飞行器在临近空间飞行时，会受太阳宇宙射线、银河系宇宙射线等多种空间辐射环境的影响。空间粒子与物质相互作用，使物质内部发生电离、原子位移、化学反应和各种核反应，造成物质损伤。粒子辐射环境效应主要包括单粒子效应、总剂量效应。粒子辐射环境效应，会降低飞行器材料机械强度，强度的减弱可能会引起材料光性能、热性能及电性能的退化，会导致材料和元器件的表面敏感性能退化，微电子增益下降、漏电流上升，工作点发生漂移，引起一系列的失效。

（2）力学环境。

高超声速飞行器在飞行过程中要经受复杂和严酷的力学环境，主要是主动段和再入段的高过载、飞行时的气动力以及各种高低频的瞬态与随机振动载荷，如发动机点火、关机和级间分离产生的瞬态振动，火工品分离装置产生的爆炸冲击环境以及气动噪声通过结构传递的高频随机振动环境等。

（3）气动热环境。

当飞行器以高超声速飞行时，高速空气流过飞行器表面，由于激波压缩与气体黏性的阻滞作用，气体速度骤然降低，大部分气体动能转化为热能，飞行器表面温度急剧升高,带来严酷的气动热环境。飞行器的气动热现象如图4.9所示。

▼ 图4.9 飞行器的气动热现象(图片来源于网络)

随着飞行马赫数的不断提高,来流空气的总温随之增加。当飞行马赫数为4、6和8时,来流空气的温度分别为587℃、1367℃和2407℃。以 X – 51A 高速飞行器 $Ma \approx 6$ 为例,其机身温度≥600℃,尖端、翼前缘温度≥1500℃。以航天飞机为例,再入过程中航天飞机飞行马赫数高达26,表面温度最高可达1500℃左右,最大热流密度为2860kW/m²,如图4.10所示,其中高壁温一般出现在机头驻点、水平翼前缘和升降副翼、襟翼后缘。

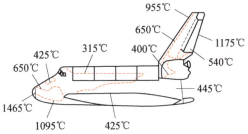

▼ 图4.10 飞行器峰值表面温度示意图

长时间高马赫数飞行,气动加热严重持久,使得飞行器迎背风面温差大,特别是前端、翼前缘和迎风面,不仅峰值热流大、温度高,而且温度梯度大,最大温度梯度达70℃/mm,对飞行器材料热结构、热匹配和热密封提出了新要求。

随着高超声速飞行器高速度、远程化的发展要求,其所遇到的气动热问题越发突出。飞行速度越大,高温气流对飞行器表面加热的程度就越严重,气动加热形成的高温,有可能改变飞行器表面外形,并改变飞行器的结构强度和刚度,对飞行器内部设备造成很大威胁,甚至会造成烧蚀、烧毁。这对飞行器的正常飞行造成严重的影响，甚至可能导致飞行的失败。

4.2.2 高超声速飞行器热防护系统

高超声速飞行器在大气层内和临近空间长时间高速飞行，气动加热时间长，大面积的机体迎风面都处于高温状态，且飞行器表面的温度跨度很大。严酷的高温环境和气动载荷、强噪声、强振动，带来很大的风险。2003 年 2 月，载有 7 名宇航员的美国哥伦比亚号航天飞机（如图 4.11 所示）在结束了为期 16 天的第 28 次太空任务后返回地球，但在着陆前发生意外，航天飞机解体坠毁，7 名宇航员全部遇难。负责调查"哥伦比亚"号航天飞机解体事故的独立委员会在对各种数据进行综合分析后认为，这架航天飞机在起飞时左翼遭到从燃料箱上脱落的泡沫绝缘材料撞击，结果造成机体表面隔热保护层出现了大面积松动和破损，最终导致在返航途中因超高温空气入侵而彻底解体。

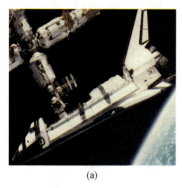  

(a)　　　　　　　　　　(b)　　　　　　　　　　(c)

▼ 图 4.11　美国哥伦比亚号航天飞机（图片来源于网络）

（a）"哥伦比亚"号航天飞机在轨；（b）航天飞机陶瓷瓦；（c）"哥伦比亚"号失事纪念碑。

热防护系统（thermal protection system，TPS）是保证发动机热端部件内部结构及其外部系统结构的温度在材料的允许温度以内，同时可以承受一定的机械/力学载荷的系统。热防护系统是发展和保障高超声速飞行器在极端环境下安全工作的关键技术之一。

与传统的飞行器相比，高超声速飞行器的气动热载荷更高，相应热防护系统要求也更高，高超声速飞行器热防护系统主要包括：①被动热防护系统（passive TPS），主要靠吸收和辐射进行防热，如热沉结构、隔热结构和热辐射结构；②半被动热防护系统（semi‒passive TPS），利用冷却工质（固态、液态、气态）阻止或带走气动热流，不需要额外辅助系统提供冷却工质或进行冷却工质的循环，如烧蚀结构和热管结构；③主动热防护系统（active TPS），一般需要额外的辅助系统保证冷却工质的供应和循环，如发汗结构、薄膜结构和对流冷却结构。如图4.12所示。

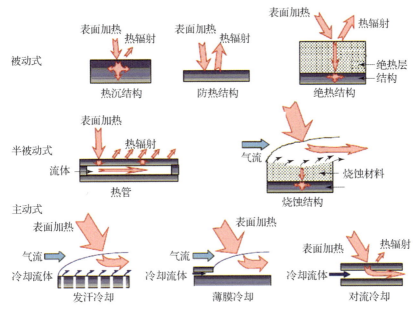

▶ 图4.12　热防护系统方案类型

热防护系统在高超声速飞行器中占有至关重要的地位，其热防护能力越来越依赖耐高温的热防护材料。能够用于高超声速飞行器的热防护材料，主要包括难熔金属及其合金，石墨、C/C、C/SiC等复合材料，超高温陶瓷及其复合材料等。难熔金属及其合金是最早研究并得到应用的耐高温材料，典型的包括有W、Re、Nb、Ir及其合金，主要用于火箭发动机和返回式航天器。但是，该类材料密度大、使用成本高、抗氧化性能差、比强度和比模量低。石墨在常压下无熔点和沸点，在3700℃直接升华，主要用于发动机喉衬材料。但石墨材料强度较低，抗氧化性能差，其高热导率特性导致在与其他构件连接时需要加入绝热层，限制了应用范围。C/C复合材料是常见的耐烧蚀材料，在惰性环境下耐温可超过3000℃，具有高比强度、高比模量、高韧性、低热膨胀、耐烧蚀和抗热震等特性，在航天飞机鼻锥和机翼前缘上得到实际应用。

热防护系统材料按其技术用途可以分为高温防隔热材料、高温透波材料与高温热密封材料等，本章将逐一进行介绍。

4.3　高温防隔热材料

高超声速飞行器需要承受高速飞行带来的严酷力学载荷和气动热载荷，对材料体系提出了苛刻的耐高温要求，尤其是对防隔热材料具有重要的需求。

4.3.1　高温防热材料

高温防热材料主要作用是防止热量传入不能承受高温的结构或设备。防热材料往往布置在飞行器外表面，起热量阻隔作用的同时需经受高温高速气流的冲刷与氧化。防热材料阻隔热量的机理主要包括烧蚀、发汗冷却、辐射、热沉吸热、隔热等，有些防/隔热材料同时兼具多种防/隔热机理。

作为关键的热防护材料，高温防热材料一直以来是各国的研究热点，根据其防热的类型可以分为以下几种：吸热式防热材料、发汗式防热材料、烧蚀式防热材料和辐射式防热材料等。

1. 吸热式防热材料

吸热式防热材料利用热容量大的金属（如钨、钼等）做成钝头形吸热帽装在弹头上，以吸收气动热，具有结构简单，再入后弹头外形不变等优点。

1952 年，NASA Ames 研究所的 Allen 等研究发现采用钝型弹头能够提供较厚激波层，利用这层激波可以耗散大量的能量并使得导弹自身快速减速，从而减少作用于导弹表面的气动加热作用。美国在发展洲际导弹初期，提出基于吸热原理的"热沉"技术。热沉技术是利用一个大质量的高热导、高比热容材料快速转移并吸收飞行器表面的热量，以防止飞行器表面材料熔化。美国的"宇宙神""大力神"I 型洲际导弹及雷神中程导弹初期均使用了 MK1 和 MK2 热沉式钝卵型防热弹头，这类弹头选用的材料是具有高热容量的金属（如钨、钼、铜等）。但是，由于吸热量不够大且较为笨重，尤其是在牺牲再入速度、命中精度和有效载荷的前提下达到防热目的，这类弹头很快就被淘汰。

吸热式防热材料的主要缺点如下：吸收热量有限，长时间防热效果差，且增加了弹头质量，影响导弹的射程。

2. 发汗式防热材料

发汗式防热材料主要依靠材料中低熔点相的熔化来吸收热量，在高超声速飞行器使用条件下常用的发汗冷却材料主要包括钨渗铜、钼渗铜等材料。

此外，钨渗铜、钼渗铜还具有密度和导热系数大的特点，热沉吸热作用强，兼具了发汗冷却和热沉吸热的效果。

根据动植物的呼吸和排汗可以散热的原理，采用氨、氮、水、氟利昂、铜等作为发汗剂，在压力或蒸发的作用下，发汗剂从高温弹头的多孔材料中排出，通过分解和气化吸收并带走热量。保持弹头的气动外形不变，防热能力越大，所形成的气膜对弹头抵抗雨雪、风沙等粒子云的侵蚀也越有利。

发汗式防热材料的主要缺点如下：结构重量较大，技术复杂，可靠性差，且随着发汗剂的不断消耗，弹头的质量和重心会发生变化，影响命中精度。

3. 烧蚀式防热材料

烧蚀防热技术的出现可以看成是从根本克服高速飞行器气动加热问题方面开辟出的一条具有革命性的技术途径。烧蚀防热是指在热流环境中，防热材料能够发生分解、熔化、升华等多种吸收热能的物理化学变化，通过材料自身的质量损失消耗带走大量热量，以达到阻止热流传入结构内部的目的。烧蚀式防热材料图如图4.13所示。

▶ 图4.13 烧蚀式防热材料（图片来源于网络）

烧蚀式防热材料主要依靠材料高温热解、熔化或升华，以及热解气体的质量引射效应和表面碳层的辐射来吸收、减小和耗散热量，具有防热效率高、材料密度低等优点。多数烧蚀防热材料还具有导热系数较低的优点，兼具了防热材料和隔热材料的功能。烧蚀防热材料在高温高速气流的烧蚀和冲刷作用下，通常会出现体积发生变化、内部变得疏松、表面发生剥蚀、力学性能大幅降低等现象，应用时必须加以特别注意。

烧蚀式防热材料按烧蚀机理可以分为升华型、熔化型和碳化型三类。升华型烧蚀防热材料主要是利用高温升华吸收热量，代表性材料包括聚四氟乙烯、石墨、C/C 复合材料等。其中，石墨和 C/C 复合材料又是具有高辐射率的材料，因此在升华前还有强烈的辐射散热作用。熔化型烧蚀防热材料主要是利用材料在高温下熔化吸收热量，并进一步利用熔融的液态层来阻挡热流，其代表性材料为石英和玻璃类材料。碳化型烧蚀防热材料则主要是借助于高分子材料的高温碳化吸收热量，并进一步利用其形成的碳化层辐射散热和阻塞热流。例如，纤维增强酚醛树脂基复合材料即属于碳化型烧蚀防热材料。

烧蚀现象首先由美国陆军导弹局于 1955 年发现。玻璃纤维增强的三聚氰胺树脂在温度高达 2570℃ 的火箭燃气作用下，表面层被燃气冲刷分层，而距表面 6.4mm 以下的部位材料却完好无缺，这一发现就是烧蚀防热技术的前导。这项意义重大的工作为今日超声速飞行、宇宙航行、化学火箭发动机等技术扫清热障碍奠定了良好的基础。

烧蚀防热材料的首次应用是 1956 年 GE 公司将模压尼龙纤维布增强酚醛基复合材料成功应用于"大力神"I 导弹上的 MK3 弹头，实现了轻质、中等弹头系数导弹弹头的热防护。20 世纪 60 年代末，美国空军开始研制用于高性能战略再入弹头热防护的碳纤维增强碳 – 碳复合材料。经过近十年的努力，美国 AVCO 公司先后研制出 Mod3 碳 – 碳弹头材料和细编穿刺织物的弹头材料，美国纤维公司研制出三向细编弹头材料，美国桑迪亚实验室研制出两种全尺寸碳 – 碳复合材料。此后，在经历了以高硅氧/酚醛为代表的第一阶段发展，以碳/酚醛和先进斜缠碳/酚醛、3D 碳/酚醛为代表的第三阶段发展后，逐步实现了低烧蚀速率和烧蚀形貌控制，目前大范围应用于导弹弹头、方向舵、发动机喷管及航天器等高速飞行器（或部件）的表面热防护系统中。在载人飞船和深空探测方面，烧蚀防热材料也从"阿波罗"登月飞船的 AVCOAT 蜂窝结构材料（密度 $0.55g/cm^3$ 左右）发展到更低密度的 PICA 材料（密度 $0.27g/cm^3$）。

PICA（phenolic impregnated carbon ablator）的中文名称为酚醛浸渍碳烧蚀材料，是 NASA 星际探索项目中最重要的热防护材料之一。这是一种通过烧蚀来实现热防护的材料，主要成分包括酚醛和碳材料两部分。相对于由碳和酚醛组成的最常见的碳/酚醛（carbon phenolic）复合材料，PICA 的密度更低，通常在 $0.25 \sim 0.6g/cm^3$ 之间。PICA 的烧蚀过程大致可分为三个阶段：第一阶段发生在热流为 $425 \sim 570W/cm^2$ 范围内，烧蚀性能主要受氧化速率所控制，烧蚀量也主要由氧化引起，随着压力的升高而增大；第二阶段发生在热流为 $570 \sim 1900W/cm^2$ 范围内，材料的烧蚀受扩散控制，散热主要通过表面辐射实现，烧蚀量随着压力的增加而有所降低；第三阶段发生在热流为 $2000W/cm^2$ 以上，材料的烧蚀机理主要受碳的升华控制，这个阶段材料的表面温度非常高，碳直接发生升华反应，从而使材料的防热效率提高。

PICA 材料的首次应用是被用作 NASA 的行星间宇宙飞船"星尘"号返回舱的底部热防护系统材料，用于保护返回舱在再入地球过程中安全着陆。"星尘"号于 1999 年 2 月 9 日发射升空，旅程达到 46 亿千米，2006 年 1 月 15 日返回舱在美国犹他州着陆。"星尘"号返回舱是当初再入速度最快的飞行器（135km 高度再入速度为 12.4km/s），在 110s 的时间内飞船速度从马赫数为 36 降低到了亚声速，返回的过程中舱体表面的最高温度超过 2900℃。

PICA 的另一个应用是 NASA 新一代核动力火星探测车火星科学实验室（"好奇"号）的底部热防护系统材料。它于 2011 年 11 月 26 日发射，2012 年 8 月 6 日着陆在火星表面的盖尔陨石坑。在着陆过程中，主要是直径达 4.5m 的底部热防护系统来直接承受气动加热，该系统是当时太空飞行器中最大的热防护系统。探测器在进入火星大气层时速度从 5.8km/s 降到 470m/s，整个穿过火星大气层过程中飞行器表面最高温度可达 2090℃。

高超声速飞行器使用条件下可采用的烧蚀防热材料主要包括玻璃纤维/酚醛、高硅氧/酚醛、有机硅树脂基涂料、酚醛树脂基涂料、硅橡胶柔性防热材料等聚合物基复合材料，在这些材料中起烧蚀吸热作用的主要是基体树脂，如 X-51A 机身外表面的 BLA 轻质烧蚀涂层。烧蚀防热层可以采用以产品为芯模进行缠绕、预成型后套装或黏接、涂覆等方式安装到飞行器上。因材料热解过程会产生 CO_2、H_2O、CO 等小分子气体，烧蚀防热材料不能布置在发动机燃烧室之前的流道上，以免对发动机进气品质造成不利影响。

烧蚀式防热材料的主要缺点如下：烧蚀率大，弹头迎风面和背风面烧蚀不同步引起的外形尺寸变化大，显著影响导弹控制和打击精度。

4. 辐射式防热材料

辐射式防热材料主要依靠高温条件下表面辐射将气动加热的热量辐射到空间中降低表面的温度。辐射散热量与表面温度成四次方关系，与材料的表面辐射系数成一次方关系，辐射防热材料热面温度和表面辐射系数越高，辐射散热效果越好，大多数陶瓷材料都具有较高的辐射系数。

高超声速飞行器常用的辐射防热材料包括超高温陶瓷、连续纤维增强陶瓷基复合材料等。由于辐射散热不足以降低导入结构内部的热量，往往还需要在辐射防热材料的冷面布置刚性或柔性的隔热材料。航天飞机轨道器迎风面、X-43A迎风面和X-51A迎风面所用的陶瓷防热瓦是一种典型的集辐射防热功能和高效隔热功能为一体的材料，这种陶瓷防热瓦是由高纯石英纤维等原材料烧结而成的多孔块体，表面涂覆以硼硅酸盐为主体的高辐射率涂层，使用温度可达1260℃。

为满足高马赫数、长时间飞行工况下导弹的姿态控制和飞行轨道尽可能不受到影响，必须发展零烧蚀或低烧蚀辐射式防热材料，通过辐射散热来实现飞行器或导弹端头帽和机翼前缘等结构部件的防热。

（1）超高温陶瓷。

超高温陶瓷是指熔点超过3000℃的碳化物、硼化物及氮化物等陶瓷化合物，以其优异的综合性能成为新一代高温结构的候选材料。研究较多的高温陶瓷主要集中于ZrC、HfC、ZrB_2、HfB_2化合物，SiC作为性能优异的结构陶瓷通常与超高温陶瓷复合使用。超高温陶瓷及其复合材料是目前唯一、也是最有潜力用于高超声速飞行器尖锐前缘、滑翔机动弹头端头帽、超燃冲压发动机燃烧室等耐超高温领域的材料。其中，几种常见的超高温陶瓷熔点性能参数如表4.1所列。

表4.1　超高温陶瓷及SiC陶瓷的主要性能

材料	密度 /(g/cm^3)	熔化温度/℃	热膨胀系数 /($10^{-6}/K$)	导热率 /($W/(m \cdot K)$)	杨氏模量 /GPa
ZrC	6.6	3530	6.73	20.5	350~440
HfC	12.65	3890	7.54	20.0	350~510
ZrB_2	6.12	3245	5.90	60.0	489
HfB_2	11.21	3380	6.30	104.0	480
SiC	3.20	2824	5.12	120	440

ZrC、HfC、ZrB_2、HfB_2等材料不仅本身具有高熔点，其氧化产物ZrO_2、HfO_2熔点也较高，这对高超声速环境的应用十分重要。与硼化物相比，碳化物制备简单，但抗氧化性能差。与碳化物相比，硼化物虽然熔点低，但是热导率高，抗氧化性能优良，同时热膨胀系数低。

超高温陶瓷主要的制备工艺包括以下几种：

①无压烧结。在常压下，对复合材料进行烧结的方法。

②热压烧结。在加热烧结过程中施加一定的单轴压力使材料致密的烧结

方法，相较于无压烧结，热压烧结所需温度低，且制品致密性好、性能优良。

③放电等离子烧结。该技术是在粉末颗粒间直接通入脉冲电流进行加热烧结，因此也被称为等离子活化烧结或等离子辅助烧结。通过将特殊电源控制装置发生的直流脉冲电压加到粉体试料上，除利用通常放电加工所引起的烧结促进作用外（放电冲击压力和焦耳加热），还有效利用脉冲放电初期粉体间产生的火花放电现象（瞬间产生高温等离子体）所引起的烧结促进作用，通过瞬间高温场实现致密化的快速烧结。

④原位反应合成法。原位反应合成法又称原位生产复合法，是一种新型的金属基复合材料生产方法。最大的特点在于增强相是通过制备过程中的化学冶金反应在基体组织中自发形成的，而不是外加的事先制成物。

超高温陶瓷在飞行器方面的应用主要体现在以下：

2002 年 7 月，NASA Glenn 与 Ames 研究中心合作开展 UHTC 前缘制备，由于 UHTC 的耐高温性能优异，能够制备无冷却的锐形前缘，可作为可重复使用飞行器的防热材料。Ames 研究中心专门对比了增强 C/C 复合材料与 ZrB_2 - SiC 超高温陶瓷的同状态烧蚀试验。结果表明，C/C 复合材料烧蚀量为 1.31g，超高温陶瓷烧蚀量为 0.01g，前者烧蚀量为后者的 131 倍。

Hyper - X 计划拟采用多片 UHTC 瓦，通过楔形固定方法将超高温陶瓷相互固定，然后通过螺栓将防热瓦固定在飞行器机身，锐头鼻锥采用 UHTC ZrB_2 - SiC 复合材料。试验表明，ZrB_2/SiC 复合陶瓷前缘可多次重复使用，最高使用温度可达 2015.9℃，高出试验时的最高温度 1990℃（马赫数为 10）。超高温陶瓷材料在飞行器上的典型应用如图 4.14 所示。

▶ 图 4.14　超高温陶瓷材料在飞行器上的典型应用（图片来源于网络）

尽管上述超高温陶瓷材料耐高温且耐烧蚀性能优良，但是陶瓷材料固有的脆性导致其断裂韧性低、断裂应变小、抗热震性能较差。此外，陶瓷化合物还存在难以烧结和单独使用时抗氧化性能差等缺点。

（2）连续纤维增强陶瓷基复合材料。

超高温陶瓷应用所面临的困难挑战和瓶颈问题，可望通过引入连续纤维制成纤维增强超高温陶瓷基复合材料的方法解决。例如，欧洲导弹集团MBDA针对英国/法国未来高超声速武器的高温材料持续研究项目，研究方向之一是耐温高达3000℃的纤维增强型超高温陶瓷复合材料。典型的陶瓷基复合材料试件如图4.15所示。

▶ 图4.15 典型的陶瓷基复合材料试件

碳纤维是目前唯一一种在3000℃以上仍具有高比强度、比模量及较低热膨胀系数的纤维材料，同时碳纤维也容易通过缠绕、编织、针刺等方式成型为预制体。C/SiC复合材料具有低密度（约2.0g/cm³）、高强度（400～700MPa）、高断裂韧性（15～25MPa·m$^{1/2}$）及耐高温、抗氧化、耐腐蚀等优点，在一定条件下有1700℃长寿命、2000～2200℃有限寿命和2800～3000℃瞬时寿命，其应用对象包括发动机燃烧室、喷管、喉衬等热结构件及飞行器机翼前缘、控制舵面、鼻锥和机身迎风面等防热构件。

X-37B作为验证可重复使用航天器技术的关键项目，研制和试验进展一直受到全球的高度关注。X-37B采用结构防热一体化的C/SiC全复合材料组合襟翼，代表了热防护技术的一个发展方向。例如，经抗氧化涂层改性的C/SiC复合材料可用作导弹超燃冲压发动机的进气道材料，且有望用于温度高达1940℃的喷管和燃烧室。但是，在高超声速条件下，同时存在高温及低的氧分压，使SiC的活性氧化加剧，C/SiC复合材料的高温性能、耐烧蚀性能、高温抗氧化性能都将严重恶化，因此需要继续开发新型高温结构材料。X-37飞行器全C/SiC复合材料控制舵如图4.16所示。

▼ 图 4.16　X – 37 飞行器全 C/SiC 复合材料控制舵（图片来源于网络）

X – 37B 在继承航天飞机热防护方案基础上 2010 年首飞在轨飞行 220 天，历经四次成功发射、在轨服役和自主返回。2015 年发射的最长在轨服役时间达到 718 天。美国将 X – 37B 定义为高可靠性、可重复使用的无人太空试验平台的验证项目，它的科学任务是突破大气层后围绕地球近地轨道飞行，经过飞行试验测试后，自动再入大气层、水平着陆。其核心要求是可重复使用性、超强机动性和快速响应性。因此热防护系统的关键是解决局部高热流区非烧蚀热防护问题和研制轻质的耐高温非烧蚀防热材料。

以连续纤维为增强体，以碳化物、硼化物等超高温陶瓷（如 ZrC、HfC、ZrB$_2$、HfB$_2$）或其复合陶瓷（如 ZrC – SiC、HfC – SiC、ZrB$_2$ – SiC、HfB$_2$ – SiC）作为基体，采用相应的复合工艺制备出的陶瓷基复合材料，有望实现高温结构材料的低密度、高比强度、耐烧蚀、高温抗氧化、高断裂韧性、抗热震等许多优异性能，被认为是最有潜力的高温热防护材料，主要优点如下：

①碳纤维、碳化硅纤维等连续纤维，长径比大、性能好，而且能以缝合或编织成型方式实现大型复杂构件的近净成型。其中，碳纤维高温性能最好，惰性环境中 2000℃下强度无明显下降，因此可用作陶瓷基复合材料的增强体。

②通过界面设计，使纤维与陶瓷基体结合良好，一方面可以有效传递载荷，提高复合材料强度。另一方面，通过纤维的增韧作用显著提高陶瓷材料的断裂韧性，改善陶瓷材料的抗热震性能。

③碳纤维比重小，制备的超高温陶瓷基复合材料密度小，具有高比强度

和高比模量的优势，这对其在航空航天领域的应用至关重要。

④选择超高温陶瓷（ZrC、HfC、ZrB$_2$、HfB$_2$）作为基体制备复合材料，既发挥了连续纤维的增强增韧作用，也发挥了超高温陶瓷基体耐高温、耐烧蚀、高温抗氧化的优势。对于超高温陶瓷中低温段抗氧化性能不佳的缺点，可添加 SiC 等第二组元，通过调节超高温陶瓷与 SiC 比例来改善复合材料的性能。

⑤连续纤维增强超高温陶瓷基复合材料，制备温度和压力通常较低，制备工艺可借鉴常规陶瓷基复合材料的相关工艺。

连续纤维增强陶瓷基复合材料在飞行器上的典型应用如图 4.17 所示。

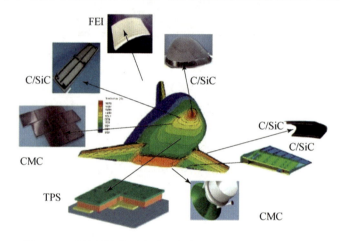

▶ 图 4.17　连续纤维增强陶瓷基复合材料在飞行器上的典型应用

对于连续纤维增强超高温陶瓷基复合材料，制备工艺是决定其结构和性能的关键因素，直接影响基体致密度和均匀性、纤维强度保留率及纤维与基体的界面结合状态。因此，制备工艺的选取、优化及可靠性、稳定性至关重要。下面介绍几种常用的陶瓷基复合材料的制备工艺。

（1）先驱体浸渍裂解工艺（PIP）。又称聚合物浸渍裂解工艺，或先驱体转化工艺。一般过程如下：以纤维预制件（三维编织物、毡体等）为骨架，在真空或加压条件下浸渍陶瓷先驱体，经热处理后使其交联固化，之后进行高温裂解使先驱体转化为陶瓷基体，重复浸渍 - 交联 - 裂解过程可使复合材料致密化，进而得到陶瓷基复合材料。当浸渍的先驱体部分或全部转化为超高温陶瓷时，就得到超高温陶瓷基复合材料。PIP 工艺的优点是先驱体分子具有可设计性、制备温度低、工艺性好、可加工性好，容易实现近净成型。缺点是需要反复浸渍裂解以提高材料致密度，有些聚合物先驱体的合成过程比较复杂、且成本较高。

（2）反应熔融浸渗工艺（RMI）。该工艺起源于多孔体的封填和金属基复合材料的制备。一般过程如下：在高温条件下将熔融金属或合金渗入多孔的预制件（如 C/C），并与预制件中的基体进行反应生成陶瓷基体。RMI 工艺具有以下特点：材料制备周期短、成本低，制备的复合材料致密度高，可实现复杂形状构件的近尺寸成型；基体组成可调节，可制备多组元基体，如 Zr－Si－C、Hf－Si－C；可通过扩散键合的方式同 C/C 预制件键合，既可以利用C/C 高比强度的优势，又可以充分发挥陶瓷基体抗氧化、耐烧蚀的优点。但RMI 工艺制备温度较高，反应速度快，反应过程难以控制，高温熔体易对纤维造成损伤，且有金属残留的问题。RMI 工艺已广泛用于制备 C/C－SiC 复合材料，通过液相渗硅或气相渗硅，可获得结晶度高、残余孔隙率<5% 的复合材料。美国 Ultramet 公司采用纤维低温界面涂层技术和熔融浸渍技术，制备了 C/ZrC 复合材料燃烧室，NASA 对其进行了热试车考核，在 2399℃ 温度下材料没有失效。

（3）化学气相浸渗工艺（CVI）。将预制件置于 CVI 炉中，与载气混合的一种或数种气态先驱体（源气）通过压力差产生的定向流动输送至预制件周围并向其内部扩散，一定温度下气态先驱体在孔隙内发生化学反应，所生成的固态产物（微晶粒）沉积在孔隙壁上，使孔隙壁逐渐增厚，最终孔隙被固态产物填充，得到致密的复合材料。CVI 工艺制备温度低，对纤维损伤小，但存在工艺过程较复杂、材料难以致密、制备周期长、成本高等缺点。

（4）浆料浸渍工艺（SI）。将所需的陶瓷粉体配制成浆料，引入纤维预制件中，经过进一步致密化后得到复合材料。配制浆料的原料包括陶瓷粉体、陶瓷先驱体溶液、树脂溶液、溶剂等。该方法制备复合材料的周期短、工艺简单、成本低、基体成分易于调节。缺点是受陶瓷粉体粒径限制，对微孔预制件渗透效果不佳，超高温陶瓷基体在复合材料中的分布不均匀。

4.3.2　高温隔热材料

高温隔热材料通常是由陶瓷颗粒或陶瓷纤维构成的多微孔轻质材料，又称绝热材料，指能阻滞热流传递的材料，具有密度低、孔隙率高、热导率低等特点。

高温隔热材料按力学性能可分为刚性隔热材料和柔性隔热材料两类。前者具有一定的抗弯和抗压能力，外观形态与砖头类似；后者抗弯和抗压能力较弱，外观形态与棉被和毛毡类似。隔热材料的孔隙率越高，通过固体导热传递的热量就越少；隔热材料的孔隙越小，通过孔隙内气体对流传递的热量就越少，这些均有利于提升隔热效果。但孔隙率越高，材料的力学性能也越低；孔隙越小，高温下越容易发生坍塌和烧结，从而出现材料体积变小、隔热性能下降等问题。常用高效隔热材料的孔隙率通常都在80%以上，孔隙的尺度基本都在纳米甚至微米尺度范围内。除孔隙对隔热材料的耐温性、高温稳定性、隔热性、力学性能具有重要影响以外，固体材料自身的热物理性能和机械力学性能也具有重要影响。

隔热材料种类众多，有机隔热材料热导率低，但耐温低；无机隔热材料耐温高，但热导率高，且随着温度升高，热导率增幅加大。本节重点介绍在飞行器上应用越来越广泛的耐高温气凝胶材料，如图 4.18 所示。

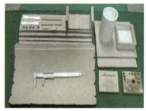

▶ 图 4.18　高温隔热材料 – 气凝胶

气凝胶是一种由纳米量级胶体粒子相互聚集构成纳米多孔网络结构，并在孔隙中充满气态分散介质的一种高分散固态材料。因其独特的纳米多孔网络结构，气凝胶材料具有高孔隙率（最高可达99%以上）、高表面活性、高比表面能和比表面积（高达 1000m^2/g 以上）等特殊性质，在电学、光学、催化、隔热保温等领域具有广阔的应用前景。气凝胶因微米尺度的孔隙而具有独特优势，并得到越来越多的应用和研究，包括耐 800℃的 SiO$_2$ 气凝胶、耐 1200℃的 Al$_2$O$_3$ 气凝胶、耐 1600℃的 ZrO$_2$ 气凝胶和碳气凝胶及 SiC 气凝胶等。

1. 气凝胶制备工艺

目前，制备气凝胶主要是首先通过溶胶－凝胶法制备凝胶，再经过老化、超临界干燥等工艺手段制备气凝胶。其典型工艺过程：将制备气凝胶所需原料（如正硅酸乙酯（TEOS）、仲丁醇铝（ASB））等溶解到适量溶剂中，在适量水和催化剂的作用下，经水解、缩聚过程得到凝胶，再经过老化、干燥过程去除凝胶中的水和溶剂后，得到具有纳米孔径的气凝胶。

（1）溶胶的制备。溶胶是指微小的固体颗粒悬浮分散在液相中，并不停地做布朗运动的体系。溶胶是热力学不稳定体系，若无其他条件限制，胶粒倾向于自发凝聚，即凝胶化过程。利用化学反应产生不溶物（如高分子聚合物），并控制反应条件即可得到凝胶。溶胶的制备是制备气凝胶材料的关键，溶胶的质量直接影响最终所得气凝胶的性能。

（2）凝胶的制备。凝胶是一种由细小粒子聚集成三维网状结构和连续分散相介质组成的具有固体特征的胶态体系。按分散相介质不同而分为水凝胶（hydrogel）、醇凝胶（alcogel）和气凝胶（aerogel）等，而沉淀物（precipitate）是由孤立粒子聚集体组成的。溶胶向凝胶的转变过程可简述：缩聚反应形成的聚合物或粒子聚集体长大为小粒子簇（cluster）逐渐相互连接成三维网状结构，最后凝胶硬化。因此，可以把凝胶化过程视为两个大的粒子簇组成的一个横跨整体的簇，形成连续的固体网络的过程。

（3）老化及干燥。凝胶形成初期网络骨架较细，需要经过一段时间的老化后才能进行干燥。干燥前的凝胶具有纳米孔隙的三维网状结构，孔隙中充满溶剂。气凝胶的制备过程中，其干燥过程就是用气体取代溶剂，而尽量保持凝胶网络结构不被破坏的过程。为了降低干燥过程中凝胶所承受的毛细管张力，避免凝胶结构破坏，必须采用无毛细管张力或低毛细管张力作用的方法进行干燥。常用的干燥方法包括超临界干燥、亚临界干燥、真空冷冻干燥和常压干燥等。超临界干燥是气凝胶干燥手段中研究最成熟的工艺。超临界流体一般是指用于溶解物质的超临界状态溶剂。当溶剂处于气液平衡状态时，液体密度和饱和蒸汽密度相同，气液界面消失，该消失点称为临界点。当流体温度和压力均在临界点以上时，称为超临界流体。这时流体的密度相当于液体，黏度和流动性却相当于气体，有如液体般的溶解能力和气体般的传递速率。在超临界流体状态，气液相界面消失，毛细管力不复存在，干燥介质替换凝胶内的溶剂，然后缓慢降低压力将流体释放，即可得到纳米多孔网络结构的气凝胶。这种利用超临界流体的特点，实现在零表面张力下将流体分离排出的干燥工艺，称为超临界流体干燥。

气凝胶具有密度极低、导热率与空气相当等优点，但也存在强度低、脆性大等问题，解决方案是材料复合化，即以气凝胶材料为基体，低导热率的耐高温纤维或其织物为增强体。气凝胶复合材料一般是指以陶瓷纤维、晶须、晶片或颗粒为增强体，气凝胶为基体，通过适当复合工艺制备性能可设计的一类复合材料，具有力学性能较好、导热率超低等特点。目前，制备气凝胶复合材料的方法主要包括凝胶整体成型和颗粒混合成型等。

2. 各类气凝胶材料

1）氧化物气凝胶

SiO_2、Al_2O_3 及 ZrO_2 等氧化物气凝胶具有低密度和很低的常温热导率，但其耐温性远低于相对应的致密氧化物陶瓷（如 SiO_2 气凝胶长期使用温度低于 650℃，Al_2O_3 气凝胶长期使用温度不超过 1000℃，ZrO_2 气凝胶在 600～800℃使用时比表面积急剧下降），其原因在于气凝胶是由纳米颗粒形成的网络结构，纳米级颗粒活性较高，在高温应用环境中其纳米颗粒易发生烧结，纳米孔结构易塌陷。抑制氧化物气凝胶纳米颗粒烧结，是进一步提高其耐高温性能的重要手段。研究者采用气相六甲基二硅氮烷在氧化铝颗粒表面进行改性形成核壳结构，将氧化铝气凝胶的耐温性能提高到 1300℃。现有 SiO_2、Al_2O_3 以及 ZrO_2 等氧化物气凝胶在高温环境下微观结构的演化规律已被深入系统地研究，掌握其高温失效机制，设计新的工艺路线，可进一步提高现有氧化物气凝胶的耐高温性能。氧化物气凝胶构件样品如图 4.19 所示。

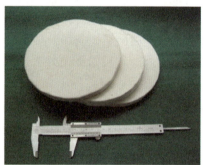

▶ 图 4.19　氧化物气凝胶构件样品

2）炭气凝胶

炭气凝胶在惰性气体氛围中 2800℃下能保持其介孔结构，2200℃下仍具有较低的热导率，但是在有氧环境下容易发生氧化。如何提高炭气凝胶在有氧环境下的高温抗氧化性能并保持其低热导率，是炭气凝胶应用研究的主要方向。美国公司在炭泡沫复合炭气凝胶材料表面设计了抗氧化陶瓷复合材料壳层，在有氧环境下最高使用温度达到 2000℃左右。此外，可在炭气凝胶表面涂覆耐高温抗氧化涂层，通过优化涂层配比、调控涂层与基底材料的结合程度等来提高炭气凝胶材料的高温抗氧化性能。

3）碳化物气凝胶

相对于炭气凝胶隔热材料，碳化物气凝胶具有更好的高温抗氧化性，因此，开发碳化物气凝胶材料是耐高温气凝胶材料的主要发展趋势。当前研究较多的碳化物材料主要包括碳化钛、碳化钼及碳化硅等，但国内外对于碳化物材料的研究主要集中在纳米颗粒、晶须及多孔陶瓷上，对于完整块状的碳化物气凝胶的制备与研究相对较少。

4.3.3　防隔热一体化材料

随着高超声速飞行器飞行速度及任务难度不断提高，其 TPS 结构从防隔热功能和承载功能分开设计，不断趋向于防隔热与承载功能一体化设计。这种设计理念将热防护功能和承受机械载荷功能集成一体，使热防护结构不仅具有更高的结构效率，而且具有潜在的低维修性，是高超声速飞行器 TPS 的重要发展方向。

防隔热一体化材料由防热层、隔热层和承力结构三部分组成，主要包括柔性隔热毡、高温隔热瓦、盖板式热防护材料和 TUFROC 新型热防护结构等。

1. 柔性隔热毡

柔性隔热毡作为飞行器表面热防护材料，具有轻质、柔性、耐高温、可折叠等特点，其发展很大程度上受益于柔性热防护材料技术的进步，尤其是美国 3M 公司的 Nextel 陶瓷氧化物连续纤维（312、440、550、610、650、720等型号）。

其主要的特征包括：棉被式的防热结构不存在热匹配问题，使用温度一般在 300~1200℃，可用于表面温度不高、承载不大的背风面。柔性隔热毡构件样品如图 4.20 所示。

▼ 图 4.20　柔性隔热毡构件样品

2. 高温隔热瓦

高温隔热瓦由洛克希德公司在 20 世纪 60 年代初研制成功，最早在航天飞机上成功应用。航天飞机表面采用了约 30000 块可重复使用的陶瓷隔热瓦，航天飞机迎风面采用黑色高温可重复使用表面防热瓦（HRSI），可以抵御 649 ~ 1260℃ 的高温，背风面采用的是白色低温可重复使用表面防热瓦（LRSI），可抵御 371 ~ 649℃ 高温。

HRSI、LRSI 刚性陶瓷瓦的结构和制备工艺相同，表面均涂有以硼硅酸盐为主要原料的高辐射率涂层，LRSI 防热瓦涂层的辐射系数 ≥0.7，HRSI 防热瓦涂层的辐射系数 ≥0.8。通常将刚性隔热瓦附着于飞行器冷结构上构成气动外形，并将气动载荷传递给机身结构。同时，为了解决陶瓷隔热瓦和机身金属结构之间的热膨胀不匹配问题，一般需要在两者之间布置应变隔离垫，以避免陶瓷隔热瓦由于脆性大、强度低等原因导致的破坏。

高温隔热瓦空隙率高、容重低，在高温下具有稳定的形状和一定的强度，同时具有优良的辐射散热、隔热、抗冲刷和保持气动外形的作用，是目前美国航天飞机最主要的热防护材料之一，应用面积占航天飞机总热防护表面的 68%。通过应变隔离垫间接地将刚性陶瓷瓦粘接在机身蒙皮上，应用于机身机翼下表面温度为 600 ~ 1260℃ 的较高温区。在 X–37、X–51 等航天飞行器的热防护系统中，美军应用了刚性陶瓷隔热瓦。

3. 盖板式热防护材料

盖板式热防护材料，即将盖板材料和隔热材料按照一定方式组合成结构单元，安装固定在飞行器机身结构上，起到承载和防隔热的作用。根据盖板材料的不同，盖板式热防护材料可分为金属盖板 TPS 和陶瓷盖板 TPS 两类。

X–33 采用的金属盖板 TPS 主体由高温合金外防热蜂窝面板及由耐高温金属箔材封装在内部的石英纤维隔热材料组成，如图 4.21 所示。其中，外防热蜂窝面板上、下蒙皮厚度为 0.13mm，蜂窝芯是网格边长为 4.7mm 的正六边形，厚度为 0.04mm。封装用的箔材，侧面采用 0.08mm 厚的 Inconel 617 材料，下表面采用 0.076mm 厚的 Ti6Al4V 材料。结构单元通过金属蜂窝面板四角上的螺钉安装在柔性支架上，螺钉连接处采用 Rene 41 高温合金材料对蜂窝进行了局部加强。柔性支架采用高温合金材料制备，针对不同方向具有不同的结构刚度。支架法向刚度较好，支架弯曲主要导致平面方向的变形。柔性支架一端连接在外防热蜂窝面板上，一端连接在主承载结构加强筋上，利用支架法向方向的刚度来承载气动压力，维持飞行器外形，利用支架平面方向变形特性来协调面板和主承载结构间的变形不匹配性。

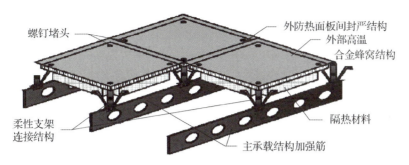

螺钉堵头

外防热面板间封严结构

外部高温

合金蜂窝结构

柔性支架连接结构

隔热材料

主承载结构加强筋

▶ 图4.21　X−33金属盖板TPS

法国SPS公司研发了一种陶瓷盖板TPS。该TPS外部是具有抗氧化能力的陶瓷基复合材料面板，构成了飞行器的气动外形；内部采用耐高温的高效纤维隔热材料，主要起到隔热作用；通过高温密封、紧固件、垫片及支架将外部的陶瓷平板连接到内部结构上，实现机械载荷的传递，同时还能解决"热短路"的问题，如图4.22所示。这种支架形式的TPS结构使得外部的气动壳体可以具有不同于支撑结构的轮廓线，增加了内部结构的可设计性。

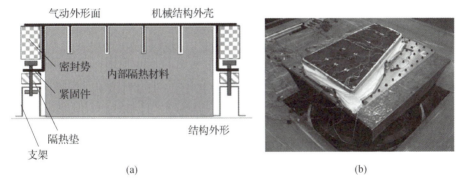

气动外形面　　机械结构外壳

密封势

内部隔热材料

紧固件

结构外形

隔热垫

支架

(a)　　　　　　　　　　　(b)

▶ 图4.22　陶瓷盖板TPS结构示意图

（a）结构示意图；（b）实物图。

盖板式热防护材料是一种新型的热防护系统。通过高温连接件将陶瓷盖板与机身主结构相连接，盖板与机身主结构之间填充柔性隔热毡达到隔热的效果。与隔热瓦或隔热毡相比，防隔热系统的承载和传热功能分开，承载和传递载荷的功能主要由表面的陶瓷盖板来承担，而隔热功能由内部的绝热毡来实现。

4. TUFROC新型热防护结构

飞行器可重复使用是降低全寿命周期费用的有效途径，也是航空航天技术发展的必然趋势。作为可重复使用飞行器的核心子系统之一，热防护技术制约着飞行器服役能力。2010 年发射成功、在轨 244 天及水平着陆的 X – 37B 是一种可以在地球近轨道、太空和大气层中飞行的、具有超强机动能力和快速响应能力的空天飞行器。它是一种可用于航天发射、操作、侦察和作战的多功能作战武器。

美国空军的 X – 37B 轨道试验飞行器（orbital test vehicle，OTV）作为验证可重复使用航天器技术的关键项目，前 5 次飞行试验任务累计在轨飞行 2865 天（第 6 次于 2020 年 5 月发射），表明其热防护系统已经取得重大突破。X – 37B 需要长期在轨巡航、高速再入和水平着陆，其尖锐的前缘（鼻锥、机翼等部位）和舵缘结构面临严重的气动加热环境，必须进行有效的热防护。图 4.23 为正在滑行的 X – 37B，其鼻锥和机翼前缘最高温区采用了纤维增强抗氧化复合材料（toughened uni – piece，fibrous，reinforced，oxidization – resistant composite，TUFROC）。

▼ 图 4.23   TUFROC 新型热防护结构应用于 X – 37B（图片来源于网络）

TUFROC 防隔热系统由美国 NASA Ames 研究中心研制，主要由两部分构成：其外层为难熔、抗氧化的轻质陶瓷/碳隔热材料（refractory oxidative – resistant ceramic carbon insulation，ROCCI）；内层为低密度的隔热材料（AETB 或 FRCI）。外层的 ROCCI 和内层的隔热材料通过互相配合的凹陷和凸起结构连接，高温热膨胀匹配性能良好。ROCCI 是一种含有玻璃态 Si – O – C（SiO_xC_y）的材料，通常通过将特种氧基硅烷浸渍到多孔低热导率碳基材料中，借助于干燥、裂解等工艺获得，能够抵抗 1700℃ 的高温热环境。此外，ROCCI 材料表面还进行了高辐射陶瓷涂层梯度化处理。高辐射梯度涂层主要材料包括 $TaSi_2$（具有抗辐射助剂功能）、$MoSi_2$（作为第二项添加，具有抗辐射和抗氧化作用）、硼硅酸玻璃（作为硼源具有黏结和抗氧化作用）和 SiB_6（具有高辐射作用）。

TUFROC 防隔热系统具有三个重要特点：一是能承受 1700℃的高温，高于航天飞机采用的增强 C/C 防热材料的耐受温度，而且可以重复使用；二是密度低、质量轻，航天飞机机翼前缘采用的增强 C/C 防热系统的密度约为 1.6g/cm³，而 TUFROC 防隔热系统的密度仅为 0.4g/cm³，仅为前者的 1/4；三是制造周期短、成本低，TUFROC 防隔热系统制造周期是航天飞机防热系统的 1/6 ~ 1/3，成本仅为 1/10。作为第四代可重复使用的防隔热材料，TUFROC 克服了航天飞机隔热瓦的脆性问题，在抗氧化和抗热冲击性能提升方面进行了很大的改进，是新一代航天飞行器"非烧蚀型"轻质高强韧性热防护材料的杰出代表。

TUFROC 防隔热系统体现了"防热－隔热一体化"的设计思想，不仅能承受再入时产生的高温，还解决了陶瓷瓦在高温环境下的热裂和抗氧化等瓶颈问题，而且实现了抗氧化烧蚀外层与高韧性隔热基体的一体化连接。采用机械连接方式将具有优良抗氧化烧蚀性能的外层与具有良好抗冲击载荷性能的隔热基体有效组合，并统一进行涂层处理，克服了单纯抗氧化外层的脆性，提高了热防护部件的抗热震性能，保障了热防护系统的安全性，优良的隔热性能简化了机身的隔热结构设计，实现了功能－防热－隔热一体化与模块化。

5. 三明治结构防隔热一体化材料

三明治结构防隔热一体化材料是一种新型的高韧性、轻质、高效防/隔热/透波/承载一体化陶瓷复合材料/结构，以气凝胶隔热复合材料为芯层，以陶瓷纤维织物为面板层预制体，通过法向针刺穿刺以及先驱体浸渍裂解工艺（PIP），形成具有显著密度梯度分布的三明治整体结构。通过一体化结构实现防隔热功能，实现高温氧化环境中零（低）烧蚀。其结构如图 4.24 所示。

▶ 图 4.24 防隔热一体化材料实物

防隔热一体化材料的制备工艺如图 4.25 所示。采用超临界干燥等技术，制备出耐高温、低导热、低密度的气凝胶复合材料；采用超疏水及表面封孔工艺，对气凝胶复合材料进行封孔处理；以此为芯层，采用针刺穿刺技术，在气凝胶复合材料的正反面制备出陶瓷纤维面板预制体；然后采用浸渍与高温烧成工艺，使纤维面板预制体形成致密的陶瓷复合材料面板层。综合考虑密度、导热率、强度、耐热性、法向纤维的体积分数及取向等因素，通过工艺优化，最终形成轻质、高强度、高韧性、耐高温、低导热、高可靠的防隔热一体化材料。

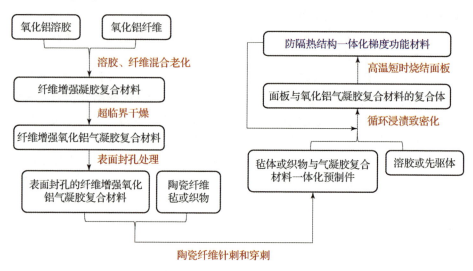

▶ 图 4.25　防隔热一体化材料制备工艺流程图

防隔热一体化材料制备工艺步骤如下：

（1）气凝胶隔热复合材料芯层制备。以异丙醇铝为原料，以乙酰丙酮为异丙醇铝水解速度及成核的控制剂，制备成可调控的氧化铝溶胶；将该溶胶与氧化铝纤维强力搅拌至混合均匀，在适当温度下凝胶化成复合体。采用超临界干燥方法将凝胶与纤维的复合体进行干燥，进行热处理后得到气凝胶隔热复合材料芯层。

（2）芯层的表面处理。采用含氟聚合物在高温真空下对气凝胶的内外表面进行涂层处理，对气凝胶复合材料进行表面改性，形成防浸渍液渗透层。

（3）面板织物编织结构设计与制备。根据强度等要求，结合三维四向、三维五向、三维六向、二维半等编织特性，优化计算出编织结构、编织厚度、经纬密度、纱线 tex 数、纱线捻度等编织参数，将纤维等编织成面板织物。

（4）针刺穿刺处理。为提高面板与芯层之间的界面强度，首先将先驱体聚合物通过喷涂形式填充在两者之间，然后进行针刺处理，使部分面板纤维进入芯层的浅层，最后采用穿刺的方式将陶瓷纤维贯穿于两层面板与芯层，形成一体化的整体预制体。

（5）一体化浸渍。根据对面板强度、抗烧蚀与耐冲刷性能等的要求，对面板进行致密化处理。首先将上述产物装填在预先设计好的金属模具中，以控制产品尺寸，再通过调节先驱体的浸渍浓度、浸渍压力、浸渍温度、固化交联条件等工艺参数，使面板达到指定密度，同时防止隔热芯层密度的增加。

（6）面板的陶瓷化烧成处理。将上述产品置于高温炉中进行热处理，使面板陶瓷化。

（7）产品再加工。采用含氟化合物对产品进行蒸镀防潮处理，进行机械加工。

 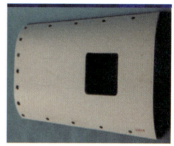

▼　图 4.26　防隔热一体化材料试验件

防隔热一体化材料是一种新型的高韧性、轻质、高效防/隔热/透波/承载一体化陶瓷复合材料/结构，该材料体系为首次实现三明治结构的陶瓷复合材料，具有陶瓷瓦的轻质、盖板式结构的高韧性和大尺寸等优点，且符合"防热–隔热–结构一体化"结构形式，有望成为此热防护材料的重点发展方向之一。

4.4　高温透波材料

高超声速飞行器在高速飞行过程中，将会受到强烈的气动载荷和剧烈的气动加热，其制导系统的关键部件——天线罩/天线窗将面临极为恶劣的工作环境。例如，当远程弹道导弹再入大气层时，天线罩承受严重的高温、高压、噪声、振动、冲击和过载。高速可重复使用飞行器天线窗则面临长时间的持续气动加热和冲刷以及可重复使用的苛刻要求。在恶劣的工况下，天线罩/天线窗还需实现电磁信号的高效传输，以满足制导与控制的要求。常见天线罩和天线窗在弹体和飞行器中的位置如图4.27所示。

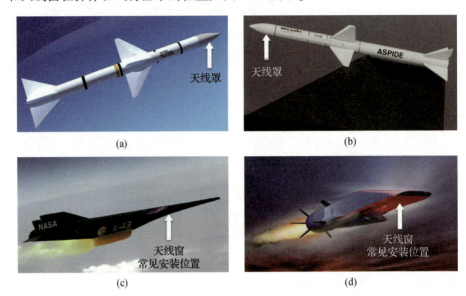

图 4.27　常见天线罩和天线窗在弹体和飞行器中的位置（图片来源于网络）
(a) 美国 Sparrow "麻雀"；(b) 意大利 Aspide "阿斯派德"；
(c) 美国 X－43 验证机；(d) 美国 X－51A 验证机。

高温透波材料（high temperature wave transmittingmaterial）是保护导弹等飞行器在恶劣环境下通信、遥测、制导、引爆等系统正常工作的一种多功能介质材料，天线窗和天线罩是两种常见的航天透波材料结构件。其中，天线窗一般位于飞行器的侧面或者底部，采用平板或带弧面的板状结构，是飞行器电磁传输和通信的窗口，对控制及跟踪飞行器的飞行轨迹至关重要。天线窗的位置通常不会处在最恶劣的热力环境中，因此相对于天线罩，其对性能的要求并不十分严苛。天线罩位于导弹头部，多为锥形或半球形，它既是弹体的结构件，又是无线电寻的制导系统的重要组成部分，是一种集承载、导流、透波、防热、耐蚀等多功能为一体的结构/功能部件。

研究表明，透波材料作为典型的结构功能一体化材料，必须满足表4.2所列的多功能要求，如耐高温、抗烧蚀、高强度、低介电、低损耗、易成型、高可靠等。天线罩/天线窗透波材料的发展经历了一个从有机透波材料到单相陶瓷材料，从单相陶瓷材料到陶瓷基复合材料的过程（图4.28）。有机透波材料的耐温性能受材料本身性质所限，在高温环境中的应用有限。陶瓷材料由于具有优异的高温性能而成为高温透波领域的主要候选材料。考虑到透波材料对介电性能的特殊要求，即相对介电常数较低、介电损耗角正切小等因素，可作为候选的材料屈指可数。

表 4.2　高马赫数导弹和飞行器透波部件对材料的要求

性能类别	要求
电学性能	具有较低的相对介电常数和介电损耗（通常要求 $\varepsilon \leqslant 4$，$\tan\delta \leqslant 10^{-3}$ 量级），且介电性能随温度变化时具有良好的稳定性
力学性能	断裂强度和韧性高，可承受高速飞行时纵向过载和横向过载产生的剪力、弯矩和轴向力，具有一定的刚度且受力时不易变形
抗热震性能和耐热性能	具有良好的高温强度，低导热率、低膨胀系数、较高的比热容，在超高温和高冲刷环境下具有低的烧蚀率，满足热防护需求
抗粒子侵蚀性能	具有抗雨蚀、抗粒子侵蚀等性能，能抵抗雨蚀、粒子蚀、辐射等恶劣环境条件，实现全天候作战
可加工及稳定性	原料易得，易于加工，成本低。此外，材料还需具有良好的长期稳定性，以满足重复使用和长期放置的要求

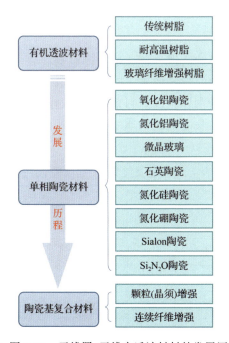

▶ 图 4.28　天线罩/天线窗透波材料的发展历程

4.4.1 有机透波材料

早期的飞机和导弹，由于飞行速度不高（$Ma \leq 3$），因此气动加热产生的温度较低，一般采用玻璃纤维增强树脂基复合材料。大部分传统树脂如不饱和聚酯树脂、环氧树脂、酚醛树脂等，其耐温性较差，很多研究工作集中在提高树脂的耐高温性能上。但受材料本身性质所限，难以满足高马赫数导弹的需要。针对飞行速度达到马赫数 4 以上的导弹，人们开始研究氟塑料等新的透波材料。

用于天线罩透波材料的树脂包括氰酸酯、聚酰亚胺、聚苯硫醚等。总体而言，树脂基透波材料具有介电性能优异、可加工性能好、成本低等优点，得到广泛应用。苏联采用石英纤维增强改性酚醛制备 SAM－6 导弹天线罩，英国采用聚酰亚胺树脂制备 CONCORDE 运输机的天线罩，美国研制硅酸铝纤维和玻璃纤维增强聚四氟乙烯材料用于马赫数 3 的防空导弹的天线罩。俄罗斯开发的织物增强有机硅树脂透波复合材料，采用 MK－9K 有机硅树脂作为基体，并加入一种可在 1200℃ 释放出氧且不影响材料电性能的除碳剂，降低了硅树脂裂解后的残碳率，保证了优良的介电性能，可用于 1500℃ 甚至更高的温度。

4.4.2 陶瓷透波材料

陶瓷材料具有优异的高温性能，成为高温透波领域的主要候选材料。因为透波材料对介电性能的特殊要求，即相对介电常数较低且介电损耗角正切小，可作为候选材料的陶瓷较少。目前，陶瓷透波材料主要包括硅和铝的氧化物、氮化硅和氮化硼及由上述物质组成的复相陶瓷。部分候选材料的物理性能如表 4.3 所列。

表 4.3 部分透波陶瓷材料的基本性能

参数	氧化铝	氮化铝	氧化硅（SCFS）	氮化硅		氮化硼	
				HPSN	RSSN	HPBN	IPBN
密度/(g/cm^3)	3.9	3.26	2.2	3.2	2.4	2.0	1.25
相对介电常数/(10GHz)	9.6	8.6~9.0	3.42	7.9	5.6	4.5	3.1
损耗角正切/(10GHz)	0.0001	0.0001	0.0004	0.004	0.001	0.0003	0.0003
相变温度/℃	2040	2230	1713	1899		3000	

续表

参数	氧化铝	氮化铝	氧化硅（SCFS）	氮化硅		氮化硼	
				HPSN	RSSN	HPBN	IPBN
弯曲强度/MPa	275	300	43	391	171	96	96
弹性模量/GPa	370	308	48	290	98	70	11
泊松比（0～800℃）	0.28	—	0.15	0.26	—		0.23
导热率/（W/（m·K））	37.7	320	0.8	20.9	8.4	25.1	29.3
热膨胀系数/（10^{-6}/K）	8.1	4.7	0.54	3.2	2.5	3.2	3.8
比热容/（kJ/（kg·K））	1.17	0.73	0.75	0.8	0.8	1.3	1.2
抗热震性	差	好	好	好	好	好	好
吸潮性/%	0	—	5		20	0	—
抗雨蚀性	优异	—	差	优异	好	—	差

1. 氧化铝和氮化铝陶瓷

氧化铝陶瓷是继有机透波材料之后最早使用的陶瓷透波材料。氧化铝陶瓷具有强度高、硬度高、耐雨蚀等优点，成功应用于美国"麻雀Ⅲ"和"响尾蛇"导弹的天线罩，如图4.29所示。但氧化铝的热膨胀系数较大，导致其抗热冲击性能差，而且相对介电常数较高并随温度变化过大，导致对天线罩壁厚容差的要求极高，给天线罩加工带来困难，因此一般用于马赫数为3的防空导弹上。

▶ 图4.29　美国"响尾蛇"导弹（图片来源于网络）

氮化铝陶瓷是一种性能优异的耐高温透波陶瓷，美国 Martin Marietta 公司以三乙基铝烷和氨气为原料，在较低的温度下制备了高纯度的氮化铝陶瓷天线窗材料。但是，目前未见单相氮化铝陶瓷实际应用在导弹上的报道，这可能是由于其热导率太高以及相对介电常数相对较高的缘故。

2. 微晶玻璃

微晶玻璃是指加有晶核剂（或不加晶核剂）的特定组成的基础玻璃，在一定温度下进行晶化热处理，在玻璃内均匀地析出大量的微小晶体，形成致密的微晶相和玻璃相的多相复合体。

1955 年，美国 Corning 公司开发了一种主要由堇青石组成的微晶玻璃透波材料 Pyroceram9606，其密度为 2.6 g/cm^3，相对介电常数为 5.65，抗热震性能优于氧化铝陶瓷，且相对介电常数随温度和频率的变化不大。20 世纪 60 年代起，该材料广泛替代氧化铝陶瓷用于马赫数为 3 ~ 4 的导弹天线罩，例如"小猎犬""鞑靼人""百舌鸟""Tphon""Garlx"等导弹，如图 4.30 所示。我国在同期研制了 3 – 3 料方微晶玻璃，其成分和性能与 Pyroceram9606 基本相近。

▶ 图 4.30　美国"百舌鸟"反辐射导弹（图片来源于网络）

为进一步提高微晶玻璃的抗热冲击性能，通过在堇青石结构中引入杂质相如白硅石、钛酸镁，开发了膨胀系数更低的 9603、Q、M7 等系列产品，其中 M7 可用于马赫数为 5 以上的导弹，其承载能力比 Pyroceram9606 提高约 25%。

3. 石英陶瓷

石英陶瓷具有导热性差、膨胀系数小、耐高温、热稳定性好，且成本较低等优点。其生产方式主要有两种：一种是采用晶态石英（石英砂或水晶）1600℃生产的，另一种是采用石英玻璃粉碎后1200℃生产的。

20世纪50年代后期，佐治亚理工学院在美国海军资助下研制了石英陶瓷。该材料相对介电常数和介电损耗低、热膨胀系数低，对温度和电磁波频率十分稳定，是一种综合性能优异的天线罩透波材料。美国PAC-2、"潘兴Ⅱ"、意大利"阿斯派德"、俄罗斯S-300等导弹均使用石英陶瓷天线罩。由于石英陶瓷的力学性能较差，孔隙率高、较易吸潮、抗雨蚀性能差，限制了其在马赫数为5以上工况下的应用。

4. 氮化硅陶瓷

氮化硅陶瓷具有优异的高温力学性能和抗热震性能，以及良好的介电性能，因此受到高温透波领域的关注。

20世纪80年代，美国Raytheon公司为开发比Pyroceram9606使用温度更高的天线罩材料，与麻省理工学院合作研制了反应烧结氮化硅（RSSN）天线罩样件。美国波音公司利用反应烧结氮化硅制备了多倍频宽带天线罩，罩壁结构分为两层，内层较厚且为低密度氮化硅材料，表层较薄且为高密度氮化硅材料，这种高密度高相对介电常数表层与低密度低相对介电常数内层的组合，可使天线罩在宽频带范围内满足电性能要求，较厚的芯层也提供了足够的抗弯曲强度，而表层提供了良好的抗雨蚀和防潮性能。其后，以色列开发出氮化硅材料天线罩，由内层低密度多孔结构氮化硅和外层高密度氮化硅组成，机械强度和抗雨蚀、耐烧蚀性能好，可耐1600~1850℃的高温；高密度氮化硅采用液相无压烧结技术制得，不透水且质地坚硬，以增强抗雨蚀和耐烧蚀能力。多孔氮化硅的主要成分是氮化硅和氮氧化硅，通过控制孔隙率形成多孔结构。美国将多孔Si_3N_4陶瓷天线罩用于PAC-3导弹。

5. 氮化硼陶瓷

氮化硼陶瓷具有比氮化硅更好的热稳定性和更低的相对介电常数、介电损耗，是为数不多的分解温度能达到3000℃的化合物之一，在很宽的温度范围内具有极好的热性能和电性能稳定性。但其强度、硬度、弹性模量偏低，而且导热率高，抗雨蚀性不足，同时由于制备工艺问题难以制成较大形状构件，因此氮化硼陶瓷在天线罩上尚未得到真正应用。

6. Sialon陶瓷和Si_2N_2O陶瓷

Sialon是一种以氮化硅晶体结构为基础的置换型固溶体，兼有氮化硅、氧化铝等陶瓷的特性，并可通过改变组分含量来调节材料的整体性能。

美国 General Dynamics 公司于 20 世纪 80 年代开发了一种天线罩材料 GD-1，该材料组成为 $Si_{6-z}Al_zO_zN_{8-z}$ （$z \approx 2$），其强度、抗热震性能均优于微晶玻璃，从室温到 1000℃ 时相对介电常数为 6.84 ~ 7.66，介电损耗为 0.0013 ~ 0.004（10GHz），最高使用温度可达 1510℃。2000 年左右，该公司采用橡树岭国家实验室开发的注凝成型工艺，实现了构件的近净成型，成功制备出"Amraam"和"Standard"导弹天线罩。美国 Sikorsky Aircraft 公司以 Si_2N_2O 粉末为原料，添加少量的 Al_2O_3 和 Lu_2O_3 作为烧结助剂，采用热压工艺制备出一种透波材料，其密度为 2.39 ~ 2.82g/cm^3，相对介电常数在 4.75 ~ 6.00 之间。

4.4.3　陶瓷基透波复合材料

如前所述，适用于高速飞行器的陶瓷透波材料并不多，迄今为止还没有一种高温介电性能、高温强度、耐烧蚀、抗雨蚀和抗热冲击等综合性能十分理想的材料。陶瓷材料本身存在韧性和可靠性差的缺点，因此科研工作者对各种陶瓷材料进行优化设计，综合考虑各组分的特点，制备出整体性能更为优异的陶瓷基透波复合材料。按照增强相的状态，可分为颗粒（晶须）增强陶瓷基透波复合材料和纤维增强陶瓷基透波复合材料两类。

1. 颗粒（晶须）增强陶瓷基透波复合材料

针对氧化铝陶瓷脆性大、抗热冲击性能差的缺点，采用氮化硼颗粒进行增强。弥散的氮化硼颗粒显著改善了氧化铝的脆性，使陶瓷获得了良好的抗热冲击性能。为克服石英陶瓷力学性能和抗雨蚀性能较差的缺点，同时保持其优异的介电性能，许多学者进行了颗粒增强石英陶瓷的研究。

美国海军水上作战中心利用无压烧结工艺制备了磷酸盐黏结氮化硅，该材料体系可看作氮化硅颗粒增强磷酸盐基复合材料。其中，磷酸锆黏结氮化硅（Zr-PBSN）相对介电常数低而稳定，热膨胀系数低、抗热震和抗雨蚀性能好，热膨胀系数为 2.5×10^{-6}/K（25 ~ 850℃），烧结时的净收缩小于 1%，1000 ~ 1125℃ 下热震试验强度损失小于 10%。美国弗吉尼亚理工大学开发了一种可在 1400℃ 下保持稳定的 Zr-PBSN 材料，并制备了天线罩的缩比件，如图 4.31 所示。

研究表明，采用的增强相包括 Si_3N_4 颗粒、AlN 颗粒、BN 颗粒等，除颗粒外也可采用晶须增强的方法。W. F. Douglas 等研制了 BAS（$BaCO_3$、Al_2O_3、SiO_2）原位增强氮化硅耐高温陶瓷天线罩材料，氮化硅的含量为 50% ~ 90%，该材料具有较高的致密度（>97%）和较高的强度（500MPa），可在 1725℃ 以下使用。J. R. Morris 等采用热压烧结制备了 BN-AlN 复相陶瓷，BN 含量为

35vol%的样品在室温到1008℃时相对介电常数为7.07~7.80，介电损耗为0.0115~0.0170（8.5GHz）。

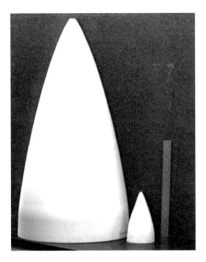

▼　图4.31　弗吉尼亚理工大学研制的 Zr‑PBSN 天线罩（图片来源于网络）

2. 纤维增强陶瓷基透波复合材料

按基体成分不同，纤维增强陶瓷基透波复合材料主要分为氧化物基、磷酸盐基及氮化物基等系列。其中，氧化物基陶瓷透波复合材料相对成熟，得到了较为广泛的应用；磷酸盐基透波复合材料成本低，但容易吸潮，应用较少；氮化物基透波复合材料综合性能优异，是近年来的研究热点。

1）氧化物基透波材料

美国的 Philco‑Ford 公司和 GE 公司采用无机先驱体浸渍烧成工艺，利用硅溶胶浸渍石英织物并在一定温度下烧结，制备了三维石英纤维织物增强二氧化硅复合材料（3D SiO_2/SiO_2）AS‑3DX 和 Markite 3DQ。其中，AS‑3DX 材料的相对介电常数为 2.88，介电损耗为 0.0061（5.841GHz，25℃）。SiO_2/SiO_2 复合材料的表面熔融温度与石英玻璃接近（约1735℃），是高状态再入型天线罩材料的理想选择之一，已应用于美国"三叉戟"潜地导弹。Raytheon 公司针对 $Ma \geqslant 6$ 高超声速反辐射导弹短时高温飞行对宽频薄壁型天线罩的需求，采用有机聚合物先驱体浸渍裂解（PIP）工艺制备了陶瓷基复合材料天线罩，罩壁弯曲强度大于 35MPa（25~1100℃），相对介电常数 $\leqslant 3.0$，介电损耗 $\leqslant 0.02$（2~18GHz），天线罩能在 870℃下正常工作 5min，峰值温度为 1260℃时可保持数秒钟。

国内相关单位研制了高硅氧穿刺织物、石英纤维织物、短切或单向石英纤维增强二氧化硅基复合材料，其中 SiO_2/SiO_2 复合材料具有良好的热、力、电等综合性能，具有广泛的应用前景。

2）磷酸盐基透波材料

20世纪60年代初开始，美国海军航空局资助 GE 公司研究低成本磷酸盐高温天线罩材料。Brunswick 公司在空军航空电子设备实验室的资助下，研制出能在 698.7℃长时间工作 1000 h 的磷酸盐天线罩材料，并采用缠绕法制备出了高度为 1.6m，综合性能与微晶玻璃相近的天线罩样件。从苏联到俄罗斯，在航天透波材料领域获得实际应用的主要是硅质纤维增强磷酸铝、磷酸铬及磷酸铬铝复合材料。磷酸铬基复合材料的相对介电常数为 3.6～3.7，介电损耗为 0.008～0.015，弯曲强度约 120MPa，力学、物理性能良好，电性能稳定，可在1200℃下使用；磷酸铬铝基复合材料在 1200～1500℃下性能稳定；磷酸铝基复合材料的耐温更高，可在 1500～1800℃下正常工作。国内制备的石英玻璃布增强磷酸铝复合材料，可用于环境温度1200℃以下的天线窗和小型透波防热部件。

3）氮化物陶瓷基天线罩材料

氮化物陶瓷基天线罩材料一直是透波材料的研究热点，T. M. Place 等利用硼酸浸渍烧成法制备了三维正交 BN 纤维织物增强 BN 基复合材料（3D BN/BN），经1800℃热压后材料密度达到 $1.5～1.6\ g/cm^3$，相对介电常数为 2.86～3.19，介电损耗为 0.0006～0.003（25～1000℃，9.375GHz），弯曲强度为 40～69MPa，烧蚀性能与碳/酚醛复合材料相当。此外，利用3D BN/BN 复合材料浸渍二氧化硅先驱体，经烧结、热压后制得 $BN/BN-SiO_2$ 复合材料，材料密度为 $1.6\ g/cm^3$，相对介电常数为 3.20～3.24，介电损耗为 0.0009～0.001（25～1000℃，9.375GHz），可用于再入温度超过2200℃的环境。

国内开展了氮化物基透波复合材料的研究工作，以聚硅氮烷、聚硼氮烷及聚硼硅氮烷为先驱体，采用 PIP 工艺分别制备出 SiO_2 氮化物、氮化物纤维/氮化物以及 $SiO_{2f}/Si-B-N$ 复合材料，显示出良好的热、力、电综合性能。该制备工艺的主要流程如图 4.32 所示。基本工艺过程如下：以纤维预制体为骨架，浸渍聚合物先驱体（熔融物或溶液），在惰性气体保护下使其交联固化（或晾），然后在一定气氛中进行高温裂解，重复浸渍（交联）裂解过程可使复合材料致密化。

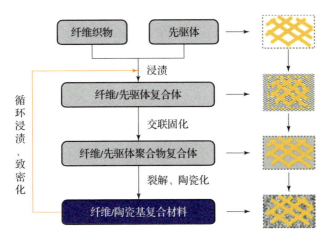

▼ 图 4.32　天线罩/天线窗透波材料 PIP 制备工艺流程

4.5　高温热密封材料

飞行器在飞行或再入阶段要经历超高声速的飞行过程，高温气流会沿组元或部端之间缝隙侵入内部，给飞行器的安全服役带来隐患。为防止表面高温气流由表及里的传递，各种部段及活动部位需要进行高温长时间热密封。主要的高温热密封材料包括高温胶黏剂、静态密封材料与动态密封组件。

高温胶黏剂主要用于各部件或舱段之间的组装、连接，静态密封材料主要用于机身缝隙、接口和开口部位的环境密封，动态密封组件主要用于门、舱、轴类活动部位密封。本节主要介绍这三类高温材料的研究进展和典型应用。

4.5.1　高温胶黏剂

高温胶黏剂主要分为无机耐高温胶黏剂和有机耐高温胶黏剂两类。

1. 耐高温无机胶粘剂

无机耐高温胶黏剂是由无机盐、无机酸、碱金属和金属氧化物、氢氧化物等组成的一类范围相当广泛的胶黏剂，其主要种类有磷酸盐、硅酸盐、氧化物、硼酸盐、硫酸盐等。无机胶黏剂具有优异的耐高、低温性能，具有可常温固化、固化收缩率小、耐久性优良、抗辐射性好、原料易得、价格低、绿色环保、制备工艺简单、生产周期短、使用方便等优点，广泛地应用于机械制造与维修，黏结金属、陶瓷、玻璃、石料等材料，是应用量大且有发展前途的胶黏剂。

耐温性最好的无机胶黏剂为磷酸铝、磷酸铬等。磷酸盐型无机胶黏剂通常由磷酸或浓缩磷酸、填料和固化剂等组成，但由于某些特殊需要还可加入一些特殊物质，如促凝剂、酸性抑制剂、发泡剂以及气泡稳定剂等。磷酸盐胶黏剂主要有硅酸盐 – 磷酸、酸式磷酸盐、氧化物 – 磷酸盐等种类，固化温度可选择范围较广。

目前，俄罗斯对于磷酸铝胶黏剂的研究处于国际领先水平，其室温固化胶黏剂使用温度可达 1700℃，可用于黏接钛合金、石墨等材料。欧美等国研发的室温固化胶黏剂最高使用温度可以达到 1500℃。这些胶黏剂可用于导弹、火箭、卫星和飞船上的零部件黏接。国内制备了一种可在 160℃ 固化、耐 1500℃ 的磷酸盐胶黏剂，该胶黏剂可应用于陶瓷黏接、陶瓷修补及耐高温复合材料的制备。

2. 耐高温有机胶黏剂

高温有机胶黏剂是以耐高温聚合物为基体，添加各种填料而制得的耐高温胶黏剂。由于大部分耐高温高分子聚合物在中低温胶结强度高、综合性能好、固化温度低、黏接工艺相对简单方便，因此选用其作为耐高温有机胶黏剂的基体，在中低温发挥黏结主导作用。但是，耐高温高分子聚合物在高温阶段会发生分解，胶黏剂整体网络结构被破坏，大部分耐高温高分子聚合物最高使用温度很难超过 600℃。因此，为提高耐高温性能，一方面通过对有机高聚物进行改性，优化耐高温高聚物聚合网络结构，提高中低温黏结性能，提升胶黏剂温度抗性；另外一方面通过添加各种填料，使其高温陶瓷化实现高温下高强度黏结。

目前，报道最多的耐高温胶黏剂主要有环氧树脂类胶黏剂、酚醛树脂类胶黏剂、有机硅树脂类胶黏剂、聚氨酯类胶黏剂和聚酰亚胺类胶黏剂。其中环氧树脂类胶黏剂使用温度较低（< 500℃），其他四类胶黏剂改性后耐温可达 1000℃。

（1）环氧树脂类胶黏剂。环氧树脂有单组份和双组分之分。双组分环氧树脂需要外加固化剂，可在常温或者高温下固化；单组份环氧树脂存在潜伏型固化剂，一般需要加热固化。环氧树脂类胶黏剂具有优异的黏接性能，广泛地应用于金属、玻璃钢和碳纤维复合材料等的黏接及航空航天器的黏接和修补。

（2）酚醛树脂类胶黏剂。酚醛树脂是最早开发并应用于胶黏剂工业的一类耐高温树脂，其含碳量很高，高温碳化后生成无定形碳，对含碳类基体的相容性好，其耐热、耐化学腐蚀、电绝缘性能均良好，并且原料易得，易于工业化生产。但是，酚醛树脂经碳化后，大量热解组分挥发，在黏接界面上会产生许多收缩裂纹，脆性大、硬度高、剥离强度低，很难单独用作耐高温胶黏剂，往往需要通过有机改性和加入填料来提高其韧性和耐温性能。由于酚醛树脂在无氧条件下才能转化为石墨碳，酚醛树脂的高温应用往往需要在惰性环境或真空条件下，这在一定程度上限制了其应用。

（3）有机硅树脂类胶黏剂。有机硅树脂以 Si–O–Si 为主链，侧基为有机基团的聚合物，兼具有机无机聚合物的特性。由于 Si–O 键具有很高的键能，有机硅树脂的耐温性能较好。此外，有机硅树脂的有机无机双重性使得其在高温下的陶瓷化率较高，因此其高温力学性能优异，在航空航天领域得到了广泛应用。俄罗斯在耐高温有机硅胶黏剂的研究应用领域走在世界的前列，其研制的 BK 有机硅树脂系列已经应用于航空航天领域，耐温高达1200℃，可应用于钢、钛等金属及石墨、氧化铝等非金属材料的黏接，甚至金属与非金属材料的黏接。

（4）聚氨酯类胶黏剂。聚氨酯反应活性高，可以在常温下固化，韧性、耐低温性好，但耐水、耐高温性差，原料成本高，工艺复杂，很少作结构胶黏剂使用。

（5）聚酰亚胺类胶黏剂。聚酰亚胺是大分子主链中含有酰亚胺环状结构的环链高聚物，其中以含有聚酰亚胺结构的聚合物最为重要，它具有优良的热稳定性、耐热老化性、高温力学性能、电性能、耐化学介质性及耐辐射性能，是目前工业应用耐热等级最高的商业化聚合物，主要用作铝合金、钛合金、陶瓷基复合材料的结构胶黏剂，广泛应用于宇航、电工和微电子等领域。

综上所述，耐高温有机胶黏剂在600℃以下主要依靠有机组分黏结，不仅具有很高的黏结强度，而且有机胶黏结韧性也相对较好。在高于600℃的高温范围，耐高温有机胶黏剂的有机聚合物分解。一方面，有机组分在无氧高温条件下会发生碳化生成石墨、碳化物等，对于黏结石墨、碳化物材料具有很好的相容性；另一方面，无机填料会促进胶黏剂陶瓷化，生成的高黏度液相、玻璃相也有助于补偿黏结强度，使得胶黏剂在高温下同样具有优异的黏结性能。同时，耐高温有机胶黏剂的室温或低温固化、耐高低温性能、中低温高韧性、高黏结强度等优势使得其具有广泛的适用性。

但是，无论是耐高温有机胶黏剂还是耐高温无机胶黏剂，高温脆性仍是限制其在高温领域应用的一大瓶颈。协调优化耐高温胶黏剂的高温黏接强度与韧性是未来耐高温胶黏剂发展的一大方向。

4.5.2 静态密封材料

静态密封分为填隙类密封和环境密封两类。

1. 填隙类密封

填隙类密封结构是目前广泛采用的防止热流进入隔热瓦缝隙的一种热密封结构，一般由耐高温陶瓷纤维形成的织物或填充体构成，具有一定的可变形性。当系统温度升高时，热防护系统的各组件会发生膨胀，其间的缝隙减小，柔性的填隙类结构在受压时可以发生变形，保证缝隙始终密封完好。

填隙类密封结构主要包括两种：一种是 Ames 型，主要由两层或多层纤维织物组成，上端沿纵向涂覆高发射率涂层，这种结构适用于相对窄的缝隙；另一种是 Pad 或 Pillow 型，由铝硅纤维织物内部包裹氧化铝纤维组成，具有一定厚度，这种结构适用于宽的缝隙。

2. 环境密封

通常在飞行器开口部位的内部，通过一个环境压力密封件来阻止高温气体进入舱内而损害飞行器的内部结构。航天飞机主起落架舱门密封结构包括热（动）密封（thermal barrier）和环境密封（environmental seal）两部分。

环境密封件是一个带着"尾巴"的球茎密封件，称为 P 型密封件，由硅橡胶和纤维布构成，其中硅橡胶作为芯材，纤维布包裹在硅橡胶的外部。在球茎密封件的前端开有一些小的孔洞，当航天飞机在太空飞行时，这些孔洞的存在可以使球茎内的压力降为真空。

4.5.3 动态密封组件

高温动态密封件主要包括基线密封件和栅板密封件两类。

1. 基线密封

基线密封广泛用于舵、轴、舱门等动态密封的组合形式，其典型结构是镍铬合金高温弹簧骨架内部填充了隔热纤维棉，外部同时包裹纤维编织的套管。基线密封条被安装在沟槽内，夹在固定部件及活动部件之间，按设计要求，密封处需达到的温度为 $1300 \sim 1500\,^\circ\!C$、最大载荷为 34.5kPa、界面压差为 $2.6 \sim 4.8$kPa、持久性为重复 $10 \sim 100$ 次。影响基线密封件弹性的一个重要因素是合金弹簧管的编织方式，影响耐温性的重要因素是高温合金丝的耐温性。

2. 栅板密封

栅板密封最早应用在 X – 51 的超燃冲压发动机内。为保证发动机有效、安全地工作，同时尽量避免携带复杂、笨重的冷却系统，推进器密封结构必须能够承受气体极高的温度（1100 ~ 1371℃）和压力（近 0.7MPa），同时还应有很强的抗氧化和防氢脆的能力。

随着高超声速飞行器的发展，对高温热密封材料的需求不断增加，国内对高温热密封材料的研究仍属于起步阶段，缺少相应的测试装备和评价标准，在很大程度上制约了高温密封材料和构件的发展。

4.6　热防护材料应用考核方法

机身表面大面积热防护系统是一个非常复杂的结构系统，同时也直接面对异常复杂的综合环境，需要针对多种可能存在的失效模式开展机身表面热防护材料的分析和评价工作。本节重点介绍热防护材料的应用考核方法。

4.6.1　抗氧化冲刷性能

热防护材料能够耐受高超声速飞行环境下的氧化和冲刷效应，维持气动性能的稳定性，是热防护系统能够使用的前提条件。抗氧化是指材料和构件在高温时抵抗氧化性气氛腐蚀作用的能力，抗冲刷是指材料和构件抵抗高速气流冲刷作用的能力。

1. 原理

一般而言，可通过模拟高温氧化、高速气流冲刷实现对热防护材料抗氧化、抗冲刷性能的考核和评价。

对于材料或小型的构件而言，可采用静态氧化试验和氧乙炔焰烧蚀试验。这两个试验可以测试材料的抗氧化与耐烧蚀性能，但存在一定的局限性：第一，温度局限性，马弗炉的加热温度受加热元件及保温材料的影响，一般不会超过1700℃，同时1700℃产生的光与热让肉眼无法直视。第二，尺寸局限性，马弗炉的尺寸一般不会太大，对于飞行器而言，尺寸远超马弗炉。氧乙炔焰试验方法中规定的材料的尺寸也比较小，约为30mm。

对于大型构件，这项性能评价主要是在风洞环境下实现的，通过模拟焓值、压力、马赫数等条件，实现对热防护材料抗氧化、抗冲刷性能的考核和评价。

2. 风洞试验

风洞是以人工的方式产生并且控制气流，用来模拟飞行器或实体周围气体的流动情况，并可量度气流对实体的作用效果以及观察物理现象的一种管道状实验设备。一般由洞体、驱动系统和测量控制系统组成。

风洞试验是在风洞中安置飞行器或其他物体模型，研究气体流动及其与模型的相互作用，以了解实际飞行器或其他物体的空气动力学特性的一种空气动力实验方法，如图 4.33 所示。它通过控制气流的速度、压力、温度，模拟气流产生的剪切效应。风洞试验的操作步骤如下：第一，将构件安置在风洞中；第二，通过控制气流的速度、压力、温度，人为制造气流流过，以此模拟空中各种复杂的飞行状态，模拟气流产生的剪切效应，获取试验数据。

▼ 图 4.33 风洞试验图

热防护材料的风洞试验可以获取的试验数据如下：第一，热防护的结构完整性。试验后材料的结构完整如何；第二，温度数据。表面能够承受的温度、材料背面的温度；第三，材料试验后的本征性能。如力学性能、热物理性能是否满足飞行器的飞行需求。

4.6.2 隔热性能

高超声速飞行器在大气层内飞行时，外表面处于单侧面受热状态，具有热面和冷面差别的超高温热试验环境。同时飞行器在高速飞行时，气动加热使表面温度上升，但是舱体温度不能超过 80℃，需要考虑电子系统、计算机控制系统电子元器件的正常工作。因此，需要考核验证整体隔热效果。隔热性能是指材料或构件阻滞热流传递的性能。

在材料科学与工程中，比热容、导热率、线膨胀系数的测试属于典型的材料热物理性能的测试，都有相应的国标。本节重点介绍目前国际上最主要的热试验方法——石英灯辐射加热方式。

1. 石英灯辐射加热试验

石英灯辐射加热试验采用非对流方式，能够模拟高速变化的复杂非线性热环境，并且可以连续长时间运行。通过对石英灯阵列的控制实现复杂瞬变热环境，满足试验测试的要求。从图4.34可以看出，通过对石英灯阵列的设计，可以实现不同规格的材料结构件的测试，甚至能够考核整架飞行器的隔热性能。

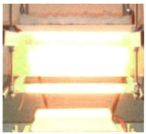

▼ 图4.34　辐射加热石英灯考核试验图

石英灯是以耐高温石英玻璃为灯体材料制成的耐高温的灯具。图4.35是石英灯的示意图。从辐射加热方式可以看出，通过石英灯内的钨丝加热，电能转变成热能，产生热辐射至试验件。石英灯辐射加热是目前国际上最主要的热试验考核方法，很多国家（美国、俄罗斯、德国等）均在使用该方法进行考核。

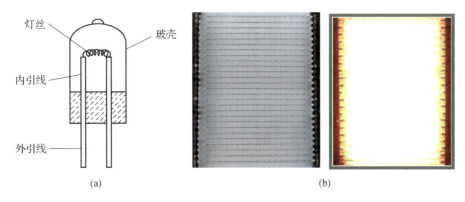

(a)　　　　　　　　　　　　　(b)

▼ 图4.35　石英灯示意图和石英灯阵列

（a）石英灯示意图；（b）石英灯阵列。

为保证辐射效率，试验件一般位于石英灯阵列上方或下方。试验件与石英灯保持 50～100mm 的距离，通过距离的调节控制材料表面温度，如图 4.36 所示。

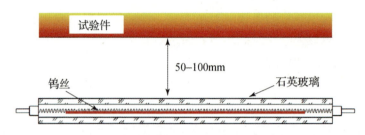

▼ 图 4.36　辐射加热石英灯考核试验示意图

通过石英灯辐射加热考核，可以获取的试验数据如下：第一，结构完整性。这和风洞试验考核一样，材料的完整性直接关系到热防护系统的有效性；第二，隔热性能。材料背面温度能够降低到多少；第三，材料试验后的本征性能。如力学性能、热物理性能等是否满足飞行器的飞行需求等。

2. 改进型石英灯辐射加热试验

随着高超声速飞行器的发展，如 X－51A 高速飞行器在马赫数为 6 飞行时，尖端、翼前缘的温度均超过 1500℃，受限于石英玻璃的使用温度极限，石英灯生成的试验件表面温度不能超过 1200℃，否则将会出现破坏。为突破石英灯加热温度极限，能够生成高达 1500℃ 的高温环境，科研工作者设计发明了一种石英灯温度增强装置，通过设计镜面反射面将石英灯远离试验件的热量反射到试验件上去，通过冷却水的设计，降低石英玻璃表面的温度。同时，在石英玻璃表面采用气流冷却的方式，降低石英灯温度，实现 1500℃ 下的测量，如图 4.37 所示。

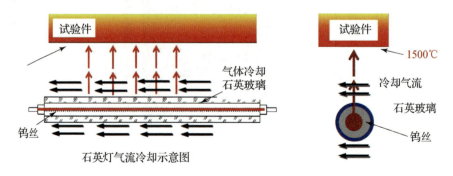

▼ 图 4.37　改进型辐射加热石英灯示意图

4.6.3　结构匹配性能

在实际应用中，热防护材料安装在舱体承载结构表面。在高速飞行时，有可能出现热防护材料与舱体的热变形不匹配、热防护材料之间的热变形不匹配及飞行器翼舵结构出现严重的热/振耦合现象。热防护材料结构的选材、尺寸设计、缝隙处理等设计因素都将影响热防护材料结构的匹配性能。

一般而言，通过密度测试、热重测试可以测量材料的本征性能，但是很难表征材料之间的热变形不匹配。可模拟载荷条件、热环境条件及出现的典型变形条件对结构匹配性能进行考核：第一，通过变形匹配性能考核材料在载荷条件下的结构匹配性能；第二，通过高温振动考核热环境条件下的结构匹配性能，并通过"热-力"联合考核典型变形条件下的结构匹配性能。

1. 载荷-变形匹配性能考核

变形匹配性能考核借鉴美国的测试标准（ASTM C1341-00），采用 300mm×60mm 试验件，利用硅橡胶黏结在 600mm×70mm×5mm 钛合金板上，通过力学试验机进行四点弯曲试验，测量材料应变获取材料的性能数据，如图 4.38 所示。

▶ 图 4.38　变形匹配性能考核试验

2. 热环境-高温振动考核

美国 HTV-2 高超声速飞行器飞行时，热防护材料出现振动剥离，导致飞行器失效，同时翼舵结构会出现严重的热/振耦合现象。因此，必须对热防护材料进行高温振动试验测试，通过石英灯阵列的设计可以实现 1200℃ 高温加热，通过传力杆的设计实现了材料的振动，通过组合设计实现 1200℃ 高温振动试验，可以有效地完成热环境下热防护材料的高温振动考核，如图 4.39 所示。

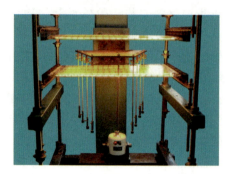

▼ 图 4.39　热环境 – 高温振动考核试验

3. 热 – 力联合考核

高超声速飞行器翼舵结构会出现严重的热 – 力复合作用。高温振动试验能够测试材料的性能，但是针对材料结构甚至是系统而言，热 – 力联合试验对于高超声速飞行器的安全可靠性非常重要，但要实现上千度的热 – 力联合试验十分困难。据报道，美国开展了 1315℃ 下的热力联合试验，通过力学加载，选取飞行温度较高的区域进行 1∶1 试验件制备，通过硅钼加热装置和高温振动实现考核。

4.6.4　可重复性和环境适应性评价

1. 可重复性能评价

不同材料在单次沿航迹高温高载环境的使用下会发生不同程度的化学、物理变化。对于一次使用的飞行器来说，只要最终的结构状态仍能满足飞行器对 TPS 的综合使用要求即可。但对于可重复使用的飞行器来讲，每次执行任务的量变积累到一定程度就会发生质变，使 TPS 结构发生不可接受的失效或不再满足下一次飞行任务对 TPS 的综合使用要求。

TPS 结构的可重复性能重点通过试验方法进行评价，通过足够的试验次数，评价单一性能或综合性能的变化情况及满足性能要求的情况。

2. 环境适应性能评价

热防护材料在全寿命周期内，除应对沿航迹飞行环境下的热、力、气流冲刷等环境外，还将面临诸如潮湿、沙尘、霉菌等一系列环境条件，这些环境可能会对 TPS 结构/材料的使用性能带来非常大的影响。

环境适应性能一般采用环境适应性试验来研究，并通过试验前后单项或综合性能的变化评估结构/材料的环境适应性能。

练习题

4-1　请列举高超声速飞行器的特征与分类。

4-2　简要介绍高超声速飞行器服役环境。

4-3　列举高超声速飞行器对材料的要求。

4-4　列举典型的高超声速飞行器热防护系统以及其主要的结构形式与特点。

4-5　列举3~4种典型热防护材料在高超声速飞行器中的应用以及常用制备方法。

4-6　列举3~4种典型防隔热一体化材料及失效模式分析测试方法。

4-7　简要介绍高温透波材料的分类及应用实例。

第 **5** 章　电磁发射武器材料

　　电磁发射武器是利用电磁发射技术，以电磁力发射超高速非爆炸弹丸，并通过直接碰撞方式以其巨大动能毁伤目标的动能武器。

　　自古以来，人们都在追求以更高的速度和更大的动能发射物体。公元前 4 世纪，人们开始使用基于绳索弹性储能的机械发射装置。大约公元 1300 年，化学推进装置开始应用于各类枪械。随着对化学推进燃气不断改进设计，现在化学推进装置已经广泛应用于常规火炮、轻气炮和化学火箭等。但是，由于火药燃气膨胀速度受到滞止声速影响，常规火炮等发射初速难以突破 2km/s。因此，要获得更高发射速度，传统化学发射方式已不能满足需求。

　　电磁发射是将电磁能转换为发射载荷所需的瞬时动能，可实现在短距离内将物体推进至高速或超高速，是机械能发射、化学能发射之后的一次发射方式的革命。电磁发射技术应用于军事领域时便发展出一类新概念武器——电磁发射武器，也称电磁炮，是基于电磁发射技术的一种先进动能杀伤武器。通过电磁力来加速弹丸，很易突破传统化学能火炮技术的初速极限，具有高速度、大威力和远射程等优点，应用前景广阔。根据工作原理，电磁发射武器可分为电磁轨道炮、电磁线圈炮、电磁重接炮。其中，电磁轨道炮是目前技术相对成熟的一种，已初步完成具有武器化特征的工程样机研制，达到实弹试验水平。

　　本章主要介绍电磁发射武器中电磁轨道炮的概念、系统组成、工作原理等，重点阐述电磁轨道炮关键零部件的服役环境、失效原理与关键材料等。

5.1　电磁发射武器概述

5.1.1　电磁发射武器的种类

　　目前，电磁发射武器按工作原理可分为电磁轨道炮、电磁线圈炮、电磁重接炮，如图5.1～图5.3所示。

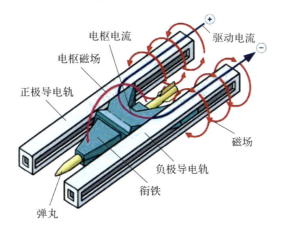

▼ 图 5.1　电磁轨道炮工作原理示意图

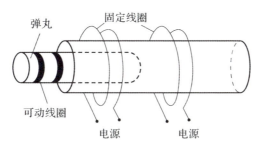

▼ 图 5.2　电磁线圈炮工作原理示意图

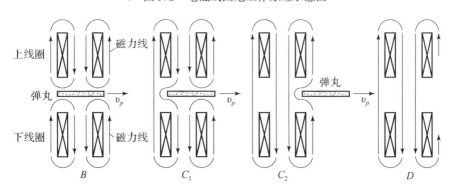

▼ 图 5.3　电磁重接炮工作原理示意图

　　电磁轨道炮的基本工作原理是利用通电后两条平行轨道产生的强磁场与流经电枢的电流间的相互作用，产生强大的安培力推动电枢带动弹丸高速运动。

　　电磁线圈炮，又称感应炮，它通过依次控制一个或多个直线排列的线圈的通断电状态，利用线圈电磁场与线圈中运动的弹丸所感生的电磁场间的相互作用，对弹丸进行加速。

电磁重接炮，也称重接式电磁发射装置，它利用电磁力"重接"工作，是在电磁轨道炮和电磁线圈炮的基础上提出的。重接炮利用两侧线圈在非导磁弹丸表面产生的感应电流与线圈产生的磁场间的相互作用，推动弹丸前进。

目前，电磁轨道炮是电磁炮中技术相对最成熟的一种，各国高度重视电磁轨道炮的研发，美国甚至称电磁轨道炮为可改变游戏规则的新概念武器。

5.1.2　电磁发射武器的特点

经过多年的研究和试验验证，电磁发射武器的主要特点归纳如下：

（1）电磁推动力大，弹丸速度高。电磁发射的脉冲动力约为火炮发射力的 10 倍，因此利用其发射弹丸，可使弹丸在短时间内加速达到超高速度。一般火炮的射击速度约为 0.8km/s，步枪子弹的射击速度为 1km/s，而电磁发射武器可将 3g 的弹丸加速至 11km/s，可将 300g 的弹丸加速至 4km/s，未来弹丸的发射速度还可能达到更高。

（2）弹丸稳定性好。电磁发射武器的弹丸在炮管中受到的推力是电磁力，其力量均匀且容易控制，有利于提高弹丸飞行稳定性，保证命中的精度。

（3）弹丸发射能量可调。常规火炮采用改变装药量的方式调整射程，而电磁发射武器可根据目标性质和射程大小，通过控制输入电流强度即可调节电磁力的大小，从而控制弹丸的发射能量。

（4）隐蔽性好。电磁发射武器在发射时可以不产生火焰和烟雾，也不产生冲击波，因此作战隐蔽性好，不易被敌方探测。

（5）电磁发射武器的弹丸质量小，有利于在坦克、舰船和飞行器上存储大量的弹丸。

（6）电磁发射武器使用电能，不仅安全而且降低了发射成本，避免了大量火药武器保管、储藏等人力和物力的花费，为后勤供给带来诸多方便。

5.2　电磁轨道炮基本原理与结构组成

电磁发射武器按工作原理可分为电磁轨道炮、电磁线圈炮和电磁重接炮。目前，电磁轨道炮是技术相对成熟的一种，已初步完成了具有武器化特征的工程样机研制并开展了发射性能研究，且已形成相对完整的系统结构。在整套系统中，以轨道和电枢组成的发射器是实现电磁发射功能的核心。

5.2.1　电磁轨道炮工作原理

电磁轨道炮的发射器由两条平行固定的轨道以及一个与轨道保持良好电接触、能够沿着轨道轴线方向滑动的电枢组成，如图 5.4 所示。

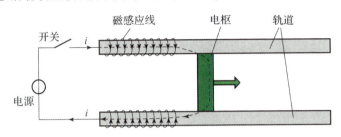

▼ 图 5.4　电磁轨道炮原理图

当接通电源时，电流沿着一条轨道流经电枢，再由另一条轨道流回，从而构成闭合回路。当大电流流经两平行轨道时，在两轨道之间产生强磁场，这个磁场与流经电枢的电流相互作用，产生电磁力，推动电枢和置于电枢前面的弹丸沿着轨道加速运动，从而获得高速度。该工作过程基于电磁场物理规律。

1. 电磁轨道炮作用力定律

英国物理学家法拉第从实验中总结出了法拉第电磁感应定律：不论何种原因，通过回路所包围面积的磁通量发生变化时，回路中产生的感应电动势与磁通量对时间变化率的负值成正比，可表示为

$$\varepsilon_i = -\frac{\mathrm{d}\Psi}{\mathrm{d}t} = -\frac{\mathrm{d}}{\mathrm{d}t}(LI) \tag{5-1}$$

当回路接通时，外电源用于反抗自感电动势做功，可记为

$$\mathrm{d}A = \varepsilon_i I \mathrm{d}t = \mathrm{d}(LI)I \tag{5-2}$$

对于自感系数为 L 的回路，在电流由 0 增长到稳定值 I_0 的整个过程中，外电源反抗自感电动势做的总功为

$$A = \int \mathrm{d}A = \int_0^{I_0} LI\mathrm{d}I = \frac{1}{2}LI_0^2 \tag{5-3}$$

这部分功以能量形式储存在回路内。当切断电源时，电流减少，回路中产生与电流方向相同的自感电动势，回路中储存的能量将通过自感电动势做正功全部释放出来。因此，在一个自感系数为 L 的回路中建立稳定电流 I_0 时，线圈中所储存的磁能为

$$W_m = \frac{1}{2}LI_0^2 \tag{5-4}$$

式中：W_m 为回路的自感磁能。

对于电磁轨道炮发射过程，假设 V 为电源电动势，dx 为电枢位移，I 为流入轨道炮的电流（假设电流 I 为常量，不随时间和距离变化），dt 为经历时间，L' 为电感梯度（表示单位长度轨道电感值），dL 为轨道电感增量，也可表示为 $L'dx$。

根据法拉第定律，电路中所需的电压等于电路磁通量 Φ 的变化率：

$$\varepsilon_i = -\frac{d\Psi}{dt} = -\frac{d(LI)}{dt} = L'I\frac{dx}{dt} \tag{5-5}$$

则电源所提供的电能为

$$W_g = \varepsilon_i I dt = L'I^2 dx \tag{5-6}$$

根据能量守恒定律，电源所提供的电能应转化为回路所储存的磁能以及电磁力对电枢所作的功：

$$W_g = W_F + W_m \tag{5-7}$$

其中，W_F 为电枢受力 F_a 所做的机械功，表示为

$$W_F = F_a dx \tag{5-8}$$

W_m 为 dx 长度轨道电流从 0 增长至 I 的感应磁能增量，表示为

$$W_m = \frac{1}{2}dLI^2 = \frac{1}{2}L'I^2 dx \tag{5-9}$$

联立三式得到电磁轨道炮作用力为

$$F_a = \frac{1}{2}L'I^2 \tag{5-10}$$

由式（5-10）可知，电枢所受前向推力仅与轨道炮电感梯度和通过电枢电流的平方成正比，上式也称为电磁轨道炮作用力定律。

需要注意，电磁轨道炮工作时，除电枢受力外，发射过程中随着电枢的滑动，轨道通过电流的长度不断增加，由于两轨道电流流动方向相反，因此轨道间存在相互作用的斥力。此外，通过电枢的电流在轨道间形成的磁场也将对两轨道产生作用力，同时由于强电流通过电枢，考虑到焦耳热效应，固体电枢温度升高膨胀也会对轨道产生作用力。因此，发射过程中，两轨道间存在巨大的电磁扩张力。

电枢所受机械功转化为电枢的动能，从式（5-10）可知，要提高电枢的动能，最有效的方法是提高工作电流，但轨道通过电流的大小受到电源技术发展的限制，同时过大的电流将会对轨道产生强烈的烧蚀，所以在提高工作

电流的同时，需要关注提高轨道电感梯度的方法。

2. 轨道炮电感梯度影响因素分析

下面以矩形截面轨道的电磁轨道炮为例，分析轨道炮电感梯度受哪些因素影响。首先简单回顾相关的电磁学基本规律。

导体中有恒定电流通过时，导体内部和它周围的媒质中，不仅有恒定电场，同时还有不随时间变化的磁场，称为恒定电流的磁场。为讨论磁场性质，将速度为 v、带电量为 q 的试验电荷引入磁场，测量通过场中任意给定点 P 时电荷所受到的磁力。实验结果表明，磁场中任何一点都存在一个固有的特征方向和确定的比值 F_m/qv，它们只与磁场性质有关，与试验电荷的性质无关。它们客观地反映了某场点处磁场的方向和强弱。因此，可定义描述磁场性质的磁感应强度矢量 $\boldsymbol{B}$，规定它的量值为

$$\boldsymbol{B} = \frac{F_m}{qv} \qquad (5-11)$$

磁感应强度 $\boldsymbol{B}$ 的方向可以根据正电荷受最大磁力 F_m 和 v 的方向，按右螺旋法则由矢积 $F_m \times v$ 的方向来确定。

19 世纪 20 年代，法国科学家 J. B. Bito 和 F. Savart 采用实验方法研究了长直载流导线在周围空间产生的磁场（图 5.5），总结出空间某点处的磁感应强度 $\boldsymbol{B}$ 与导线中电流强度 I 成正比，与该点到导线距离 r 平方成反比的关系。其后，P. S. Laplace 对这一问题进行了分析，提出电流元产生磁场的磁感应强度数学表达式，即毕奥 - 萨伐尔定律，它是稳恒磁场的基本定律之一，其数学表达式为

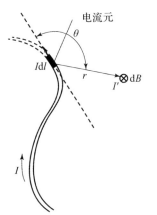

> 图 5.5　电流元在 P 点的磁场

$$\mathrm{d}\boldsymbol{B} = \frac{\mu_0}{4\pi} \frac{I \mathrm{d}l \times r}{r^3} \qquad (5.12)$$

式中：μ_0 为真空磁导率；$\mathrm{d}l$ 为沿电流方向矢量线元，此线元取得足够小，方向与线元内电流密度方向相同，可称 $I\mathrm{d}l$ 为电流元；r 为电流元到空间 P 点矢径。

根据场的叠加原理，载流导线在场点 P 产生的磁感应强度 $\boldsymbol{B}$ 应等于导线上各电流元 $I\mathrm{d}l$ 在该点处所产生的磁感应强度 $\mathrm{d}\boldsymbol{B}$ 的矢量和，对上式进行积分，得到：

$$B = \int \mathrm{d}B = \frac{\mu_0}{4\pi} \int \frac{I \mathrm{d}l \times r}{r^3} \qquad (5-13)$$

依据毕奥 – 萨伐尔定律，可计算出有限长通电直导线在空间任一点产生的磁感应强度为

$$B_{线} = \frac{\mu_0 I_{线}}{4\pi r}(\cos\alpha + \cos\beta) \qquad (5-14)$$

式中：r 为空间点到通电直导线的距离；α、β 为直导线两端与空间点连线的夹角。

上述讨论的是真空中空间某点磁感应强度。如果是磁介质中的磁感应强度 B，则应等于真空中原来磁场的磁感应强度 B_0 和附加磁场的磁感应强度 B' 之和：

$$B = B_0 + B' \qquad (5-15)$$

其中，附加磁场是由在磁场中被磁化的磁介质激发产生的。附加磁感应强度的 B' 方向随磁介质而异，顺磁质的 B' 与 B_0 相同，因此顺磁介质中的磁场比原来真空中的磁场稍强，而抗磁介质内的磁场比原真空中的磁场稍弱。铁磁质磁化后将产生与原磁场同方向但强得多的附加磁场，故这类磁介质中的磁场比原真空中的磁场明显增强。

通电导线周围会感生磁场，载流导线在磁场中会受到安培力的作用。导线中的电流是由大量自由电子的定向运动形成的，运动的自由电子在磁场中受到洛伦兹力的作用，这些电子又不断与晶格点阵上的原子实发生碰撞，最终将所获得的冲量传给了导体，从而使金属导线本身受力。所以，载流导线在磁场中受到的安培力，是磁场作用在各个做定向运动的电荷上的洛伦兹力的宏观表现。电流元在磁场中受力如图 5.6 所示。

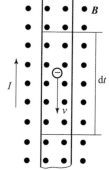

▶ 图 5.6　电流元在磁场中受力

因此，可从单个定向运动的自由电子受到的洛伦兹力，导出一段载流导线在磁场中受到的安培力。在磁感应强度为 B 的区域内长度元 $\mathrm{d}l$ 上的洛伦兹力为

$$\mathrm{d}F = I \mathrm{d}l \times B \qquad (5-16)$$

利用安培定律和力的叠加原理，原则上可以计算各种形状的载流导线在磁场中所受的力，其通式为

$$F = \int \mathrm{d}F = \int_0^l I \mathrm{d}l \times B \qquad (5-17)$$

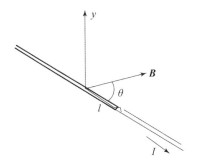

▶ 图 5.7 安培力示意图

在上述电磁学原理的基础上，分析矩形截面轨道电磁轨道炮电感梯度的影响因素。矩形截面轨道发射器及其三视图所在坐标系如图 5.8 所示。体电流 I 由一侧轨道流入，流经电枢后从另一侧轨道返回，此时电枢受到两根轨道产生磁场的安培力作用，沿轨道做直线加速运动。从毕奥 – 萨伐尔定律入手分析，为分析过程的简化特作出如下假设：①不考虑趋肤效应，电流均匀分布在轨道中；②用电枢中心处的磁感应强度值代替整个电枢所在位置的磁感应强度。

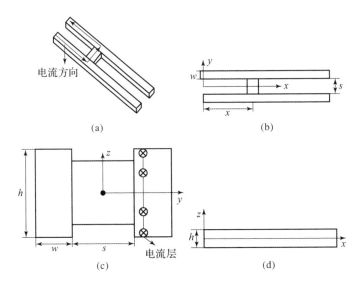

▶ 图 5.8 简单矩形截面轨道发射器示意图
（a）立体图；（b）俯视图；（c）左视图；（d）前视图。

若干连续的通电直导线组成电流层（图 5.9），L 为电流层中的任意一根导线，由于在实际轨道炮系统中，只有与电枢电流方向垂直的磁场才能对电枢产生加速力的作用，所以图中对 L 在 P 点（等效为电枢中心点）产生的磁场进行了分解，只须关心 $\boldsymbol{B}_1$ 分量即可：

$$B = \frac{\mu_0 x I_{体}}{4\pi wh} \frac{1}{\sqrt{y^2+z^2}\sqrt{y^2+z^2+x^2}} \tag{5-18}$$

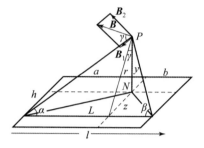

> ➤ 图 5.9　电流层在空间一点产生的磁场示意图

$$\cos\lambda = \frac{y}{\sqrt{y^2+z^2}} \tag{5-19}$$

上两式可简化为

$$\boldsymbol{B}_1 = \frac{\mu_0 xy I_{体}}{4\pi wh(y^2+z^2)\sqrt{y^2+z^2+x^2}} \tag{5-20}$$

式中：$I_{体}$ 为通过轨道的体电流。在实际轨道炮系统运行中只有电枢所在位置和电枢之前的轨道接入回路，在图 5.9 中的直观表现就是 $b=0$，此时 a 表示接入回路轨道的长度，在图 5.8（b）所在坐系中表示为 x。对上式沿图 5.8（d）中 z 方向进行积分即可得到通电电流层在空间任一点产生的磁感应强度：

$$\boldsymbol{B}_{面} = 2\int_0^{0.5h} \boldsymbol{B}_1 \mathrm{d}z = \frac{\mu_0 I_{体}}{2\pi wh}\cot\frac{xh}{y\sqrt{4y^2+4x^2+h^2}} \tag{5-21}$$

对上式沿图 5.8（c）中 y 方向进行积分即可得到矩形截面轨道在电枢中心处产生的磁感应强度：

$$\boldsymbol{B}_{体} = 2\int_{0.5s}^{0.5s+w} \boldsymbol{B}_{面} \mathrm{d}y \tag{5-22}$$

利用电磁轨道炮作用力定律计算获得的电枢受力应该与利用通电直导线在垂直恒定磁场中受力原理的计算结果一致，所以：

$$F = BIS = \frac{1}{2}L'I^2 \tag{5-23}$$

可得：

$$L' = \frac{2s\mu_0}{\pi w h} \int_{0.5s}^{0.5s+w} \cot \frac{xh}{y\ \sqrt{4y^2 + 4x^2 + h^2}} dy \qquad (5-24)$$

根据上述分析，电感梯度值的大小与发射器的结构、尺寸、轨道截面形状等因素有关。

上述分析结果是基于轨道中电流均匀分布这一假设。但实际上，电磁轨道炮工作时间一般为毫秒，类似通入脉冲电流，导体中通入脉冲电流或者交变电流时，导体因外部变化的磁场而在内部产生感应电流，导致导体内电流分布不均匀且集中在表面薄层的现象，称为趋肤效应，又称为频率趋肤效应。这个薄层的厚度称为趋肤深度，其计算公式为

$$\delta = \sqrt{\frac{1}{\pi f \mu \sigma}} \qquad (5-25)$$

式中：μ 为导线的磁导率；σ 为导线的电导率；f 为电流频率。

此外，电枢高速运动也会对其中的电流密度分布产生影响，称为速度趋肤效应，如图 5.10 所示。频率趋肤效应和速度趋肤效应使得电流仅分布于轨道与电枢的表面。因此，在分析电感梯度时，还需利用趋肤深度对电感梯度公式中的发射器尺寸进行修正。所以，电感梯度除与发射器的结构、尺寸、轨道截面形状等因素有关外，还受轨道和电枢的材料电导率及磁导率影响。

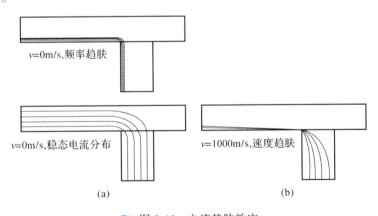

▼ 图 5.10　电流趋肤效应
（a）频率趋肤效应；（b）速度趋肤效应。

5.2.2　电磁轨道炮系统结构组成

电磁轨道炮系统由充电电源、脉冲电源、轨道及固定结构、电枢、测量

系统和控制系统组成。图 5.11 是常见电容储能型电磁轨道发射装置基本组成。

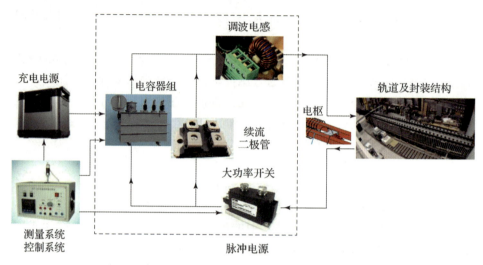

（1）充电电源。充电电源是电磁轨道发射的能量来源，主要作用是为脉冲电源提供能量。

（2）脉冲电源。脉冲电源的作用是为发射装置提供脉冲大电流，目前用于电磁轨道发射的脉冲电源可分为电容储能型、电机储能型和电感储能型三类。其中，电容储能型脉冲电源技术最为成熟，应用最为广泛。电容储能型脉冲电源主要由电容器组、调波电感、续流二极管、大功率开关等部分组成。为达到较大的放电电流和获得合适的电流波形，电磁轨道发射装置通常由多个脉冲电源模块同时供电，并且各脉冲电源模块之间采用时序放电的工作模式。

（3）轨道及封装结构。轨道的作用是传导电流、产生电磁力并支撑电枢运动，通常由导电性和耐磨性良好的金属材料制成，轨道的长度、宽度、间距等参数对电枢可达到的速度具有重要影响，是电磁轨道发射装置重要的设计参数。轨道的截面形状对电接触性能有重要的影响，常用的轨道截面形状主要有矩形、跑道形、D 形等。封装结构起到固定轨道、使轨道与其他结构绝缘的作用，包括绝缘支撑和包封两部分。

（4）电枢。电枢在工作时需要通过脉冲大电流，是承载电磁力的主要部件，起推动弹丸或其他载荷运动的作用，电磁轨道发射装置性能的优劣很大程度上取决于电枢设计。按照工作形态可将电枢分为等离子体电枢、固体电枢和混合电枢。等离子体电枢是由高温高压等离子传导电流的电枢形式，电枢可在电磁轨道发射装置中直接产生。例如，将铜丝或铝箔置于载荷之后，借由脉冲大电流使铜丝或铝箔汽化形成等离子电枢。早期的电磁轨道发射装置多采用等离子体电枢，并实现了小质量载荷的超高速发射，但等离子电弧会对轨道造成较强的烧蚀。目前，试验研究中更多的是采用固体电枢，固体电枢是通过固态金属传导电流的电枢形式，一般由金属片叠成或由块状金属加工制成，固体电枢电阻小、压降低，速度在 3km/s 以下时固体电枢具有更好的性能。混合电枢由固态导体以及跨接在该导体和轨道间的等离子体电枢组成，混合电枢同样会对轨道造成烧蚀。

（5）测量系统。测量系统的主要作用是用来测量电磁轨道发射装置的状态参数，主要包括脉冲电源的充电电压、炮口电压、放电电流和电枢内弹道位置。电压的测量方法较多，采用较大的电阻分压方式即可实现。状态参数中放电电流和电枢速度的测量与其他领域中电流和速度的测量有较大差异。由于放电电流强度可达到兆安级，常规电流测量方法已不能满足要求，一般采用罗氏线圈测量主回路附近的磁场变化，再通过数学计算换算为主回路中的电流。电磁轨道发射中电枢内弹道位置的测量一般采用 B 点环线圈测量磁场变化来实现，获得电枢的位移后可以通过取微分的方式得到电枢的内弹道速度。

（6）控制系统。控制系统主要作用是控制脉冲电源充电、脉冲电源放电、脉冲电源剩余电压的泄放等。由于电磁轨道发射过程中涉及高压、大电流，控制系统通常都是通过光纤进行控制信号的传输，以此来进行控制系统和主回路之间的电气隔离。

5.2.3　电磁轨道炮工作过程及主要性能指标

1. 电磁轨道炮工作流程

电磁轨道发射装置每次发射电枢一般需经过发射准备、电枢发射和发射后处理三个阶段，每阶段的主要内容如图 5.12 所示。

（1）发射准备阶段。此阶段主要进行发射参数计算、电枢（载荷）填装和脉冲电源的充电（蓄能）等电枢和载荷发射前的准备工作。载荷出口速度的调控通过调节脉冲电源的放电参数来实现，因此电枢发射前需要根据载荷的质量和预计达到的出口速度计算脉冲电源充电电压、放电时序、内弹道长度等参数。计算获得上述参数后，可由控制系统生成相应的控制信号，进行电枢和载荷的装填、脉冲电源各模块的充电等过程。电枢尺寸通常略大于电

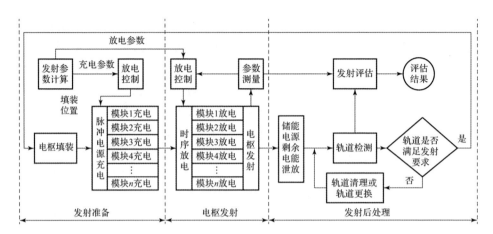

▶ 图 5.12　电磁轨道发射装置工作流程

磁轨道发射装置的口径，填装时一般需要专用的填装机构。电枢填装深度要大于 4 倍口径，这样才能保证馈入电流的轨道产生最大电磁力。

（2）电枢发射阶段。此阶段主要进行电枢发射和状态参数的测量。控制系统生成脉冲电源各模块的触发放电信号，各电源模块时序放电，轨道和电枢通过脉冲电流，产生电磁力，实现电枢和载荷的发射。此过程中的脉冲电流、炮口电压、电枢速度等状态参数被测量记录，用于反馈控制放电参数和发射后处理阶段的评估等工作。

（3）发射后处理阶段。此阶段主要进行脉冲电源剩余电能的泄放、轨道检测和发射评估等工作。电枢发射完毕后脉冲电源中一般会剩余部分电压，通常需要将其泄放后才能进行下一次脉冲电源充电。此外，需要进行轨道的检测和清理等，若轨道损伤严重，还需要进行轨道的更换。电枢发射阶段测量获得的状态参数此时用于评估该次发射的效果。

2. 发射过程脉冲电流变化

电磁轨道炮发射时，控制电源模块放电为轨道与电枢回路通入脉冲电流。根据发射过程中脉冲电流曲线可将发射过程划分为电流上升段、电流平顶段、电流下降段、电弧烧蚀段四个阶段。典型的电磁轨道炮电流、速度、位移曲线与阶段划分如图 5.13 所示。

（1）电流上升段。电流上升段电流从 0 上升到兆安级峰值 I_p，如图中 oa 段所示。过程初始，电枢只受机械压力，随着电流上升，电枢所受电磁推力从 0 快速上升至兆牛级峰值，在此过程中电枢逐渐克服摩擦力向前运动。由于电枢加速时间非常短，电枢位移仅为 $0.2 \sim 0.3 \mathrm{m}$。此阶段存在短时固定电

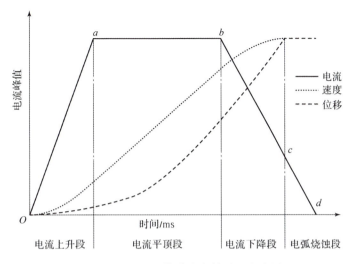

接触和低速滑动电接触，具有导通电流、电枢受力变化剧烈，电枢速度、位移较小等特点。

（2）电流平顶段。电流平顶段电流维持在峰值 I_p，如图中 *ab* 段所示。电枢受兆牛级峰值电磁推力，克服电磁接触压力产生的滑动摩擦力向前运动，电枢几乎恒定加速。此阶段属于典型的滑动电接触，具有导通电流、电枢受力基本维持不变，电枢速度、位移迅速增加、速度趋肤效应明显等特点。

（3）电流下降段。电流下降段电流从峰值 I_p 迅速下降到 0，如图中 *bd* 段所示。根据设计理念不同，电枢出炮口电流值可为峰值电流的 20% ~ 90%；电枢所受向前推力和枢轨接触压力迅速从兆牛级峰值下降到 0，当枢轨接触压力降低到小于维持该电流所需要的接触压力值时，枢轨接触会明显变差。电流下降段具有导通电流、电枢受力迅速下降，电枢速度增加变缓、位移增加迅速等特点。

（4）电弧烧蚀段。电枢出炮口后，电流最终以电弧放电的形式消耗掉，如不采取措施，可对轨道炮口段产生电弧烧蚀，如图中 *cd* 段所示。电弧烧蚀段导通电流不对电枢做功，仅以焦耳热形式消耗掉，此阶段实际上电枢已出炮口，枢轨电接触已转为两导电轨道间电弧接触。

3. 电磁轨道炮主要性能指标

衡量电磁轨道发射装置性能的指标有很多，如出口速度、出口动能、能量转换效率、精度、使用寿命等。出口速度是发射装置最直接的性能指标，通过测速仪器即可直接测得。出口动能是反映发射装置毁伤威力的指标，可以通过出口速度来计算出口动能。能量转换效率反映的是将储存电能转换为出口动能的能力，也是反映发射装置性能的一项重要指标。精度是反映发射装置打击准确度的指标，其与外弹道参数相关。使用寿命是反映发射装置可用时间的指标，主要由轨道的损伤程度来决定。综合来看，电磁轨道发射装置最为关键的指标为电枢出口速度与系统能量转换效率。

1）电枢出口速度

电枢的出口速度可表示为

$$v = v_0 + \int_0^t a\mathrm{d}t \tag{5-26}$$

式中：v_0 为初始速度；a 为电枢加速度。

2）能量转换效率

假设电枢发射后残留在发射装置中电感和轨道的能量 100% 被能量回收装置回收，则系统能量转换效率可表示为

$$\eta = \frac{E_v}{E_s} \tag{5-27}$$

式中：E_v 为电枢出口动能；E_s 为系统消耗能量。电枢出口速度与系统能量转换效率受轨道的等效电感梯度、电枢质量及系统电气参数等影响。

5.3　电磁轨道炮用枢轨材料

轨道发射器是电磁轨道炮最重要的组件，其组成与传统火炮截然不同，它由轨道和绝缘体构成内腔，高强度的绝缘复合材料作为填充与支撑，在多层纤维复合材料或钢壳的约束下构成复合身管，电枢与之配合，可在轨道上滑动。典型轨道发射器截面如图 5.14 所示。

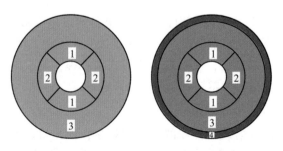

▶ 图 5.14　典型轨道发射器截面图

1—铜轨道；2—绝缘材料；3—绝缘包封装置；4—钢壳。

（1）导电轨道。轨道需能够传导兆安级电流，为电枢提供电磁推力，承受扩张力、保持轨道与电枢间良好接触。

（2）绝缘支撑。确定轨道之间间距，承受包封装置对轨道施加的预紧力，保证轨道之间的绝缘。

（3）包封装置。对轨道和绝缘支撑组成的核心施加预紧力，以保护轨道免遭电磁扩张力破坏，是决定身管平直度的关键组件。

电磁轨道炮发射过程中，电流可达兆安级、电枢速度可达 2km/s 以上，电枢与轨道发生高速相对运动，产生大量的热量。因此，枢轨材料的实际工况环境较为恶劣，直接影响材料的使用性能，这也对枢轨材料的设计、制造、失效防护提出了更为苛刻的要求。

5.3.1　枢轨材料的电热工况

电磁轨道炮发射过程中产生的热量主要包括枢轨自身电阻生热、接触电阻引起的焦耳热和摩擦力引起的摩擦热三部分。

1. 轨枢自身电阻生热

所有导电设备共同的特点是伴随着电流的流通会产生焦耳热。枢轨自身电阻产生的热量可表示为

$$Q_r = \int_0^t i^2 R_g \mathrm{d}t \qquad (5-28)$$

式中：i 为脉冲电流值（与时间 t 相关）；R_g 为枢轨电阻。

需要注意，因电磁轨道炮发射过程中脉冲电流及电枢高速运动所产生的电流趋肤效应，导致枢轨电阻产生的热量在枢轨中分布并不均匀。研究人员对电磁轨道炮发射过程中枢轨内电流分布及产生的焦耳热分布进行模拟仿真（如图 5.15 ~ 图 5.17 所示），结果显示电流主要集中在电枢的头部、电枢尾翼

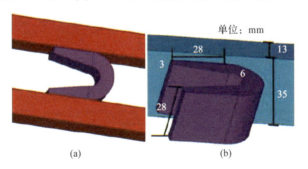

（a）　　　　　　　　　　（b）

▶ 图 5.15　电枢和轨道的模拟模型

（a）枢轨三维计算模型；（b）枢轨结构尺寸。

的端部及边缘位置，电枢头部拐点位置处的电流密度值最大。轨道部分则是内侧边缘位置上电流密度最大。枢轨上电流产生的焦耳热的分布与电流密度分布相对应。

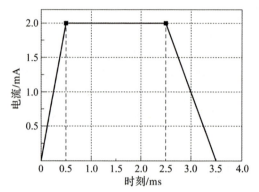

▼ 图 5.16　模拟施加梯形波电流激励波形

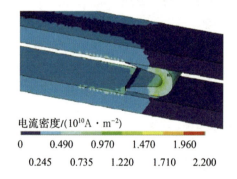

电流密度/(10^{10}A · m^{-2})

0	0.490	0.970	1.470	1.960
0.245	0.735	1.220	1.710	2.200

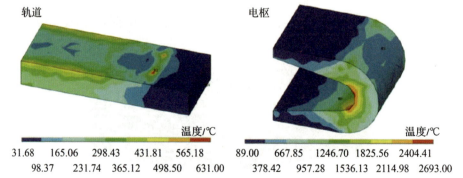

▼ 图 5.17　2ms 时电枢和轨道电流密度及温度分布模拟结果

2. 接触电阻与焦耳热

接触电阻是所有电接触最重要也是最普遍的特征，电枢与轨道之间的接触电阻是反映滑动电接触性能的一个重要指标。

接触电阻受到接触压力、接触面积和材料硬度等因素的影响。金属－金属电接触理论认为，两种金属实际的接触面由一些接触斑点构成，且接触表面覆盖着氧化膜，如图5.18所示。

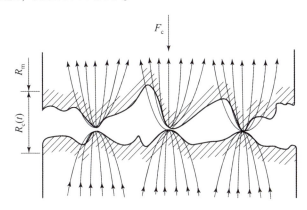

▶ 图5.18 金属－金属接触斑点示意图

图5.18中，F_c为接触压力，$R_c(t)$为接触电阻，R_m为导体电阻。接触电阻$R_c(t)$是氧化膜电阻$R_f(t)$和收缩电阻$R_s(t)$之和，即：

$$R_c(t) = R_f(t) + R_s(t) \qquad (5-29)$$

电枢填装入轨道时，电枢和轨道表面氧化膜被摩擦破坏，因此可以认为接触电阻主要为收缩电阻，即：

$$R_c(t) = R_s(t) \qquad (5-30)$$

收缩电阻与金属的基本特性和电阻率相关。Holm的研究表明，单个接触斑点的收缩电阻$R_s'(t)$可以表示为

$$R_s'(t) = \frac{\rho_1 + \rho_2}{4a} \qquad (5-31)$$

式中：ρ_1和ρ_2分别为电枢和轨道材料电阻率；a为两种金属接触斑点半径。电枢与轨道一个接触面的接触电阻可表示为

$$R_c(t) = R_s(t) = \frac{\rho_1 + \rho_2}{4\sum a_i} \qquad (5-32)$$

式中：a_i为第i个接触斑点的半径

金属与金属间的有效接触面积与接触压力存在近似的线性关系，即：

$$A_c = \eta \frac{F_c}{H} \qquad\qquad (5-33)$$

式中：A_c 为有效接触面积；F_c 为接触压力；H 为接触对中较软材料的硬度；η 为弹性形变的修正系数，接触压力很大时，取值一般小于 0.1。

假设电枢和轨道间实际接触斑点大小一致且分布均匀，接触斑点半径都为 a，接触斑点共有 n 个，则有：

$$A_c = n\pi a^2 \qquad\qquad (5-34)$$

将式（5-32）~式（5-34）联立，可得接触电阻的计算模型为

$$R_c(t) = \frac{\rho_1 + \rho_2}{4} \left(\frac{\pi H}{n\eta F_c} \right)^{\frac{1}{2}} \qquad\qquad (5-35)$$

接触电阻曲线能够揭示发射过程中滑动电接触的变化规律。尽管接触电阻受接触压力、温度和发射条件等多种因素影响，细节处存在不同，但还是能够归纳出典型枢轨接触电阻变化曲线，如图 5.19 和图 5.20 所示。

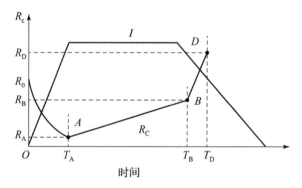

▶ 图 5.19　典型接触电阻变化趋势

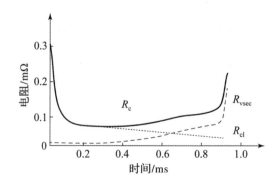

▶ 图 5.20　接触电阻随时间变化曲线

从零时刻至出膛，接触电阻的变化趋势对应图中 $O-A-B-D$。在 O 时刻，初值接触电阻 R_0 较大；$O-A$ 段接触电阻一直在减小，在 A 点达到最小值 R_A，通常 T_A 比电流上升时间短；$A-B$ 段接触电阻基本呈线性增大，在 T_B 时刻接触电阻增大到 R_B；B 点是明显的接触转捩点，$B-D$ 段曲线反映了枢轨接触从局部开始产生小电弧发展到转捩的过程中接触电阻的快速增加。由此可见，接触电阻存在先减小、后增大的过程，其幅值变化可达 10 倍以上。

轨道炮枢轨滑动电接触所传输的电流在百千安到兆安级，接触电阻在零点几毫欧，持续时间在毫秒级，巨大的电流必然在枢轨接触区域产生巨大的焦耳热。枢轨滑动接触面上流经电流所产生的焦耳热为

$$Q_j = \int_0^t i^2 R_c \mathrm{d}t \tag{5-36}$$

接触电阻产生的热量从电枢与轨道相接触的表面向两者内部传递，热量分配系数可近似表示为

$$\lambda = \frac{k_1}{k_1 + k_2} \tag{5-37}$$

式中：λ 为加载于轨道侧热量分配系数；k_1、k_2 分别为轨道和电枢材料的热导率。

3. 摩擦及摩擦热

摩擦是一种普遍的现象，两个接触的物体发生相对运动时会产生滑动摩擦。滑动摩擦是枢轨滑动电接触过程中产生热量的另一个重要来源。准确地评估摩擦时释放的热量是非常困难的，一般认为枢轨系统摩擦力做功全部转化为热量，则枢轨系统滑动摩擦产生的摩擦热为

$$Q_f = \mu \int_0^t F_c v \mathrm{d}t \tag{5-38}$$

式中：μ 为滑动摩擦系数；F_c 为接触压力；v 为电枢速度，与时间 t 相关。

显然，摩擦热不仅与接触压力、动摩擦系数有关，还与电枢的滑动速度有关。同样，滑动摩擦产生的热量向电枢与轨道内部传递。

5.3.2　枢轨材料的主要失效形式

电磁轨道炮发射过程中电流可达兆安级、电枢速度达 2km/s 以上，持续时间仅为毫秒级。同时，电枢和轨道接触面之间不但存在高速运动、材料软化、张力变形等力学现象，还存在电阻热、电弧等一系列电学行为，且相互间存在复杂的交互作用，因此枢轨间滑动点接触状态极为恶劣，易产生烧蚀、转捩、刨削损伤。

1. 熔融烧蚀

电磁轨道炮发射时，电枢与轨道处于高速滑动电接触状态，电枢与轨道接触面在短时间内产生的大量热会导致枢轨接触面温度超过材料熔点，使枢轨材料熔化。使枢轨温度升高的热量来源于两个方面：一方面是电流产生的焦耳热；另一方面是电枢和轨道接触面相对滑动产生的摩擦热。在电枢内部，焦耳热功率和电流密度分布基本一致，电流分布主要受到电枢构型和电枢速度的影响。电枢速度主要通过速度趋肤效应对电枢内部电流分布产生影响，速度趋肤效应使通过电枢的电流向电枢的后部集中，其效果是使焦耳热的生成集中于电枢的尾部区域，并且电枢速度越高，电流速度趋肤效应越明显。

实际上，试验观察到的电枢熔化是从电枢尾部开始的。在摩擦热方面，如前所述，电磁轨道发射装置发射过程中，电枢与轨道间高速滑动将产生摩擦热并向电枢和轨道传导。枢轨材料熔化会使轨道和电枢表面微观组织呈现气孔、凹凸、裂纹或产生堆积物，甚至形成枢轨材料的互熔层（如图 5.21 ~ 图 5.24 所示）。

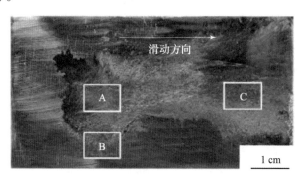

滑动方向

A   C

B

1 cm

▼ 图 5.21　铜/金刚石复合材料电烧蚀后宏观形貌

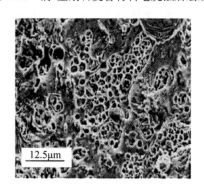

12.5μm

▼ 图 5.22　再结晶形成的圆球形微孔

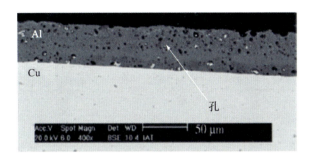

▼ 图 5.23　Cu 轨道上带有气孔的 Al 熔层

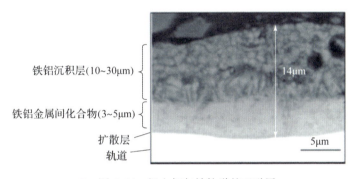

铁铝沉积层(10~30μm)

铁铝金属间化合物(3~5μm)

扩散层

轨道

14μm

5μm

▼ 图 5.24　铝电枢与铁轨道的互融层

电枢除出现上述受热熔化现象外，还会因转捩现象熔化烧蚀。电磁轨道炮采用大电流型的脉冲电源，发射过程中的大瞬态电流会形成电弧，产生大量的热量。在电枢的超高速滑动中，这些热量能够使得电枢与轨道接触部位发生烧蚀熔化甚至气化。导致枢轨界面电弧烧蚀最为直接的因素是转捩的产生。转捩是指电磁轨道炮中枢轨界面由固体－固体或固体－液体－固体电接触转化为固体－等离子体－固体电接触的现象。等离子体的出现为引弧提供了条件，超高速滑动的电枢磨损产生的金属蒸气态流为电弧存在的主要形态（图 5.25）。此类电弧对电极的热流传输十分集中，加上电流在轨道表面的趋肤效应，局部升温导致电极和轨道材料软化甚至熔化（图 5.26）。

研究认为，电枢转捩是由于电枢与轨道间失接触或接触压力不足引起的。研究人员对电枢转捩过程提出了熔化波模型，认为电枢发射过程中受到速度趋肤效应的影响，通过电枢的绝大部分电流集中在电枢的后边缘，电枢后缘焦耳热相对集中，当此处温度达到电枢熔点时电枢开始熔化，熔化的电枢材料在电磁力作用下向电枢尾部空间喷射出去，电流向新形成的尾部边缘集中，从而形成一个由电枢尾部向头部推进的熔化波，当熔化波烧穿电枢与轨道接触面时，电枢与轨道转为电弧导电，形成转捩。熔化波烧蚀模型如图 5.27所示。

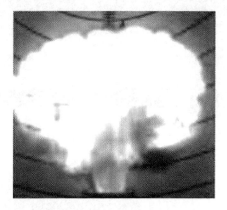

▶ 图 5.25 高速金属射流

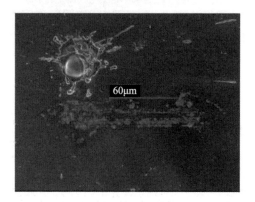

▶ 图 5.26 Cu－W 轨道表面电弧侵蚀形貌

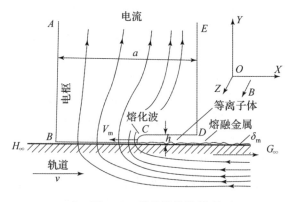

▶ 图 5.27 熔化波烧蚀模型

熔化波模型基于电枢熔化的形成过程，但不能解释许多试验中电枢熔化不严重而发生的转捩现象。试验中发现，轨道的振动、电枢运动不平稳、轨道及电枢形变、电枢内部涡流等也会引起电枢与轨道间失接触或接触压力不足，进而导致电枢转捩的产生。

2. 轨道刨削

刨削作为轨道损伤的主要表现之一，是指电枢和轨道在高速滑动接触时在轨道表面产生液滴状损伤的现象，其典型形状如图5.28所示。

▼ 图5.28　典型轨道的刨削现象

统计众多的试验结果发现，刨削只在电枢达到一定速度后才会产生，这种特定材料和负载环境下刨削出现的最小速度称为刨削阈值速度。试验研究表明，刨削阈值速度与滑动副材料特性、接触表面状况和负载大小有关。屈服强度较大的材料刨削阈值速度也会较大，并且刨削阈值速度与材料强度/密度的比值近似呈线性关系，如图5.29所示。

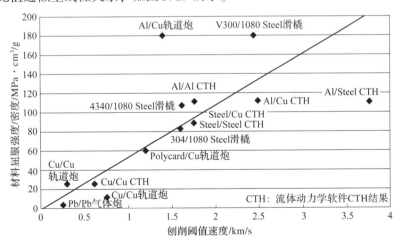

▼ 图5.29　刨削阈值速度与材料强度/密度拟合曲线

研究显示，轨道刨削机理包括平行冲击热动力学模型和电枢非平稳运动模型两种。

1）"平行冲击热动力学"模型

该模型认为轨道刨削是由电枢与轨道表面的一些微凸体碰撞引起的，如图 5.30 所示，微凸体可能来源于电枢熔化后附着在轨道表面的材料或轨道表面本身的加工缺陷。

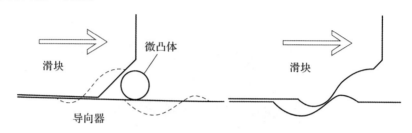

▼ 图 5.30　平行冲击热动力学模型

2）"电枢非平稳运动"模型

电枢非平稳运动也被认为是刨削产生的重要原因，而电枢非平稳运动来源于两方面：一是当电枢磨损严重时，两侧面由于接触面积不相等导致电枢法向受力出现偏差；二是发射过程中电枢滑动引起轨道在垂直于电枢方向上产生动态响应形变，即轨道发生振动。电枢与发生形变的轨道滑动接触时，根据轨道接触点的位移方向、速度方向以及接触点附近轨道倾斜方向的不同，电枢与轨道可以处于八种接触模式，如图 5.31 所示。

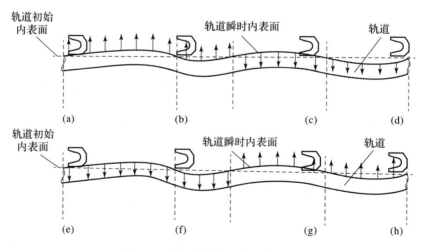

▼ 图 5.31　电枢与轨道的接触模式示意图

因此，刨削产生的微观机理可以初步解释：一是枢－轨高速相对运动是产生刨削的基础；二是在高速运动中产生的表面冲击和摩擦磨损引起的塑性变形是产生刨削的缘由；三是轨道表面不规则以及摩擦和电流产生的热效应加剧了轨道材料表面的塑性变形；四是塑性变形造成枢－轨摩擦表面进一步不规则，枢－轨之间的剪切力直接促使了刨削坑的形成。

从上述轨道刨削机理的分析来看，影响轨道刨削现象的主要因素包括材料的硬度、密度、屈服强度和枢轨接触界面的高温特性。

3. 摩擦磨损

超高速摩擦磨损对轨道表面造成的损伤相对上述两种失效机制更为轻微，但其危害也不容轻视，连续发射累积的影响将直接导致轨道完全报废。

Rachel Monfred Gee 等在研究不同成分的铜基合金轨道材料时发现，轨道材料表面存在摩擦磨损失效，主要表现为材料的转移与剥落，十次发射试验后形成的剥落坑最深，达到 $70\mu m$。Khershed P. Cooper 等在电磁轨道炮多次试射后发现位于炮膛前端的轨道表面犁沟深度大于后端且犁沟深度随发射次数呈线性增长的趋势（图 5.32），并指出枢轨界面间隙的不对称是犁削作用的根本原因。此外，研究人员通过对 Cr－Cu、IDs－Cu、Be－Cu 及 Al－55 不同轨道材料的电磁、热量和应力的综合模拟分析，发现轨道表面犁削的主要原因是材料屈服应力低于局部高应力和局部温度升高带来的材料软化。

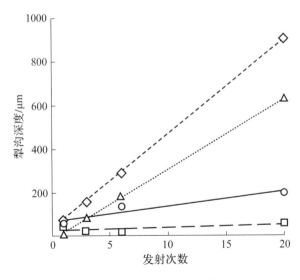

▼ 图 5.32 犁沟深度与发射次数的关系

5.3.3 枢轨材料

为满足电磁轨道炮工作时复杂的电 – 热 – 力工况要求，枢轨材料的选择主要从以下方面考虑：①枢轨材料能耐高温，有较高的能量吸收率，以提高接触点转移的临界温度，防止产生电弧；②具有高导电性，以减少欧姆热的产生；③电枢材料与轨道材料硬度匹配，电枢材料硬度应小于轨道材料，以减少刨削和磨损等材料损伤。

在实验室发射装置研究阶段，各国技术人员在轨道的材料、结构和损伤机理方面开展了广泛研究，研究的主要轨道材料包括铝合金、黄铜、紫铜、铬青铜、铍青铜、钨铜、氧化铝弥散强化铜等，电枢材料包括钢、银、钼、纯铜、钨、镍、镁及铝合金等。研究表明，铝电枢在铝轨道上发射时接触电阻最小，且发射后的轨道表面状态最好，只从滑动电接触性能角度出发，铝合金也是一种可选用的枢轨材料。但铝合金材料导电率较低，强度、耐磨性和高温性能均低于铜材料；相较于铜合金材料，铬青铜强度高、导电性高、高温性能好、耐磨，且可以制备大长细比轨道坯料。铍青铜相比铬青铜，强度高、导电性低、高温性能好、耐磨性能优，但无法进行大长细比轨道坯料的制备。钨铜高温性能优于铬青铜，导电性能适中、硬度高、耐烧蚀、易碎裂，但无法制备大件坯料。氧化铝弥散强化铜是一种新型铜合金，在电磁炮研究领域受到广泛关注，其强度、导电性及软化温度可以满足电磁轨道炮轨道的使用要求。但现有的氧化铝弥散强化铜大多处在实验室研究阶段，还未达到量产和用于大长细比材料的制备，并且氧化铝弥散铜价格高昂，无法满足现阶段电磁轨道炮应用研究的需要。几种常用纯金属材料的相关物理特性如表5.1所列。

表5.1　几种常用纯金属材料的相关物理特性

金属种类	Ag	Cu	Al	Fe
电阻率/($10^{-8}\Omega \cdot cm$)	1.65	1.75	2.83	9.78
热导率/(W/(m·K))	420	401	237	60
熔点/℃	961	1084	660	1538

综合材料各方面性能，目前主要使用高强高导铜合金材料作为电磁轨道炮轨道的首选材料，理想状态下电导率可大于 5.31×10^7 S/m，强度超过500MPa，抗高温软化温度在870℃以上。美国研究的高强高导和耐高温的

C18200 铜合金轨道已经可达到数百发的使用寿命，并完成了 10 ~ 14m 长电磁轨道炮轨道的制备和试验。目前电磁轨道炮电枢材料普遍采用铜合金材料。某公司生产的 C18200 牌号铜合金材料产品性能如表 5.2 所列。

表 5.2　某公司生产的 C18200 牌号铜合金材料产品性能

密度 /(g/cm³)	热导率 /(W/(m·K))	电阻率 /($10^{-8}\Omega\cdot cm$)	热膨胀系数 /(10^{-6}℃)	熔点/℃
8.9	320	2.15	16.45	1070
弹性模量 /MPa	抗拉强度 /MPa	屈服强度 /MPa	洛氏硬度 /HRB	—
117000	530	450	75	—
成分				
Cu 余量 / Cr 1.0 / Fe 0.045 / Pb 0.0006 / Si 0.0065				

同时，为抑制枢轨材料损伤，从提高轨道和电枢加工及装配精度、优选枢轨材料体系和表面处理、优化轨道和电枢结构等方面开展了损伤抑制方法的研究。

1. 研发高强高导铜基复合材料

铜是一种导电性极好且经济性较好的金属，国内外研究者主要集中于高强高导铜基复合材料的研发，包括 Al_2O_3/Cu 复合材料、TiB_2/Cu 复合材料、弥散铜 – MOS_2 复合材料和石墨/Cu 复合材料等。

1973 年，美国 SCM 公司研发的 Glid cop 系列 Al_2O_3/Cu 复合材料在电磁轨道炮实弹试验中表现优异。这类材料具有优良的综合物理性能和力学性能，理想状态下可满足导电率大于 90% IACS、强度超过 500MPa、抗高温软化温度 870℃以上的要求。对 Al_2O_3/Cu 复合材料进行载流摩擦磨损试验发现，在氧化法制备条件下，该材料的抗磨损性能显著优于紫铜和铬青铜合金，且在大电流下以黏着磨损为主。对添加 Al_2O_3 颗粒的铜基复合材料进行耐电弧烧蚀性能研究发现，在一定浓度范围内，Al_2O_3 颗粒粒径越小且分布越均匀，烧蚀程度降低越显著。

20 世纪 80 年代，美国采用混合合金工艺制备了代号为 MXT5 的 TiB_2/Cu 复合材料，经95%的挤压冷加工后，强度可达675MPa，软化温度达到900℃。研究人员采用热压烧结法制备弥散铜 – MOS_2 复合材料，在进行载流摩擦磨损试验时发现摩擦副表面形成的自润滑膜有助于提高材料的耐磨损性能，通过添加体积分数为 0.5% 的纳米 SiC 显著提高了铜基复合材料的耐磨性。石墨/Cu 复合材料也引起了国内外的关注，石墨微粒具有良好的自润滑性、高熔点，抗熔焊性好和耐电弧烧蚀能力强，使得石墨/Cu 复合材料在保持高导电率、导热性能的同时具有良好的减摩润滑和抗热－电软化性能。

对于铜基复合材料，强度与导电性呈负相关，即提高导电性必然带来强度的降低。因此，实现铜基复合材料高强高导性能一直是电磁轨道炮轨道材料的研究热点。鉴于硬质元素对铜基复合材料的综合强化效应似乎难以实现重大突破，研究者通过添加稀土元素来净化组织、细化晶粒、改善铜/硬质相结合面，进一步提高铜基复合材料耐磨耐蚀、导电及力学性能。目前，稀土对铜基复合材料综合性能的影响规律、强化机理及工艺技术的研究还处于起步阶段。

2. 采用高热导率、高电导率、高熔点电枢材料

电枢材料对电枢和轨道的滑动电接触影响最为直接，采用高热导率、高电导率、高熔点电枢材料可在一定程度上抑制电枢的熔化。目前试验中采用较多的电枢材料是 70×× 系（Al－Zn－Mg－Cu 系）和 60×× 系（Al－Mg－Si 系）铝合金。这两类铝合金的电导率和热导率较高，但是熔点较低，物理性能如表 5.3 所列。

表 5.3　7075－T651、7050－T7451 和 6061－T651 牌号铝合金产品典型物理性能

牌号	密度 /(g/cm³)	热膨胀系数 /(10⁻⁶/℃)	熔点范围/℃	电导率 /(% IACS)	拉伸强度 /MPa	屈服强度 /MPa
7075－T651	2.82	23.6	475~635	33	572	503
7050－T7451	2.82	23.5	490~630	41	510	455
6061－T651	2.73	23.6	580~650	43	310	276

3. 采用轨道表面强化技术

表面强化技术是指在掌握各类材料表面失效机理后，通过表面涂覆、表面改性或多种表面技术复合强化处理，改变固体材料表面的形态、化学成分和组织结构，以获得所需的表面性能。由于符合装备全系统全寿命理念且满足维修保障要求，许多研究机构期望通过研发一种高强高导的耐熔先进涂层材料，在抑制电磁轨道炮轨道基体材料失效的同时为其损伤修复提供再制造成型技术。

1995 年，Nelson Colon 等运用等离子体源离子注入和离子束辅助沉积技术

制备了 TiN 和 TaN 两种电磁轨道炮轨道涂层，提高了轨道耐磨性能和抗电弧烧蚀性能。胡金锁等采用 B_4C 为主渗剂对 45 钢轨道表面渗硼强化处理后，进行实弹试验发现抗磨损和抗腐蚀能力均有提高。A. Shvetsov 等在研究柯普尔铜镍合金涂层对电磁轨道炮发射影响时发现，涂层轨道有利于减轻电流趋肤效应和提高弹丸出膛速度。Trevor Watt 等采用电镀工艺在 GlidCop A – 25 表面电镀不同厚度的 Al 涂层，实弹试验后对比发现可有效抑制轨道表面摩擦磨损。此外，还有利用基于轨道高温自生的瞬态流体膜对高速滑动接触副起润滑和保护作用的研究。

4. 优化电枢构型

C 形电枢是普遍采用的电枢构型，该构型电枢可较好地发挥电枢过盈压力和电磁压紧力的作用，但是在电枢拐角处电流密度较高，温升较大，对其进行优化设计能够一定程度改善电枢内部电流分布，从而抑制局部温升过高。电枢构型优化虽然能够改善焦耳热分布，但是焦耳热产生量并未降低，抑制效果有限。

5. 提高轨道和电枢的加工及装配精度

提高轨道和电枢的加工及装配精度，能够降低电枢出现不规则运动的风险，并减少轨道刨削的产生，但是该方法依赖于材料加工技术的进步，且并不能完全抑制轨道刨削的产生。

从目前的研究情况，虽然多种手段都取得了一定效果，但要获得更优的实用化电磁发射性能，对于枢轨材料的优化仍需要开展大量的研究工作。

5.4　绝缘支撑及身管包封材料

电磁轨道炮作为新型武器系统，需满足工程化使用的机动性、可靠性、稳定性和灵活性要求。除枢轨外，轻量的工程化身管也是帮助发射器摆脱繁杂结构，实现紧凑化和轻量化的重要部件。绝缘支撑及身管包封是身管的主要组件，在轨道发射装置中起到固定轨道、使轨道与其他结构绝缘的作用，其材料性能直接影响电磁发射装置的发射稳定性和使用寿命。

5.4.1　绝缘支撑材料的工况与失效

在电磁发射过程中，存在着力、电、热多重耦合作用，发射装置中的绝缘支撑结构破坏频发，尤其在重复运行发射过程中。由于电磁发射过程复杂，绝缘支撑结构的性能受到多种因素的影响。

绝缘材料的表面电阻率是衡量材料绝缘性能的重要指标。电磁轨道炮常用的绝缘材料表面电阻率一般大于 $10^{13}\Omega$，但在电磁发射过程中绝缘材料表面电阻率会有所下降。表面电阻率的降低将导致泄漏电流增大，降低系统效率，甚至产生危险。电磁发射过程中导致绝缘材料表面电阻率下降的主要因素包括烧蚀造成的碳化、绝缘材料表面的金属沉积、发射过程的冲击力使绝缘材料表面脱落等。因此，表面电阻率下降现象是烧蚀、金属沉积和冲击损伤三种因素共同作用的结果。

试验中还发现不同位置绝缘材料表面电阻率下降的主导机制有所差异。在电磁发射的起始阶段，由于焦耳热和摩擦热的作用，电枢发生融蚀。在运动到中部区域前，电枢速度还未达到很高，以致熔融铝液飞溅附着至绝缘板表面。多次重复发射电枢后显微观察发射器前半段可以发现金属熔融物形成的波状条纹（图5.33）。在电磁发射的后半段，由于电枢速度过快带来的冲击以及膛口较高的温度，膛口附近的损伤以烧蚀为主。对于表面电阻率，铝金属沉积会比烧蚀带来更为严重的影响。因此，表面电阻率会呈现先下降后上升的趋势（图5.34）。

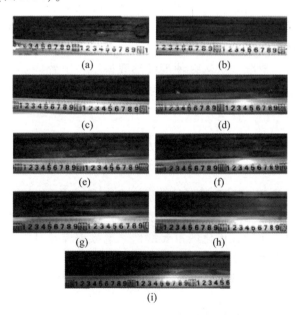

▶ 图5.33 不同位置绝缘支撑材料的损伤情况

(a) 10~20cm；(b) 20~40cm；(c) 40~60cm；(d) 60~80cm；(e) 80~100cm；
(f) 100~120cm；(g) 120~140cm；(h) 140~160cm；(i) 160~186cm。

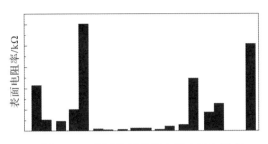

▶ 图5.34　不同位置绝缘支撑表面电阻率

5.4.2　绝缘支撑材料

从材料体系上看，有机高分子材料和无机非金属材料都可作为绝缘材料使用。有机高分子绝缘材料密度较小，有利于身管轻量化，而且有机高分子材料更容易制得大尺度构件，有助于身管整体装配。目前，常用的绝缘支撑材料有 G10（环氧树脂基玻纤复合材料）、聚酰亚胺和环氧玻璃层压布板等，都具有耐高温、低密度、高绝缘性、抗冲击和高强度等特点。但是，这些材料的抗烧蚀性能较差，在炮膛中经过长时间的喷溅烧蚀和轨道扩张回弹的冲击后，高分子材料会发生碳化和失效。为解决内膛烧蚀问题，国外研究机构已经采用陶瓷绝缘支撑来满足工程化身管的使用要求。国内对于陶瓷绝缘支撑也进行过发射实验，但目前传统 Al_2O_3 陶瓷还无法满足电磁轨道炮身管的使用要求，陶瓷的脆性和表面铝沉积物更易附着等问题导致使用效果不佳。所以，目前有机高分子绝缘材料和无机非金属材料都无法满足工程化身管内膛数百发的使用需求。

要解决这一问题，一方面可根据不同电磁炮性能设计，针对性选择绝缘支撑材料，加快武器化进程。如在小口径短身管中使用有机高分子绝缘材料，可以减轻身管质量，保持内膛整体直线度，达到武器化的使用要求。在大口径长身管中使用陶瓷绝缘支撑，陶瓷抗烧蚀能力可以减少大能量的身管内膛绝缘烧蚀。另一方面，随着材料技术的不断进步，研究出综合性能更优的复合材料并投入应用。如通过纤维复合强化改善陶瓷的脆性，将传统陶瓷的断裂韧性由 $1 \sim 5 MPa \cdot m^{1/2}$ 提升至 $15 \sim 20 MPa \cdot m^{1/2}$，或者通过有机高分子绝缘材料的复合改善高分子绝缘材料耐高温性能和抗疲劳性能，提高材料在轨道炮身管中的使用寿命。

5.4.3　身管包封工况及要求

前述已讲，发射过程中两轨道电流流动方向相反，轨道间存在相互作用的斥力,同时由于强电流通过电枢,固体电枢温度升高膨胀会对轨道产生作用力。因此,在发射过程中,两轨道间存在如图 5.35 所示的巨大电磁扩张力。此外,在发射过程中,身管要承受约 1 万标准大气压的压力流。这些特殊的工况条件使轨道炮身管的结构、力学特性、电热特性和材料选择等方面均与常规火炮不同。

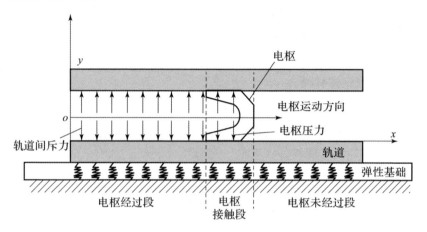

▶ 图 5.35 轨道力学载荷示意图

轨道炮身管应满足的主要条件包括:①身管的径向强度高,防止身管形变;②电感梯度越高越好(平轨 $0.4\mu H/m$);③质量较轻,美军 M1A1 坦克炮(120mm 滑膛炮)身管线质量约为 136kg/m,要实现轨道炮的武器化,身管质量应不超过这一数值;④为防止绝缘体与轨道之间的等离子泄漏,身管应能承受 $370 \sim 585MPa$ 的密封预紧预应力。

所以,满足实战要求的身管包封材料需在轻质的基础上,能提供足够的刚性和强度,保持身管尺寸稳定性,承受由轨道和绝缘体传送的电磁力,保持身管完整性。

5.4.4 身管包封材料

为保证轨道在电磁力的作用下不变形,试验轨道炮采用坚固的轨道防护装置对轨道进行固定和支撑,例如 Maxwell 公司 90mm 单发射击轨道炮。如图 5.36 所示,身管采用螺栓预紧钢结构,由铜轨道和 G-10 玻璃增强树脂复合材料构成绝缘内腔。这是试验身管最常用的方法,具有较好的绝缘和密封性能,但其庞大而沉重的结构难以实现实战应用,需要开发更有效的结构设计。

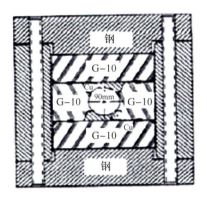

▶ 图 5.36 Maxwell 公司 90mm 轨道炮身管结构

工程化身管与实验室发射装置不同，工程化身管侧重于可靠性、稳定性和灵活性，紧凑化和轻量化是其标志。一般可行的身管结构包括两种：一种是层压钢结构，比实验室发射装置轻但特征相似；另一种是纤维增强包封复合身管结构。

实验室中设计和使用了很多类似的层压钢身管，因为这种结构避免了涡流的影响，电效率好，且容易安装和拆卸，可方便地更换轨道和绝缘材料。美国 IAP 研究所的电磁轨道身管就是典型的层压钢结构身管，如图 5.37 所示。身管从内向外的结构和材料：用相对的两组合金轨道（每组由 3 根轨道组成，轨道间设置绝缘材料）和相对的两个 G－10 绝缘材料 V 形组件构成的方形炮腔、增强的绝缘衬垫薄膜套、集成的轨道翅（与轨道材料相同）、多层环形 4340 高强度钢外壳及分布在方形外壳四周的 4 根纵向刚性杆。

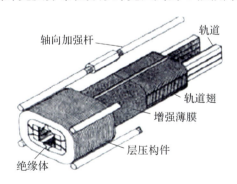

▶ 图 5.37 IAP 研究所层压钢电磁轨道炮管结构

IAP 研究所曾在这种结构的身管壳体中试验过 90mm、50mm、30mm 口径的轨道炮，证明其性能良好，炮腔径向变形很小。层压钢结构为轨道和绝缘材料提供良好的周向刚度和控制，但该身管的缺点很明显：轴向强度不足，密封性较差，作为战术装备应用则太重。

电磁轨道炮复合身管目前以纤维缠绕复合身管为主流。得克萨斯大学机电中心研制的90mm轨道炮身管就采用纤维增强包封方法。该身管采用层压钢管外包封复合材料外壳增加轴向的强度（图5.38）。从内到外的结构和材料：由两根相对的弥散增强铜轨道和两个相对的玻璃纤维增强环氧绝缘组件构成的圆形内膛、环氧衬套、轴向多层301不锈钢衬套和玻璃纤维/环氧外包封套。这种纤维增强包封复合身管结构可大大减轻身管质量，体积是此前得克萨斯大学机电中心研制的外壁为厚钢套的身管的1/6。SPARTA公司设计了一种轻质身管，如图5.39所示，采用纤维复合外套筒，将纤维合成物在周向和轴向紧绕在陶瓷绝缘支撑体上，而不再采用钢外套，使用环氧树脂基体可以降低身管的电导性，减少对电感梯度的影响，而且达到身管的线质量为136kg/m的设计目标。后续采用的碳纤维缠绕复合身管在性能上又得到了进一步提升。

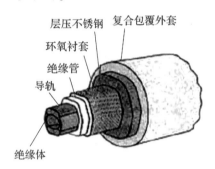
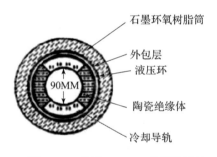

▶ 图5.38　得克萨斯大学机电中心90mm电磁轨道身管结构（新炮管）

▶ 图5.39　美国SPARTA公司设计的先进轨道炮身管结构

除结构设计外，在纤维缠绕复合身管研究探索过程中，还面临一些必须解决的设计和工艺难题。例如，如何保证缠绕后轨道与绝缘支撑组合成的身管内膛的内膛直线度和复合身管挠度，如何实现缠绕固化过程中对轨道所受电磁扩张力的预紧约束，纤维材料、纤维缠绕层复合材料缠绕预紧力的计算等问题。

目前，电磁轨道炮复合身管既可以采用热固型碳纤维环氧缠绕成型，也可采用热塑型碳纤维干法缠绕成型。热固型湿法缠绕成型后的身管由于是湿法缠绕，无法在纤维上施加预紧力，并且缠绕过程中无法控制环氧树脂和碳纤维的缠绕混合比例，成型后的复合身管轨道上没有施加预紧力，复合材料依靠自身成型后的强度约束轨道的电磁扩张力。热固型缠绕只能实现轨道的静态约束，在发射过程电磁力作用下，固化后的筒型复合材料发生弹性变形，轨道会产生一定的向外扩张位移，无法保证发射过程中的枢轨接触。而热塑型干法缠绕可以边缠绕边固化，在缠绕过程中对身管轨道施加一定的预紧力，成型后的身管是自预紧身管，能够更好地保证对轨道扩张力的约束。因此，热塑型缠绕方法更适合在电磁轨道炮工程化过程中解决身管自预紧问题。

练习题

5-1　电磁轨道炮系统包括哪几部分？每部分的主要功能是什么？

5-2　依据电磁轨道炮作用力定律，说明电磁轨道炮工作时，电枢所受前向推力受哪些因素影响？

5-3　电磁轨道炮工作时，轨道与电枢中的电流是否均匀分布？为什么？

5-4　电磁轨道炮枢轨材料的主要失效形式有哪些？

5-5　目前电磁轨道炮的枢轨材料有哪些？应根据材料哪些性能参数进行选型？导电轨道材料与电枢材料是否相同？为什么？

5-6　电磁轨道发射装置中绝缘支撑材料的功能是什么？发射过程中，绝缘支撑材料的失效原因有哪些？

第 **6** 章 　动能拦截器材料

　　动能武器是指能发射出超高速运动的弹头，利用弹头的巨大动能，通过直接碰撞方式摧毁目标的武器。它与常规弹头或核弹头不同，不是依靠爆炸能量去杀伤破坏目标，而是在与目标短暂而剧烈的碰撞中杀伤目标，如电磁发射武器和动能拦截武器。其中，动能拦截武器一般由助推火箭和动能杀伤拦截器两部分组成，与常规的爆炸性弹头不同，动能杀伤拦截器（kinetic kill vehicle，KKV）是助推火箭所载的这种自带动力系统的自主寻的飞行器。它采用高级自动寻的技术，实现高精度自主探测、制导、控制和对目标直接碰撞动能毁伤，是一种高精度、高机动、高智能、光电信息高度密集的信息化武器。一个典型的动能拦截器主要由探测系统、制导与识别系统及动力系统三部分组成。

　　动能拦截技术是现代空天防御战争中受到重视的一种拦截杀伤目标的方式，是在导弹技术基础上迅速发展起来的一项新技术。它是当前发展弹道导弹防御武器系统和其他防御武器系统的主要推动力，是发展现代防御体系的主要技术基础，是提高综合防空防天、中远程精确打击、海上封锁、陆上军事争夺及制电磁权等军事能力的重要手段。

　　本章主要介绍动能拦截器的概念、分类、工作原理以及服役环境，重点阐述动能拦截器的主要结构组成单元和相关关键材料，尤其是材料对于动能拦截器的发展推动作用。

6.1　动能拦截器概述

6.1.1　基本概念

　　动能拦截器借助高速飞行时所具有的巨大动能通过直接碰撞的方式摧毁目标，是动能拦截武器的核心部件之一，是新一代高层拦截防空导弹的末级，是一种小型化、自动寻的的新概念武器。

动能拦截器的主要构成包括寻的导引头、惯性测量装置、制导控制计算机及其软件、制导控制执行机构和辅助杀伤装置。作为一种飞行器，它采用自动寻的制导，通过高精度探测以及精确制导与控制，利用弹头超高速运动所产生的巨大动能与目标直接碰撞来杀伤目标。

与传统的防空导弹相比，动能拦截器具有如下特点：

（1）制导精度高，拦截脱靶量接近零。

（2）杀伤力强，可有效针对大规模杀伤性来袭弹头。

（3）轻质小型，机动性好。

（4）采用直接侧向力控制，可在大气层内外作战。

（5）省略引信和战斗部，安全可靠性高，避免引战配合问题。

6.1.2 动能拦截器分类

按照不同的动能杀伤方式，动能拦截器可分成两种类型：一种是拦截器本体直接碰撞杀伤，另一种是拦截器带有杀伤增强装置。

1. 直接碰撞杀伤拦截器

这种拦截器不带任何杀伤增强装置，它可以从地基发射阵地或从空间航天器上发射，要求具有很高的制导精度，通常在外大气层空间才有可能实现，一般用于反战略弹道导弹，由于在空间不受气动阻力的影响，体积小且质量轻。这种碰撞方式最典型的有大气层外轻型射弹（LEAP）和"智能卵石"（BP）。这类拦截器主要由导引头、弹上计算机、惯性测量装置和推进系统等组成。

2. 杀伤增强拦截器

当拦截器制导精度尚未达到本体与目标相撞时，杀伤增强装置能增大拦截器与目标碰撞的面积。杀伤增强装置可分为伞型和抛散型两种类型。美国的大气层外拦截器（ERIS）采用典型的伞型杀伤增强装置。这种杀伤增强装置是折叠式可以径向展开的伞状结构，把金属伞展开，迎着近于法线方向与目标相撞，以增大碰撞面积，提高杀伤概率。

大气层外拦截器的伞型杀伤增强装置前端是红外导引头，中心是可展开的杀伤机构。该装置重5.85kg，有一个掺杂金属粉末的塑料充气网，展开成八角形，展开直径为0.914~3m，以扩大拦截器杀伤机构的横剖面。

美国的增程拦截器（ERINT）采用典型的抛散型杀伤增强装置来杀伤目标。这种装置与战斗部有相似之处，在碰撞前抛出相对拦截器低速飞散的金属破片，以扩大碰撞面积。该装置采用24个质量为214g的破片，破片材料为金属钨。这些破片围绕弹体中心以低速径向速度向外抛散，形成以导弹为中心的破片圆环。这些圆环有效地增大了拦截器的直径，使目标或被拦截器本体碰撞或被破片击中。低速向外扩散破片方案的一个主要优点是减小了破片分布对引信引爆时间误差的敏感程度，使雷达导引头的测距数据足够精确，以引爆杀伤增强装置中的炸药，炸药爆炸为破片提供了低的径向速度。双保险引信也为飞行终止系统提供保险引信功能。该杀伤增强器长12.7mm，质量约11.1kg。

动能拦截技术按摧毁目标高度的不同，可分为大气层外动能拦截器、大气层内动能拦截器和大气层内外动能拦截器。按稳定控制方式的不同，可分为三轴稳定动能拦截器和单轴稳定动能拦截器。前者既有轨道控制系统，也有姿态控制系统，后者没有姿态控制系统。

6.2　动能拦截器工作原理与关键技术

6.2.1　工作原理

动能拦截器从发射到摧毁目标，其飞行过程主要可以分为三个阶段（图6.1），即初始段、中段和末段。初始段从拦截器发射至与助推火箭分离，主要在大气层内；中段从拦截器与助推火箭分离至末段导引头锁定目标，主要在大气层外；末段从导引头锁定目标至拦截器拦截到目标。

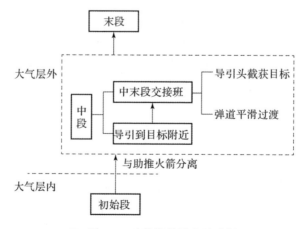

▶ 图6.1　动能拦截器飞行过程

其中，中段制导的目标主要是将拦截器导引到目标附近，使其进入导引头作用范围内，由于拦截器中制导段的末态就是末制导段的初态，在中末交接班点附近易因过载指令的剧烈变化而引起弹体的不稳定，因而中段制导必须同时确保中末段弹道的平滑过渡。理想的中段制导设计，应该能在整个中制导过程中使拦截器工作在过载性能的最佳状态，尽量节省能量和飞行时间，并且尽早使拦截器相对目标的几何关系达到最佳状态。精确可靠的中段制导是末段成功拦截的前提，对于实现整个拦截器系统的作战效能具有重要意义。

根据物理学基本原理，任何运动的物体都具有动能。动能大小与物体质量和速度的平方成正比。物体的动能可以通过直接碰撞传递给另一个物体，并使之遭受损伤。经计算与试验验证，当两个飞行器的相对速度大于 5km/s 时，动能拦截器的质量只需 40g 就能实现有效的杀伤。如果动能拦截器的质量为 2.3kg，相对速度为 10km/s，其相撞的动能相当于 73kg 的 TNT 爆炸所释放能量，大约是摧毁一枚洲际弹道导弹所需能量的 100 倍。

由于动能拦截器省略了引信和战斗部，既减轻了质量又提高了安全可靠性，但同时又要求具有更高的精确性，以完成与目标的直接碰撞。因此，需要有高精度制导和快速响应控制作为其技术保证，从而带动了高精度红外成像导引头和直接侧向力等新技术的发展。

在美国空军发展的动能拦截器中，最具代表性的是"小型寻的拦截器"（mini-homing vehicle，MHV）。该动能拦截弹以拦截器为弹头，辅以两级助推火箭，组成机载动能拦截弹。该导弹全长 5.4m，直径为 0.5m，起飞质量为 1225kg。其中，MHV 长为 0.3m，直径为 0.33m，质量约 15kg，由 1 个长波红外探测器、8 个红外望远镜、56 个小型侧喷固体火箭发动机和弹上计算机、激光陀螺仪等组成。为保证 MHV 有良好的探测视场与距离以及较高的跟踪精度，导引头采用红外（长波红外探测器）与可见光（红外望远镜）组合探测的方式，首先由 8 个红外望远镜在距目标较远时大范围搜索目标，一旦捕获目标，进入长波红外探测器的有效距离内，则转入红外精确跟踪。激光陀螺仪作为 MHV 的惯性测量组件，确定拦截器自身的姿态。沿 MHV 周向均匀排布的 56 个小型测喷固体火箭发动机作为直接侧向力组成姿轨控系统，通过自旋稳定和控制，因此这类拦截器又称为单轴稳定拦截器或自旋稳定拦截器。MHV 的最大飞行速度为 $Ma = 14$，最大射程为 1150km，能够有效地拦截轨道高度在 500km 以下的目标。

动能拦截器接到攻击命令后，由地面支援设备装定目标数据，在预定程序的导引下，在预定时间进入发射区域后加速，然后转入陡直爬升飞行。当爬升到 10~15km 时，导弹飞离母机，靠第一级火箭推升至大气层外缘，待火箭燃料燃尽后，再利用第二级助推火箭推近至目标。发射后导弹自主飞行，当第二级发动机关机，抛掉整流罩盖，冷却装置使红外传感器处于低温工作状态，以保证其灵敏度。当红外成像探测器捕获到目标后，拦截器与导弹的第二级火箭分离，由激光陀螺导引飞行，并启动姿控发动机进行直接侧向力控制，修正飞行弹道与姿态，直至与目标直接相撞。

6.2.2 关键技术

动能武器的关键是把弹头加速到足够高的速度，使弹头具有足够大的动能而撞击目标。其中，关键技术包括识别技术、导引头技术、惯性测量技术、姿控与轨控技术和传感器融合技术等。

1. 识别技术

导弹防御系统的发展促使各国发展各类能够突破敌方防御的对抗手段，这要求未来动能拦截弹必须具有识别真假弹头的能力。20 世纪 80 年代，美国开展了"智能卵石"天基动能拦截弹方案的研究。这种拦截弹的 KKV 计划采用紫外、可见光、红外、微波和毫米波雷达等探测手段，对真假目标进行复合探测、跟踪和识别，同时采用性能更高的计算机和数据融合技术，只要一接到发射命令便可独立完成作战任务。1992 年，美国国防部提出发展有识别能力的拦截器计划，重点发展有识别真假目标能力的 KKV 所需的关键技术，包括各种轻小型化的主动与被动导引头技术、微小型的信号与数据处理器技术、高度精确的制导控制技术、数据融合与光谱识别算法技术以及高效的轨控与姿控推进技术等。

依据弹道导弹攻击情况的不同，采用有识别能力的拦截弹后，拦截弹的单发射击杀伤概率可增加 8 倍多（从 0.1 增加到 0.9）。有先进识别能力的动能杀伤拦截器的质量将增加 25%，成本将比没有先进识别能力的拦截器高。但由于所需的拦截弹的数量减少，整个防御系统成本将降低。采用有识别能力的拦截弹，将只需向一个目标发射一枚拦截弹，不再需要发射两枚或三枚拦截弹。

美国军方认为提高 KKV 识别能力的基本途径是增加所测目标特性数据的数量，并把由多部传感器所测得的目标特性数据最佳地融合起来。发展有识别能力的 KKV，关键是将被动传感器与激光雷达结合起来。因为这两种探测器所测得的目标特征具有互补性。美国陆军研制的三种成像激光雷达，供有识别能力的动能杀伤拦截器选用。一是角 – 角距离成像的短脉冲双重铱激光雷达,二是铱光纤基多重折叠二氧化碳激光雷达,三是距离解析多普勒成像锁定模式的激光雷达。与此同时,美国空军也积极研制激光雷达导引头,并进行了一系列试验。如为低成本自主攻击系统计划研制的激光导引头等。

2. 导引头技术

保证 KKV 直接碰撞最关键的是精确制导与控制技术。目前,较先进的末制导采用毫米波和红外成像导引头。在 20 ~ 25km 稠密大气层内,因高速气动加热使红外导引头难以正常工作,只能用毫米波导引头。毫米波作用距离有限,一般不能用于远距离拦截。当拦截高度在 30km 以上时,气动加热效应降低为约 1/100,这种条件下可打开红外窗口让红外导引头进行探测,但须采取致冷降温措施保证导引头正常工作。在 100km 以上高空采用红外导引头,效果明显改善。

1)采用毫米波制导技术

美国海军和陆军联合毫米波导引头技术开发倡议计划为大气层内拦截器提供先进的导引头部件,要求拦截器质量轻、体积小、速度快、并具有碰撞杀伤制导精度,该工作重点是研制 Ka(35GHz)和 W(94GHz)波段的导引头部件。

2)采用红外成像制导技术

在高空 30km 以上,KKV 一般采用红外成像导引头。红外频谱两个窗口:中波红外(3 ~ 5μm)和长波红外(8 ~ 12μm)波段,都适用于战术反导拦截器的红外导引头。美国在红外成像制导技术方面已取得重大进展。

为提高直接碰撞杀伤能力,拦截弹必须进行目标测量,自主地找出威胁目标。这些测量要利用拦截弹的导引头进行,结果必须精确,并以高的数据传输速度提供使用。直接碰撞杀伤拦截弹或者使用毫米波射频导引头(如 FLAGE、ERINT 和 PAC – 3 拦截弹),或者使用红外导引头(如 HOE 和 THAAD 拦截弹)。这两类导引头之间的主要区别在于红外导引头的体积更小,质量更轻。毫米波导引头的重量要重得多,但能够在低空提供目标的距离数据,而低空的云会妨碍威胁目标的红外特征信号。这两种导引头都能以高达 100 次/s 的速度向信号处理机提供目标的方向信息,精度为 100 ~ 300μrad。直接碰撞杀伤拦截弹需要这样量级的数据传输速度和测量精度,并且现在已经能够实现。

3. 惯性测量技术

拦截弹的惯性测量装置向拦截弹的数据处理机提供有关拦截弹姿态和速

度的反馈信息。这些反馈信息是进行制导计算，确定控制指令，使拦截弹能够与来袭导弹的弹头直接碰撞所必不可少的。惯性测量装置的数据要以 50 ~ 100 次/s 的速率提供给数据处理机，而且要非常准确。惯性测量装置在微小型化和精度方面已经取得了重大的进展。目前，直接碰撞杀伤武器的惯性测量装置，其体积大约与棒球的大小相同，能够实现精度大约为 1(°)/h 的陀螺漂移。惯性测量装置尺寸的减小和精度的提高，促进了拦截弹轻小型化，并有效地降低成本。

4. 姿控与轨控技术

弹道导弹拦截器除采用末制导提高导引头制导精度外，还采用推力矢量控制（又称燃气动力控制），进一步提高拦截精度。由于弹道导弹是高速目标，并有可能在大气层外拦截，拦截器采用气动翼面控制方式局限性较大。为使杀伤飞行器在末段能够快速反应实施机动，拦截器采用推力矢量控制技术。弹道导弹拦截器末段控制系统有三轴稳定控制和单轴稳定控制两种。

三轴控制采用两组微型推力发动机，一组用于控制飞行方向，为轨控发动机，另一组用于稳定姿态，为姿控发动机。这种微型推力发动机每组需要 4~8 个推力器来控制飞行器的俯仰、偏航与滚转。单轴控制则采用排列在弹头周围的数十乃至数百个微型推力发动机，依靠横向推力，控制飞行方向并稳定姿态，以保证快速而准确地与目标相撞。大气层外拦截器的微型推进系统一般采用液体发动机，而大气层内拦截器的微型推进系统一般采用固体发动机。推力器都是脉冲点火，以便连续微调航线。

姿控与轨控系统是动能拦截弹的 KKV 实现高机动能力、直接碰撞杀伤目标的关键。姿控系统用于保持 KKV 的姿态稳定，轨控系统则用于为 KKV 提供横向机动能力。如果没有在飞行中的机动能力，直接的撞击几乎是不可能的。KKV 上的姿控与轨控系统的技术难点在于实现小型化，要求响应时间短（毫秒量级）、具有大的推重比，能以稳态和脉冲两种方式工作，实现精确控制等方面。

5. 传感器融合技术

数据与信号处理器运算速度的提高是直接碰撞杀伤拦截弹的一项至关重要的技术。信号处理机必须处理导引头数以万计的原始数据，并非常准确地确定威胁目标的位置和方向及要碰撞到目标的什么位置才能摧毁来袭导弹的弹头。数据处理机要利用导引头和惯性测量装置的数据确定拦截弹需要如何修正飞行路线，以便碰撞到来袭的导弹。这些复杂的计算要求信号与数据处理机每秒钟要进行几千万次计算，同时以 50 ~ 100 次/s 的速度更新拦截弹的控制指令。

通常导弹防御系统拦截弹的部署数量有限，因此必须提高拦截弹的目标识别能力，以减少弹头漏防、误防造成的拦截弹消耗。大气层外拦截方式的最大技术挑战是对有效威胁目标的识别。为对付远期的威胁，将强调监测用传感器与拦截弹自主识别的协同配合，同时增加拦截弹红外传感器的捕获距离、分辨能力和进行识别利用的时序。智能处理技术把来自不同传感器的探测数据融合在一起，但是通过选择，只应用最有价值的传感器数据。智能处理技术将构成未来大气层外拦截弹系统的关键要素。此外，它们必须采用适当的方法，以便在非标准条件下应用合理的信息通过量和存储器来保持性能的稳定。

6.3 动能拦截器系统结构组成与功能

6.3.1 结构组成

动能拦截器是一种能够自动寻的拦截器，其构成包括寻的导引头、惯性测量装置、制导控制计算机及其软件、制导控制执行机构和辅助杀伤装置。典型结构主要由探测设备、制导设备和动力控制设备三个关键部分组成，如图6.2所示。

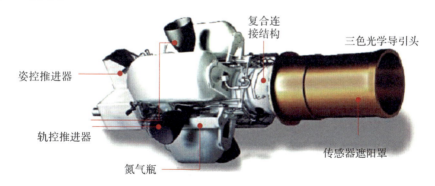

▼ 图6.2 动能拦截器主要结构组成（图片来源于网络）

1. 探测设备

探测设备（或称寻的头、导引头）是动能拦截器的"眼睛"，主要功能是捕获和跟踪目标，对目标成像。根据作战任务和作战环境不同，不同的动能拦截器需要采用不同的探测设备。发展初期主要有单模被动红外探测（包括短波红外、中波红外和长波红外）、单模振动毫米波探测器。20世纪80年代后期出现可见光探测器技术、紫外探测器技术及激光雷达探测器技术，并开始试验采用主动雷达（或测距机）加被动红外，或红外可见光加紫外等多模探测器。

导引头的主要功能是捕获和跟踪目标，获取目标的特征信号信息。目前，正在研制的动能拦截弹主要采用毫米波雷达导引头和红外导引头两类。其中，红外导引头的体积更小、质量更轻，但易受低空云雾的影响，主要用在大气层内高空（40km以下）或大气层外（100km以上）作战的拦截弹中，毫米波导引头的质量要重得多，但不受天气影响。

2. 制导设备

制导设备是动能拦截器的"大脑和神经"系统，由弹上计算机、惯性测量装置（IMU）及通信设备等组成。惯性测量装置的主要功能是精确测量动能拦截器的运动，提供有关动能拦截器在空中飞行的精确位置和速度的数据。通信设备用于接收外部探测器提供的目标信息及由作战管理系统提供的制导修正指令。弹上计算机是动能拦截器的"大脑"，负责接收和处理探测设备提供的目标信息和惯性测量装置提供的有关动能拦截器的运动参数，识别真假目标、选择拦截点并计算正确拦截弹道，指挥控制系统工作，使动能拦截器准确地飞向目标并相撞。

在拦截末制导阶段，受限于拦截时间，要求拦截器末制导律具有较高的灵敏性，能对目标机动作出及时的响应，弹道特性要好。拦截器末制导采用动能杀伤的拦截模式，要求本身具有很高的速度，由于临近空间具有一定密度的大气，导致较为显著的气动热效应，拦截器头部的热流驻点温度可达3000K，如果将导引头按传统布局那样设置在拦截器头部正前方，显然无法正常工作。为避开热流驻点，临近空间拦截器的导引头通常设置在拦截器头部的侧面。这种布局方式使得拦截的有效视场极大减小，存在工程上所说的侧窗探测约束。

为了对制导指令做出快速响应，临近拦截末制导通常采用直接力控制，即用安装在质心处的轨控发动机来实现对制导指令的响应。拦截器对制导指令响应时，既要考虑到推力极限的约束，也要考虑到气动的补偿，即制导对姿态控制也存在一定的约束。在拦截过程中如何满足侧窗探测约束和制导约束，这两种约束出现矛盾时如何平衡，成为临近空间拦截器控制系统所必须解决的问题。

3. 动力控制设备

动力控制设备是动能拦截器可以随意机动的"腿"，主要用于为动能拦截器提供横向机动飞行能力和保持动能拦截器的稳定姿态。

轨控与姿控系统依据数据处理机的指令，控制拦截器的飞行，保证拦截器最后与目标实现直接碰撞。其中，轨控系统通常由 4 个快速响应的小型火箭发动机组成，在拦截器的质心位置呈十字形配置。4 个小型发动机根据数据处理机的指令点火，使拦截器进行上下和左右机动。姿控系统通常由 6 个或 8 个更小的快响应火箭发动机组成。这些小型发动机也根据数据处理机的指令点火，用以调整拦截器的俯仰、偏航和滚动，保持拦截器姿态稳定。采用这种轨控与姿控系统的拦截器称为三轴稳定拦截器。少数拦截器，如美国空军为机载拦截弹研制的小型寻的拦截器（MHV），只有由几十甚至上百个小型固体火箭组成的姿态控制系统，而没有轨控系统，拦截器本身通过自旋稳定，这种拦截器称为单轴稳定拦截器或自旋稳定拦截器。

6.3.2　动能拦截器功能

动能拦截器的主要工作原理是与拦截目标进行交会碰撞，如图 6.3 所示。在两者均以 5000m/s 的运动速度下碰撞，交会角、头尾交会条件、心侧交会条件对拦截效果起决定性作用。

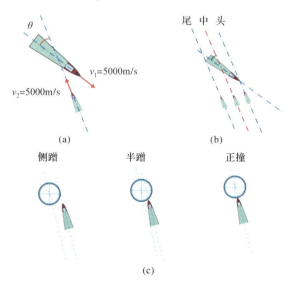

(a)　　　　　　　　　　(b)

(c)

▼ 图 6.3　动能拦截交会碰撞示意图

（a）交会角度和速度示意图；（b）头尾交会条件；（c）心侧交会条件。

　　动能拦截碰撞的头尾交会条件指的是动能拦截器碰撞目标的头部、中部或者尾部。碰撞的心侧交会条件则是指动能拦截器与目标中心轴线之间距离为0时为正碰，两者中心轴线之间距离为动能拦截器的半径加目标的半径时为侧蹭，两者中心轴线之间距离在以上两个距离之间时为半蹭。

　　为能清晰、准确地描述动能拦截过程中的物理现象，采用数值模拟的方法给出具体过程，如图6.4给出的某一碰撞过程。初始条件选择交会角30°中部10cm半蹭开展数值计算，分别观察模拟结果的正视图与俯视图。由正视图可以看出，在动能拦截器碰撞的数值模拟中，在碰撞结束以后，动能拦截器基本完全破碎，撞击目标则剩余一部分，成为剩余主体部分。动能拦截弹与目标高速碰撞，除碰撞后的主体部分外，还会产生小碎片。这些小碎片聚集体，称为碎片云。综合正视图与俯视图可以看出，动能拦截器与目标破碎部分形成飞散的碎片散布开去。两者碰撞形成的碎片云并非随意分布，而是有一定的规律可循。

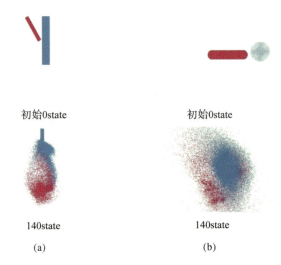

初始0state　　　　　　　　初始0state

140state　　　　　　　　140state

(a)　　　　　　　　　　(b)

▶ 图6.4　撞击过程和碎片分布数值模拟结果

(a) 正视图；(b) 俯视图。

　　动能拦截器高速碰撞后主要形成两个部分：撞击目标的剩余主体部分和碎片云飞散部分。其中，剩余主体部分主要由撞击目标未破碎的部分形成，碎片云则由破碎的动能拦截器与撞击目标共同组成。

　　图6.5是对于交会角30°中部10cm侧蹭情况下椭球壳模型的可视化展示图，截图是弹靶接触形成碎片云后0.0047s的状态。

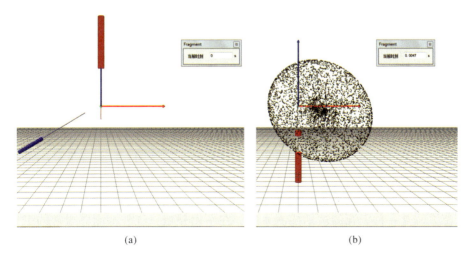

▼ 图 6.5　交会角 30°中部 10cm 侧蹭情况下椭球壳模型的图像

（a）初始状态；（b）0.0047s 状态。

所以，在碰撞部位相同，且弹靶轴线之间距离相等的条件下，随着交会角度数的增大，产生碎片的数量减少，单个碎片的质量增加，剩余靶的质量减少，剩余靶的速度增加。

6.4　动能拦截器关键零部件用材料

动能拦截器是高精度、快响应、大机动的武器，具有两方面特点：一是设备自身精度、相互之间的安装精度要求比较高，特别是在工作环境下、长时间使用条件下保持较高精度；二是设备零件的轻量化要求、动力系统的比冲要求比较高，这样才能获得较大的加速度和速度增量。根据其结构组成，关键零部件用材料分为探测设备用关键材料、制导设备用关键材料及动力系统用关键材料。

动能拦截器关键零部件所选用材料，要求轻而强，即密度小、强度高、刚度大。选择材料要综合考虑各种因素，选用的主要原则是具有良好的服役环境适应性、加工性和经济性，具体要求如下：

（1）充分利用材料的机械和物理性能，使结构质量最轻。

（2）材料应具有足够的环境适应性。

（3）材料应有足够的断裂韧性。

（4）材料应具有良好的加工性。

（5）材料成本要低，来源充足，供应方便。

（6）材料的相容性好。

6.4.1 探测设备用关键材料

为保证动能拦截器能够成功碰撞杀伤目标，一般动能拦截器选择红外导引头来进行末段制导。红外末制导探测系统是弹道导弹防御系统可靠监视、探测、识别、瞄准与拦截目标的关键。热辐射定律表明，任何温度高于绝对零度的物体都会产生热辐射，这种热辐射是红外光。由于红外探测器是被动接收物体发出的热辐射，不需要像雷达一样具有高功率的辐射源。所以红外探测系统是一种无源的被动探测系统。在军用领域，红外探测器通常的工作波段为 $8 \sim 14 \mu m$，能够在该波段下探测到漆黑的夜晚、恶劣的天气或复杂的地形。

由光学知识可知，当远距离目标在红外探测系统中的张角小于其像元分辨角时，可把目标当作点源目标来处理。由于动能拦截器对目标的拦截过程发生在大气层外，可把红外导引头的工作背景看成是空间冷背景，从而可以忽略大气背景的辐射噪声，只考虑探测器系统自身的噪声。图 6.6 为红外焦平面探测原理。

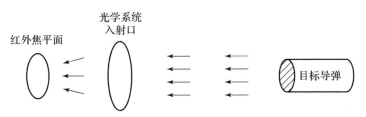

红外焦平面　　光学系统入射口　　目标导弹

▶ 图 6.6　红外导引头中的焦平面探测原理

目前，用于弹道导弹防御系统的动能拦截器的红外导引头已从过去的基于红外探测器线列或较小规模的红外焦平面阵列（64×64）的系统发展到基于较大规模的凝视红外焦平面阵列的系统，红外传感器与拦截器红外导引头的性能有了很大的提高。红外焦平面主要由二维探测器阵列和读出电路两部分组成。探测器阵列被放置于成像光学系统的焦平面上以检测红外辐射信号。

红外焦平面阵列结构如图 6.7 所示。首先，按照一定的规则，分别制作红外探测器阵列和读出电路。然后通过生长铟柱，将探测器阵列的每个单元和读出电路的输入端口对应地连接起来，使两者集成在一起。这种利用生长铟柱进行互连的方法被称为铟柱倒焊技术，采用这种技术的焦平面阵列则被称为混合型焦平面阵列。混合型焦平面阵列避免了分立元件的缺点，只需预留出尺寸匹配的接口，可以相对独立地设计探测器与读出电路，节省了成本，提高了性能。红外焦平面阵列是由 $M \times N$ 个探测元紧密排布的，通用的分辨率大小有 160×120、384×288、640×480 和 1024×1024 等。红外焦平面阵列是红外成像技术的关键，制造工艺对成像质量有着决定性的作用。其成像原理如图 6.8 所示。

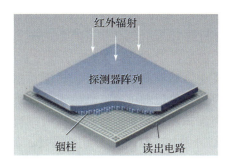

▼ 图 6.7　红外焦平面阵列结构示意图

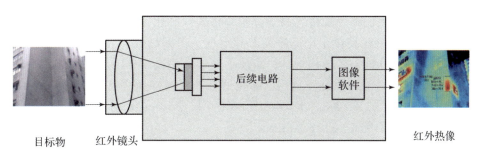

▼ 图 6.8　红外焦平面成像原理框图

作为动能拦截器红外导引头的关键器件，红外焦平面探测器的材料性能基本决定了导引头的性能。红外焦平面探测器的材料选择取决于所需的给定波长下的灵敏度，大部分材料都属于硒化物、锑化物和碲化物，典型的红外敏感材料包括锑化铟（InSb）和碲镉汞（HgCdTe）。

1. 锑化铟探测材料

锑化铟单晶材料是较早用于制备红外探测器的材料。第一个实用光伏型红外探测器的光敏介质就是锑化铟材料，它是典型的 III-V 族窄带隙半导体材料，其物理化学性能稳定。相较于其他 III-V 族材料，锑化铟易于生长出位错密度小、晶格完整性高的高质量单晶材料，其晶体结构如图 6.9 所示。室温下锑化铟单晶禁带宽度是已知二元半导体体单晶材料中带隙最小的，对应红外探测截止波长可达 7μm。低温下（液氮温度）禁带宽度对应的红外探测截止波长约 5.5μm，覆盖了中波红外大气窗口。锑化铟单晶材料具有极高的电子迁移率，室温下达 7.8×10^{4}℃$m^2/(V \cdot s)$，电子弹道输运长度室温下达 0.7μm，是 Si 单晶材料的

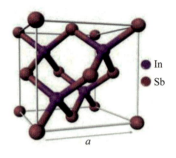

▶ 图 6.9　InSb 的晶体结构

60 倍，是 GaAs 单晶材料的 10 倍。锑化铟具有低的电子有效质量和电磁场下的快速响应，广泛用于制造霍尔器件和高速电子器件。

　　高性能的锑化铟探测器以其高灵敏特性、高像元稳定性、易于制备大规格、大尺寸像元阵列及高性价比和可制造性特点，广泛应用于高端红外探测系统。在国防军事和空间探测领域中，锑化铟探测器有众多应用实例，如红外热成像相机、前视红外系统、红外制导武器系统、红外天文观测系统等。最成功的案例是美军现役响尾蛇系列空空导弹及其派生的防空导弹均采用锑化铟红外探测器。

　　近年来，人们将大规格（高清分辨率格式）锑化铟基红外探测阵列芯片与大规模 Si CMOS 型读出电路阵列芯片混成，得到红外高分辨率成像器件；结合材料设计和探测器结构设计，实现了如 nBn 型高工作温度（超过 150K）红外焦平面阵列探测器件。目前，锑化铟红外探测器规模已经实现了 128 × 128、320 × 256、2K × 2K、4K × 4K 及 6000 × 1、2048 × 16 的全面覆盖，工作温度也提高到了 95K、110K 和 130K。

　　尽管锑化铟单晶具有晶体质量高（位错密度≤100cm^{-2}）、材料稳定性好、能带结构组成清晰、参数明确等优点，实现了大尺寸晶圆批量生产和大阵列规模成像型器件批产制备，且锑化铟红外探测器生产工艺成熟、器件可靠性高，但相较于另一种得到广泛研究和应用、现占据相对主导地位的红外探测器材料碲镉汞（HgCdTe），锑化铟单晶仍具有其不足之处，主要表现在由于禁带宽度一定，锑化铟红外探测器响应波长范围固定不可调节，响应仅限于短波、中波红外而对长波红外无响应。此外，受于缺陷相关的复合中心的影响，光生载流子寿命相对较小，制约了锑化铟探测器的高温工作性能。

2. 碲镉汞探测材料

　　碲镉汞（HgCdTe）为广泛应用于红外探测器的材料之一，是由汞镉元素

以不同比列混合而成的化合物，属于直接带隙半导体材料，吸收外来光子产生的电子跃迁为带间跃迁，即电子从价带跃迁到导带，这种跃迁方式的优点是材料光吸收大、量子效率高（高达 70% ～80%）。同时，可通过改变汞和镉的比例调节其能带结构，实现碲镉汞材料在不同波长范围内的探测。

图 6.10 所示为 EKV 红外导引头焦平面阵列（focal plane array，FPA）。根据同样材质的红外探测器估计，其像元尺寸约为 $30\mu m \times 30\mu m$，比探测率可达到 $5 \times 10^{12} cm/W$。此外，据有关资料显示，EKV 的工作波段共有可见光、中红外（$3.4 \sim 4.0\mu m$）和远红外（$7.5 \sim 9.5\mu m$）三组。其中，主要的探测波段是中红外波段和远红外波段，可见光波段只在某些情况下进行辅助。

▼ 图 6.10　EKV 红外导引头中的焦平面阵列（FPA）

碲镉汞是一种近乎理想的红外探测器材料，具有吸收系数高、量子效率高、载流子寿命长、工作温度高等特点，而且通过调整组分能够覆盖 1 ～ 30 μm 波段的红外辐射。此外，碲镉汞还具有载流子浓度可调、高电子迁移率和低相对介电常数等特点。尤其是随着组分的变化，晶格常数几乎不变，非常适合于制备多层异质结构等复杂结构的复合薄膜。碲镉汞可以用于研制多种类型的探测器，如光导、光伏和 MIS 探测器等，形成覆盖近红外、短波、中波、长波及甚长波红外波段各种规格（$32 \times 1 \sim 8000 \times 8000$）、各种应用的全系列探测器。

基于碲镉汞材料已经发展了三代红外探测器。第一代红外探测器的主要特点是一维光导探测器线列，通过光机扫描获得目标二维空间图像，得到广泛应用。第二代红外探测器的主要特点是二维光伏探测器焦平面阵列，集成读出电路完成凝视成像。第三代红外探测器的主要特点是在第二代基础上进一步提出了百万像素高分辨率、双/多色等高性能、低成本要求。随着红外探测器技术的发展，在雪崩模式、甚长波、双/多色、偏振、小尺寸像元等探测机理，在能带工程、分子束外延、金属有机物化学气相沉积和液相外延等材料设计与制备等方面，在工作温度、片上数字化等信号处理，在组件级、片上封装等领域均取得显著技术突破。红外焦平面探测器技术的多元化发展，导致至今对第四代红外探测器的定义未形成统一观点，但碲镉汞仍是目前为止性能领先的红外探测器材料。

但是，Hg 具有较高蒸汽压使得 HgCdTe 材料的均匀性很难控制，这在一定程度上阻碍了 HgCdTe 焦平面红外探测器的发展。制备高质量的 HgCdTe 材料或研发新材料是未来探测器材料的发展方向。

6.4.2 制导设备用关键材料

由于射程远、精度高是动能拦截器最显著的两个特点，单一的制导体制往往无法完成战术指标要求。复合制导可以充分发挥不同制导方式的优点，增强导弹的适应能力，提高复杂多变的环境下导弹的作战效能，更好地满足作战要求。在动能拦截器上采用的是雷达指令修正加惯导中制导加红外寻的末制导的复合制导体制。采用雷达指令修正加惯导的方式将动能拦截器导引到距离目标一定距离处，使其进入导引头的有效作用范围内，在末段红外导引头成功捕获目标后即转入寻的末制导，此时弹体自己寻找、跟踪并击毁目标。当弹体上的导引头接受从目标辐射或反射来的红外波、无线电波、光波或声波信号时，弹上的制导系统就会引导弹体沿着信号的来向追踪目标。

1. 制导设备

动能拦截器的制导设备一般采用惯导陀螺装置，其中陀螺仪为惯性系统的核心部件，是一种即使无外界参考信号，也能探测出运载体本身姿态和状态变化的内部传感器，其功能是敏感运动体的角度、角速度和角加速度。陀螺装置如图 6.11 所示，通常是指安装在万向支架中高速旋转的转子，转子同时可绕垂直于自转轴的一根轴或两根轴进动，具有定轴性和进动性，利用这些特性制成了敏感角速度的速率陀螺和敏感角偏差的位置陀螺。

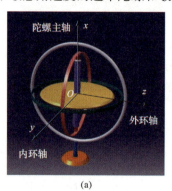

(a)　　　　　　　　　　　　　(b)

▶ 图 6.11　陀螺装置示意图及实物

（a）陀螺仪示意图；（b）陀螺仪实物。

第一代陀螺仪发展历史久远，可追溯到古代，形态像玩的陀螺，由机械转子旋转，如静电陀螺、磁浮陀螺等。随着光电技术发展，有了激光陀螺仪、光纤陀螺仪，也就是现在所说的广义主流陀螺仪，不再由机械转子旋转，而是利用光转，没有磨损，更抗冲击，更加稳定。

机械陀螺仪的结构复杂，制造、维护成本高，对冲击、振动、电磁干扰敏感。激光陀螺仪需要超高电压启动、高精度的光学器件加工技术以及严格的气体密封技术，低速率下存在固有的自锁现象。

相对于机械陀螺仪和激光陀螺仪，第三代光纤陀螺仪（图6.12）具有结构简单、精度覆盖范围广、可靠性高和设计寿命长等固有特点，是惯性系统的主流仪表之一，已经广泛应用于导弹武器系统、卫星和飞船等空间飞行器。

▶ 图6.12　光纤陀螺装置图

由于光纤陀螺中光纤环对辐照和温度非常敏感，针对性的防护设计增大了光纤陀螺的重量、体积和功耗。光子晶体技术的发展使得光纤陀螺的性能有了更大的提升空间，采用光子晶体光纤（PCF）代替普通保偏光纤作为光纤陀螺的光传输介质，可以有效减小磁场法拉第效应、Kerr效应等误差，同时，利用其对温度和辐照敏感度低的特点，可以提高光纤陀螺的环境适应性，是光纤陀螺技术新的发展方向之一。

2. 光子晶体光纤材料

光子晶体光纤也称为多孔光纤和微结构光纤，由英国Bath大学的Russell于1991年提出，是由周期性排列的空气孔和纯石英构成，通过改变空气孔的尺寸和排布方式，可以改变光纤的多项参数，可实现无截止单模传输、低色散、较高的双折射以及大模场等特性。这些特点使得光子晶体光纤在光纤传感器和光学器件等方面都具有广阔的应用前景。从光子晶体光纤的导光机制来说，可将其分为折射率导引型（TIR – PCF）和带隙型（PBG – PCF）。

1）折射率导引型光子晶体光纤

折射率导引型光子晶体光纤利用全内反射原理实现导光，制造工艺相对简单，只要满足空气孔排列而成的包层折射率低于纤芯折射率即可实现光的传输，由于光在纯 SiO_2 中传输，因而其折射率具有较小的温度系数，同时避免了在空间应用时普通保偏光纤因纤芯掺锗造成的色心沉积效应。

目前，折射率导引型保偏光子晶体光纤的损耗可以控制在 $1.0 \sim 2.0dB/km$，基本满足光纤陀螺的需要。图 6.13 是常见的折射率导引型光子晶体光纤的端面结构图。

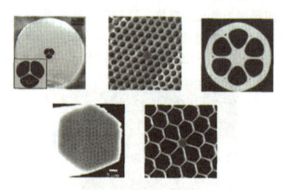

▶ 图 6.13　常见的折射率导引型光子晶体光纤的端面结构

2）带隙型光子晶体光纤

带隙型光子晶体光纤基于光子带隙机理将光子限制在空芯内传输，工艺复杂，需要空气孔的排列严格满足带隙结构。由于光在空气中传输，相比于普通保偏光纤，其 Kerr 系数约小 2 个量级，沃尔德（Verdet）系数小 1 个以上量级，折射率的温度系数也小 1 个量级，而且具有更好的双折射稳定性和对辐照不敏感的特性。目前，保偏光子带隙型光纤的损耗只能达到 15dB/km 左右，应用在光纤陀螺中时还需采用较短的光纤环。图 6.14 是常见的带隙型光子晶体光纤的端面结构图。

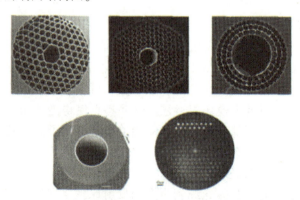

▶ 图 6.14　常见的带隙型光子晶体光纤的端面结构

6.4.3　动力系统用关键材料

动能拦截器采用姿轨控系统来实现末段的机动飞行，以拦截高速威胁目标。姿轨控系统可提供短时间的持续推力，进行偏转与姿态控制，一般与主飞行轨迹的轴线成90°。大气层外应用的姿轨控系统主要以液体控制系统为主，一般使用快速点火/熄火或快速响应阀，能实现多次点火及精准控制。固体推进剂因其固有的易获得性、可贮存性和安全性等方面的优点，克服了液体推进剂带来的安全隐患问题。在某些情况下，固体姿轨控系统（采用目前的推进剂）在质量上能够与二组元液体燃料姿轨控系统相媲美。固体姿轨控系统的体积更小，是新型集成组件的备选方案，能够大大降低总体系统的质量。

1. 动力系统

动能拦截器的动力系统一般采用姿轨控动力发动机，包括姿态控制发动机和轨道控制发动机两部分。姿态控制发动机主要用于运载火箭末级、导弹弹头和各类航天器的姿态控制（图6.15），是航天飞机轨道器入轨、再入、降落以及发射卫星等不可缺少的动力装置。轨道控制发动机是指提供修正推力以使航天器轨道的一个或者几个要素保持不变的液体推进剂小推力发动机或电火箭发动机，如图6.16所示。轨道控制发动机为轨道器入轨、轨道修整、轨道转移、交会及出轨等提供动力，是航天飞机轨道器主要动力装置之一。

▼　图6.15　姿态控制发动机示意图
（图片来源于网络）

▼　图6.16　轨道控制发动机示意图
（图片来源于网络）

2. 超高温陶瓷复合材料

随着动力拦截器的马赫数不断提高，服役过程中热防护系统面临的热障问题变得尤为突出。未来弹道导弹防御系统的性能目标要求助推和战术固体火箭发动机使用的零烧蚀喷管喉部材料，喷管针型阀和喷管喉部的零烧蚀材料必须能够承受超高温的热学、化学和力学工作环境。超高温陶瓷复合材料是以 Zr、Hf 和 Ta 等过渡金属的碳化物或硼化物等陶瓷相为基体，颗粒和纤维等为增韧相的一类复合材料，通常可以在 2000℃ 以上的氧化环境中长时间保持非烧蚀状态，是最具潜力的超高温热防护材料之一。

超高温陶瓷复合材料的制备工艺方法主要有以下几种：

1）压力烧结法

压力烧结法（hot pressing，HP）是指将超高温陶瓷粉体与颗粒和纤维等增韧相填充至模具内，通过施加压力等条件实现陶瓷烧结的方法统称，其中包括热压烧结、放电等离子烧结、反应热压烧结等。

热压烧结、放电等离子烧结、反应热压烧结和无压烧结是超高温陶瓷及其复合材料致密化的传统方法。其中，热压烧结法均匀性好、可制备大尺寸结构件，但烧结温度较高、时间较长、易损伤 z 向纤维束破坏三维结构，对纤维原丝也会造成结构损伤，引发陶瓷晶粒生长并产生颗粒镶嵌纤维等问题，不适用于制备三维纤维骨架增韧的超高温陶瓷复合材料，适用于制备颗粒、石墨软相和短切纤维增韧的超高温陶瓷复合材料。放电等离子烧结法的烧结温度低、制备时间短且可以有效避免晶粒生长，但对烧结设备要求较高、受设备限制无法制备大尺寸构件，而且对陶瓷组分的导电性也有一定要求。反应热压烧结法的原材料成本低、烧结温度低，通过控制反应物的化学组成及反应条件，能够按需调控材料组分和结构，并且原位生成物具有良好的化学兼容性，但组分含量较难任意调整。无压烧结法成本低、可以实现复杂结构的近净成型，但由于在烧结过程中不施加压力，烧结温度普遍较高，存在晶粒生成问题，且难以实现完全致密化。

2）泥浆浸渍法

泥浆浸渍法（slurry infiltration，SI）指将超高温陶瓷粉末与水性或有机溶液混合形成悬浊液，并通过无压或加压浸渍的方式将超高温陶瓷粉末引入纤维预制体内的方法。该方法制备工艺简单、周期短、成本较低、浆料组分含量可按需调节，简单地重复浸渍过程即可使坯体达到中等致密度，但陶瓷粉体易堵塞纤维预制体，浸渍深度有限，同时浆料难以浸入纤维束内，易形成不连续孔洞，适用于纤维体积分数较低的薄壁结构纤维预制体。传统的泥浆浸渍方法需结合热压烧结方法才能制备复合材料，但该过程又会损伤纤维。

3）先驱体浸渍裂解法

先驱体浸渍裂解法（precursor infiltration and pyrolysis，PIP）指将低黏度的先驱体溶液浸渗到纤维织物或多孔复合材料中，然后通过加热实现聚合物的交联和固化，最后在高温下裂解将聚合物转化为陶瓷，从而引入超高温陶瓷基体的方法。该方法具有制备流程简单、先驱体分子可设计性强、制备温度相对较低、可制备复杂形状构件、液相先驱体浸渍过程简单和易浸入纤维束内的优点，但同时存在单次产率低，孔隙率高，反复 PIP 循环周期长，反应性物质和反复的热处理易造成纤维损伤，裂解的体积收缩会使基体存在微孔和微裂纹等问题。PIP 方法广泛用于制备碳纤维增韧超高温陶瓷复合材料，尤其适用于制造大尺寸构件和薄壁结构，并常与其他工艺复合作为最终致密化手段。目前 PIP 方法向着加强组分设计、提高先驱体产率、提高浸渍效率和降低烧结温度的方向发展。

4）反应熔渗法。

反应熔渗法（reactivemelt infiltration，RMI）指将熔融金属或合金渗透到含有 C 或 B 的多孔预制体中，在高温下发生反应，原位生成碳化物或硼化物陶瓷并实现致密化的方法。Ultramet 公司开发的燃烧室与喷管等已完成美国国家航空航天局液体火箭发动机 2400℃的测试考核，如图 6.17 所示。

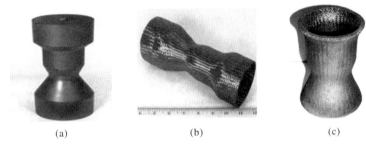

(a)   (b)   (c)

➤ 图 6.17　Ultramet 公司 RMI 制备的燃烧室（图片来源于网络）

（a）石墨推力器芯模；（b）经界面涂层和消耗性碳渗透处理后编结纤维预制件；

（c）经过熔体渗透处理后的推力燃烧室。

反应熔渗方法制备周期短、成本低，制备材料的表面十分致密，因此通常具有较好的耐烧蚀性，但难以避免熔融金属与碳纤维之间的碳热还原反应对纤维造成损伤，影响材料的力学性能，并存在反应进程不易控制和残留金属降低材料高温性能的问题。与 PIP 方法相比，RMI 工艺效率更高、成本更低，适用于商业化生产。研究反应熔渗过程中材料的高温行为和限制未反应合金相从而实现反应产物的可控，是 RMI 未来的发展方向。

5）化学气相渗透/沉积法。

化学气相渗透/沉积（chemical vapor infiltration/deposition，CVI/CVD）是

一种通过气态反应物的解离和/或化学反应实现稳定固相沉积的制备方法。在超高温陶瓷复合材料的制备中，需将反应气体引入多孔纤维预制体以获得纤维增强复合材料的陶瓷基体。通过引入各种反应气体，CVI/CVD 法可广泛应用于制备 C、SiC 和其他超高温陶瓷基体或涂层，如 HfC、ZrC 和 ZrB_2。

CVI/CVD 法的沉积温度低对纤维损伤小、制备的陶瓷相纯度高、可制备复杂构型且工艺重复性好，通过引入多种反应气体，CVI/CVD 法可广泛用于制备 C 和 SiC 等，与其他制造方法相比，具有较低的制备温度（900～1400℃）和低压致密化特点，可以避免纤维的热损伤。但该方法存在周期较长、致密度低、部分前驱体的成本较高和工艺流程耗能高的缺点，并且对 Hf、Zr 和 Ta 等的沉积深度有限，更适用于纤维表面涂层和超高温陶瓷涂层的制备。基于此，CVI 工艺常与 PIP 等其他工艺复合制备纤维增韧超高温陶瓷复合材料。如何加快沉积速率和保证沿深度方向沉积的均匀性是 CVI/CVD 法未来的发展方向。

练习题

6-1 动能拦截器的特点有哪些？

6-2 动能拦截器与常规反导导弹最大的不同是什么？

6-3 红外探测技术经历了哪三个重要节点？

6-4 锑化铟与碲镉汞红外探测器的优缺点都有哪些？

6-5 提高动能拦截器的制导能力的手段有哪些？

6-6 动能拦截器动力控制关键材料选取的标准是什么？

6-7 毫米波雷达导引技术在动能拦截武器上应用的局限性在哪里？

6-8 动能拦截器关键零部件材料选择的依据是什么？具体考虑哪些基本原则？

第 7 章 无人机装备材料

随着人工智能的发展，未来战争正朝着无人化、智能化的方向快速转变。无人机，作为无人化战争的重要载体，在现代和未来的军事斗争中都扮演着关键角色。近年来，无论是亚阿战争，还是俄乌冲突，无人机都得到了广泛应用，其所发挥的作用举世瞩目。从某种意义上讲，无人机正在重新定义现代战争。

无人机是无人驾驶飞行器的简称，其主要功能是搭载各种仪器设备及任务载荷飞行到指定空域执行既定任务，主要包括侦察、打击、通信中继等。由于无人机的种类繁多，本章所指无人机为军用固定翼无人机，民用无人机和小型旋翼无人机不作讨论。针对军用固定翼无人机，材料体系可总体分为结构材料和功能材料。结构材料主要包括铝合金、钢、树脂基复合材料等。其中，树脂基复合材料由于其轻质高强的特点已逐渐占据无人机结构材料的主导地位，无人机中复合材料用量一般在 60% ~ 80%。功能材料中，相较于一些电子元器件材料，隐身材料具有覆盖面广、用量大等特点，是无人机维修保障需要重点关注的功能材料。

本章选取以树脂基复合材料为代表的结构材料和以雷达吸波材料为代表的功能材料，作为无人机装备的关键材料进行系统阐述。简要介绍无人机的基本概念、特点及无人机材料的总体情况，重点阐述无人机结构复合材料及雷达吸波材料的特点、失效模式和修复方法。

7.1 无人机概述

7.1.1 无人机的定义

无人机（unmanned aerial vehicle，UAV）是无人驾驶飞行器的简称，是一种不搭载操作人员，采用空气动力提供升力，利用无线电或机载计算机与导

223

航设备进行自主控制飞行，集成各类有效载荷，可一次性或多次重复使用的飞行器。无人机及其配套的通信站、起飞回收装置、运输、储存和检测等装置统称为无人机系统。

无人机是工业机械时代的产物，最初多用作靶机，至今靶机仍占无人机市场的70%左右。1915年，德国成功采用伺服控制装置和指令制导的滑翔炸弹被认为是无人机的先驱。1921年，英国成功研制第1架实用无人靶机。信息技术和人工智能技术的发展促使各国尝试在靶机基础上安装探测装置甚至配置武器，使其具有战场侦察、监视、目标探测、电子战等能力，逐渐发展成为真正意义上的作战无人机。近代以来，历次战争中都可以看到无人机的身影。从20世纪90年代的海湾战争和科索沃战争，到21世纪前叶的阿富汗战争和伊拉克战争，再到近期的亚阿战争和俄乌冲突，投入战争的无人机种类和规模都呈大幅增加趋势。其中，最具代表性的包括美国的"全球鹰"高空长航时无人机、"捕食者"察打一体无人机，以色列的"哈罗普"自杀式无人机，土耳其的"旗手－TB2"无人机，俄罗斯的"柳叶刀"自杀式无人机等。可以说，无人机正在引领作战方式变革，重新定义现代化战争。

7.1.2　无人机的特点和分类

1. 无人机的特点

相比较于有人战机，无人机具有以下突出特点：

1）质量轻、续航时间长

无人机的质量更轻，在相同动力条件下的续航时间更长。无人机的质量轻主要体现在以下四个方面：一是无机载人员和人员保障设备，无驾驶舱；二是无飞机操纵、气压环境控制等设备；三是无人机所使用的喷气发动机或燃油发动机功率小，小型无人机通常采用电动机，甚至无动力系统；四是无人机结构相对于有人机更加简单高效，可更好地实现结构减重。

2）体积小、隐蔽性好

由于无人机上无机载人员和相应的保障设备，其结构能够更加紧凑。因此，无人机的机身体积通常小于有人战机；同时，由于可以不考虑飞行员的生存空间，设计时可使机身更加扁平且棱角分明，以减小雷达散射截面，获得良好的隐蔽性。

3）起飞、着陆容易且多样化

无论是陆基还是舰载，有人机的起飞和着陆必须配备相应的跑道，对起飞降落环境要求较高。无人机的起飞相对容易且方式多样，包括滑跑起飞、弹射起飞、空中投放、滑轨起飞、载体背负起飞等，对着陆场的要求相对较低。对于一次性使用的无人机，甚至可以不用考虑着陆的问题。

4）成本低、经济效益好

无人机的低成本主要体现在两个方面：一是减少了各种机载人员生命维持系统，降低了制造成本；二是无人机的地面控制员训练成本远低于飞行员，训练和维护的成本大大降低。

2. 无人机的分类

近年来，无人机技术快速发展，已经形成了多层面、多梯次搭配的无人机体系。常见的分类方法如下：

（1）按大小和质量。可分为大型（质量500kg以上）、中型（质量200～500kg）、小型（质量小于200kg，尺寸3～5m，活动半径150～350km）、微型（翼展15m以下）等四类。

（2）按航程。可分为超近程（15km以内）近程（15～50km）、短程（50～200km）、中程（200～800km）和远程（＞800km）等五类。

（3）按用途。可分为无人侦察机、电子战无人机、靶机、反辐射无人机、对地攻击无人机、通信中继无人机、火炮校射无人机、特种无人机和诱饵无人机等。

表7.1所示为一种典型的无人机机型谱划分方式。

表7.1　无人机机型谱简表

分类		航程/km	飞行高度/m	续航时间/h
战术无人机	微型无人机	＜10	250	1
	小型无人机	＜10	350	2
	近程无人机	10～30	3000	2～4
	短程无人机	30～70	3000	3～6
	中程无人机	70～200	5000	6～10
战略无人机	中空长航无人机	＞500	8000	24～48
	高空长航无人机	＞1000	20000	24～58
特殊任务无人机	攻击性无人机	400	—	3～4
	诱饵无人机	500	—	3～4

7.1.3 无人机的组成

图7.1所示为固定翼无人机的典型组成,包括通信系统、导航控制系统、任务载荷系统、动力系统和机体结构。其中,机体结构起承受和传递载荷的作用,是维持无人机结构完整性,保障无人机其他系统正常发挥作用的基础。根据部位和作用不同,机体结构又分为机身、机翼、尾翼、起落装置等。

导航控制系统　　动力系统

通信系统

机体(机身、机翼、尾翼)结构

任务载荷系统
(侦察、打击)

▼ 图7.1　固定翼无人机典型部件构成(图片来源于网络)

1. 机身

机身是装载其他系统或设备的基础,图7.2所示为典型机身结构,主要由蒙皮、桁条、桁梁和隔框构成。

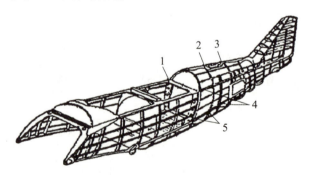

▼ 图7.2　机身结构示意图
1—桁梁;2—桁条;3—蒙皮;4—加强隔框;5—普通隔框。

2. 机翼

机翼主要用于产生无人机飞行所需的升力。图7.3所示为典型机翼结构,通常由加强肋、翼梁、桁条、翼肋和蒙皮构成。

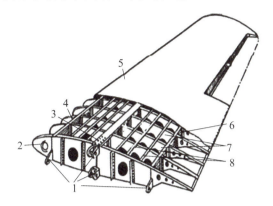

▼ 图7.3　机翼结构示意图

1—接头；2—加强肋；3—翼梁；4—前墙；5—蒙皮；6—后墙；7—翼肋；8—桁条。

3. 尾翼

尾翼主要起稳定和控制飞行姿态的作用，可以分为垂尾和平尾。图7.4所示为典型尾翼结构，主要由蒙皮、桁条和肋板构成。

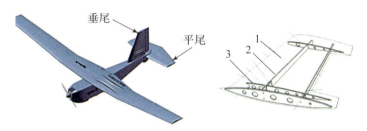

▼ 图7.4　尾翼结构示意图

1—蒙皮；2—桁条；3—肋板。

4. 起落装置

无人机起落装置主要用于支撑飞行器在地面时的重量及实现起飞和降落的功能。常见的结构形式包括三点式、四点式、六点式等，常用的材料包括铝合金、钛合金、碳纤维复合材料和玻璃钢等。

7.1.4　无人机材料

无人机材料是指在无人机的制造过程中所使用的材料。材料的选择十分重要，直接影响无人机的性能和使用寿命，常见的无人机材料可概括分为结构材料和功能材料两大类，如图7.5所示。

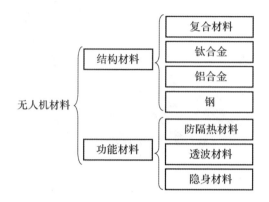

▼ 图7.5 无人机材料分类

1. 结构材料

结构材料是以力学性能为基础，以制造受力构件为主要目标的材料。无人机中结构材料主要包括树脂基复合材料、钛合金、铝合金和钢等。结构材料主要应用于无人机的机体，也是无人机整体重量的主要成分。无论是军用还是民用无人机，减轻结构重量一直是现代无人机设计与制造追求的目标。只有严格控制结构重量，才能腾出更多空间给燃油和有效载荷以及补偿隐身涂层带来的增重，从而满足轻结构、长航时、高隐身和高机动等技术要求。为减轻无人机的结构重量，除采用合理的结构形式以外，最有效的方法是选用强度高、刚度大、密度低、耐温性能优异、疲劳/断裂特性好、具有良好的加工性能以及价格相对较低的新型高性能结构材料。

实际上，从1903年莱特兄弟制造的固定翼飞机滑跑起飞成功，至今100多年的时间里，航空结构材料共经历了三个大的发展阶段，即木布时代、金属时代和复合材料时代。目前正处于第三阶段，即复合材料时代。从表7.2可以看出，美国主要军用飞机结构材料使用复合材料的比重，从20世纪70年代的微不足道到90年代的占比51%。这20年可以视为航空结构材料从"金属材料"向"复合材料"转变的过渡时代。先进复合材料正逐步取代金属材料的主导地位，复合材料的用量已经成为衡量飞机先进性的重要指标。

表7.2　美国主要军用飞机结构材料所占比例变化

机型	设计年代	结构材料占整机重量比例/%			
		复合材料	钛合金	铝合金	钢
F – 14	1969 年	1	24	39	17
F – 16	1976 年	2	3	64	3
F – 18	1978 年	10	13	49	17
AV – 8B	1982 年	26	9	49	15
B – 2	1988 年	28	26	19	6
F – 22	1989 年	24	37	11	5
V – 22	1989 年	51	26	12	4

　　20 世纪 60 年代中期，得益于碳纤维的诞生，以碳纤维为主要增强材料的先进复合材料开始应用于飞机结构上，并以其高比强度、高比刚度、可设计性强、疲劳性能好、耐腐蚀、多功能兼容性、材料与结构一体性和便于大面积整体成型等特点，在航空领域的应用迅速扩大，已发展成为继铝、钢、钛之后最重要的飞机结构材料。从图 7.6 中可以看出，无论是军用飞机还是民用客机，复合材料的用量均呈不断增加的趋势。

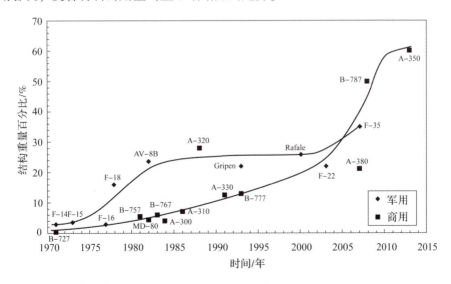

▼ 图 7.6　典型军用和民用飞机复合材料用量发展趋势图

相对于有人机，受动力系统和任务形式的限制，无人机对于轻量化的要求更为苛刻。由于碳纤维复合材料的密度仅为钢的 1/6，为铝合金的 1/2，因此，复合材料在无人机上的应用更为广泛。如"全球鹰"无人机，除机身主结构为铝合金外，机翼、尾翼、后机身、雷达罩和发动机整流罩等均由复合材料制成，复合材料用量约为结构总质量的 65%。例如，"X – 47B"无人战斗机采用高度翼身融合的无尾式飞翼布局，外部结构几乎全为复合材料结构，占比达到 95% 以上。

2. 功能材料

除结构材料外，无人机的正常运行离不开各种功能材料。功能材料是指由于材料本身（或经过特殊加工后）具有特殊的结构和性能，可对外界的物理、化学或生物的激励做出反应，从而完成一种或多种物理的、化学的或生物的特定功能的材料。例如，防隔热材料、电磁屏蔽材料、压电材料、透波材料和吸波材料等。

由于无人机经常用于执行隐蔽侦察和情报收集等任务，对于隐身性能的要求非常高。针对不同的侦察手段，常见的隐身材料主要包括雷达吸波材料、可见光隐身材料、红外隐身材料等。由于雷达是目前应用最为广泛的用于发现无人机的手段，雷达吸波材料对于无人机的隐蔽和生存至关重要。此外，雷达吸波材料一般是以涂层的形式涂覆于机体结构之上，其作用面积广，易产生损伤，是无人机日常使用和维护过程中需要重点关注的对象。

基于上述分析，从无人机维修保障角度出发，本章选取应用量最大的结构复合材料及覆盖面积最广的雷达吸波材料作为无人机装备的关键材料进行阐述。

7.2　无人机结构复合材料

如前所述，随着技术的发展，无人机机体结构大量使用了高比强度、高比模量、抗疲劳能力强、耐腐蚀性能好的树脂基复合材料。无人机复合材料的典型结构主要包括层合板、夹芯板、加筋板和格栅结构等。树脂基复合材料在无人机结构上的广泛应用对其结构轻质化、小型化和高性能化起到决定性作用。

7.2.1 复合材料概述

1. 复合材料的定义和分类

复合材料是指由两种或两种以上物理和化学性质不同的物质组合而成的一种多相固体材料。复合材料应满足以下条件：①由两种或两种以上物质构成，不同物质之间存在明显的界面；②设计复合材料时，组成复合材料的各组分是有意识选择的，组分的形状、比例和分布可以进行人为的调控；③复合材料具有单一组分不具备的优异性能。按照上述定义及条件，复合材料有三大要素：基体、增强体和界面，如图7.7所示。因此，复合材料的制备是将两种或多种不同性能的材料经过人工复合处理，从而获得具有全新性能的材料和制品的技术。

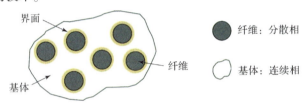

▶ 图7.7 纤维增强树脂基复合材料微观组成示意图

一般复合材料中的连续相称为基体，作用是将增强相黏接成固态整体、保护增强材料、传递负荷、阻止裂纹扩展等。以独立形态分布于基体中的分散相，由于具有显著增强材料性能的作用，称为增强体，如纤维、晶须、颗粒等。复合材料性能是由增强体和基体的本征性能、界面性能、增强体的含量、类型、形式和方向等因素共同决定，具体制备方法根据复合材料种类和使用需求有所不同。

复合材料按基体材料不同主要可分为树脂基复合材料、金属基复合材料和陶瓷基复合材料。

（1）树脂基复合材料。又称聚合物基复合材料或高分子复合材料。树脂基复合材料的基体由高分子材料组成，根据高分子材料物理化学性质的区别，常分为热固性树脂和热塑性树脂。热固性树脂是由小分子在一定条件下，经过交联反应化合而成，受热后不软化也不溶解，不可重复使用。常用的热固性树脂主要包括环氧树脂、酚醛树脂、不饱和聚酯树脂等。热塑性树脂则是由长链分子在物理作用下形成的高分子，此时高分子可以是无定形态，也可以是结晶或部分结晶态。热塑性树脂能够反复加热软化，可重复使用。常用的热塑性树脂包括聚乙烯、聚丙烯、聚氯乙烯、聚酰胺等。增强材料多为纤维及其织物，如玻璃纤维、碳纤维、石墨纤维、芳纶纤维和硼纤维等。例如，玻璃钢复合材料则是将熔化的玻璃纤维拉伸后编织成纱线，然后将其浸入树脂中黏合，最后压制成型。

（2）金属基复合材料。金属基体主要包括铝、镁、钛及铜等。增强体可以是纤维、颗粒或者短纤维、晶须等，具体包括硼纤维、碳纤维、氧化铝纤维（颗粒）、碳化硅纤维（颗粒）及碳化钛颗粒等。例如，硼-铝复合材料是通过将硼纤维缠绕在金属铝箔上，然后用黏合剂喷涂金属铝表面来固定的。

（3）陶瓷基复合材料。陶瓷基体主要包括碳、碳化硅、氧化铝、氮化硅等。增强体多为纤维或颗粒，如碳纤维、氧化铝纤维、碳化硅纤维（颗粒、晶须）、碳化钛颗粒等。

这三种类型的复合材料中，树脂基复合材料具有最高的比强度和比模量，因而在无人机中得到了大量应用。基于此，本章所讨论的复合材料，如无特殊说明，均指纤维增强树脂基复合材料。

2. 复合材料的特点

纤维增强树脂基复合材料具有以下特点。

1）各向异性

各向异性是指物质的全部或部分化学、物理等性质随着方向的改变而变化，在不同方向上呈现出差异性质的一种现象。针对复合材料而言，在各个方向上力学性能的不同主要是由纤维方向所决定的。一般情况下，沿着纤维方向的力学性能最优，最能发挥出纤维的特性。如图 7.8 所示为单向复合材料的拉伸模量和强度随铺层角度的变化。

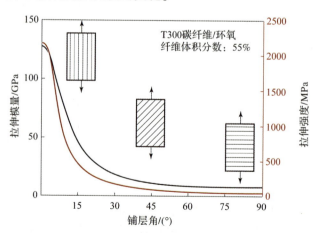

▼ 图 7.8　拉伸模量和拉伸强度随铺层角的变化

2）比强度高、比模量高

比强度和比模量是度量材料承载能力的重要指标。比强度是材料的抗拉强度与密度之比，比强度越高表明达到相应强度所用的材料质量越轻。比模量是材料的杨氏模量与密度之比，比模量越高表明单位质量材料抵抗变形的能力越强。常用金属材料和树脂基复合材料的比强度和比模量如表 7.3 所列。

表7.3　常用材料的性能参数

材料	强度/MPa	模量/GPa	密度/(g/cm³)	比强度/(N·m/kg)	比模量/(N·m/kg)
铝	393	72	2.78	0.14	26
钢	1026	206	7.85	0.13	27
玻璃纤维/环氧	1062	206	1.80	0.60	22
Kevlar 纤维/环氧	1400	76	1.46	0.98	53
碳纤维/环氧	2300	181	1.62	1.45	114

由表7.3 可知，碳纤维复合材料的比强度是钢的 11 倍、铝合金的 10 倍，比模量相当于钢和铝合金的 4 倍。

3）可设计性强

树脂基复合材料最为显著的特点之一是可设计性强。这种可设计性主要体现在复合材料的性能不仅取决于纤维和基体本身的性能，在很大程度上还取决于纤维的形式、含量及铺设方式等，这带来了很大的设计空间。

4）抗疲劳性能优异

复合材料中的纤维缺陷少，本身具有良好的抗疲劳性能。而基体的塑性和韧性好，能够消除或减少应力集中，不易产生微裂纹，基体的塑性变形还可使微裂纹产生钝化而减缓其扩展，因此复合材料具有良好的抗疲劳性能。

7.2.2　与有人机复合材料的区别

虽然有人战机和无人机的机体结构都大量使用了纤维增强聚合物基复合材料，但由于有人战机和无人机所执行的任务性质有所区别，两者的服役环境有所不同，这导致其对复合材料的性能要求有所差异，具体体现在以下几个方面：

1. 树脂基体的区别

无人机和有人战机在飞行速度上存在差异性。以现役的第四代战机 F-22 为例，最大飞行速度 Ma 一般在 2~3，而无人机的最大飞行速度 $Ma \approx 1$。飞行速度的不同导致对材料的耐温性能要求不同，飞行马赫数越高，机体服役环境温度越高。不同飞行高度下，机身温度与飞行速度之间的关系如图 7.9 所示。

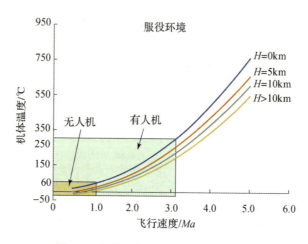

▶ 图 7.9　机身温度与飞行速度之间的关系图

从图 7.9 中可以看出，有人机复合材料的耐温性能要求要高于无人机复合材料。复合材料的耐温性能是由基体所决定的，有人机通常采用双马来酰亚胺树脂作为基体，使用温度一般在 200℃ 左右。无人机复合材料通常采用环氧树脂，使用温度一般小于 100℃。当然，随着树脂体系的发展，基体耐温性能也在不断地提高，目前，高温环氧树脂体系已经能够耐受 180℃ 的服役温度。

2. 复合材料用量的区别

无人机无环境控制与生命保障设备，对轻量化的要求更高。同时，除去这些环境控制和生命保障设备后，无人机结构可以更加集中，更利于发挥复合材料可设计性强的特点。因此，无人机中的复合材料用量更大。现役先进无人机复合材料用量一般在 60%~80% 之间，而第四代战机中复合材料用量在 20%~30% 之间。如表 7.4 所列，X-47B 无人战斗机的复合材料用量达到了 95%，远远高于现役 F-22 隐身战斗机 24% 的复合材料用量。

表7.4　典型有人机与无人机性能参数对比

型号	F－22	X－47B
空重/kg	19700	6350
最大起飞质量/kg	38000	20215
最大飞行速度 Ma	2.25	0.9
实用升限/m	19812	12190
航程/km	2963	3889
复合材料用量	24%	95%

3. 安全系数的区别

通常，为保障飞行员的生命安全，有人机复合材料结构在设计时会施加较大的安全系数，造成材料的冗余。例如，碳纤维复合材料在0°方向拉伸载荷下的失效应变在1.5%左右，而沿90°方向拉伸时，基体裂纹产生在0.3%应变左右，如图7.10所示。由于飞机上复合材料结构多采用多向铺层形式，为防止基体裂纹对复合材料结构安全的影响，往往设计在0.3%应变以下使用复合材料。因此，有人战机中复合材料的许用应力仅为其强度的20%，造成材料大量冗余。对于无人机，复合材料设计损伤容限更大，安全系数和可靠性要求更低，在进行结构设计时可以更大胆，复合材料的优势在无人机上能够更加充分地体现。

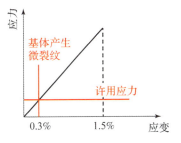

图7.10　典型碳纤维复合材料应力应变曲线及损伤产生对应关系

7.2.3　复合材料典型结构

无人机机体结构是由多种复合材料典型结构形式组合而成的。这些复合材料典型结构形式主要包括复合材料层合板、复合材料加筋板和复合材料夹芯结构。

1. 复合材料层合板

复合材料层合板是由一层层的单个铺层叠加，通过黏合、压制组成的结构形式。层合板的铺层方向既可以是单向的，也可以是多向的，如图7.11所示。层合板是绝大多数复合材料构件的基本组成形式。

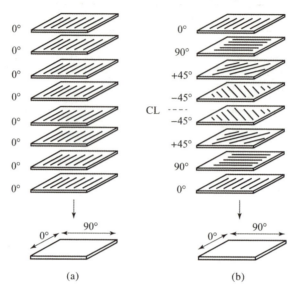

▶ 图 7.11　复合材料层合板示意图

（a）单向层合板；（b）多向层合板。

复合材料层合板的力学特性，既取决于组成层合板内各单层的力学性能，又取决于铺层角度、铺层序列和层数。按照不同的铺层序列和铺层角度可以设计出多种不同类型的层合板，主要包括以下五种类型：

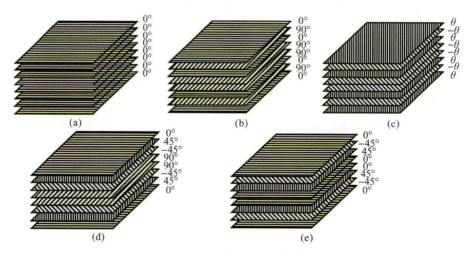

▶ 图 7.12　典型复合材料层合板示意图

（a）单向层合板；（b）正交层合板；（c）斜交层合板；（d）对称层合板；（e）平衡层合板。

（1）单向层合板。单向层合板是所有铺层沿同一个纤维方向铺叠而得到的层合板，是最基本的层合板结构。

（2）正交层合板。正交层合板是由0°和90°方向的铺层交替铺叠而成的层合板，在面内两个相互垂直的方向上力学性能基本相当。

（3）斜交层合板。斜交层合板由方向角相等、符号相反（±θ）的铺层交替铺叠而成，且每个方向的铺层数相等。正交层合板是这种层合板的一种特殊形式，另一种特殊形式是±45°层合板。

（4）对称层合板。对称层合板是指沿厚度方向上存在一个中面，中面两侧的铺层材料、铺层数、铺层方向都相同，从而形成无论是几何形状上还是性能上都呈镜像对称于中面的层合板。为了保证沿厚度方向性能的对称性，避免因固化残余应力、湿热效应等引起的层合板翘曲，绝大多数层合板都采用对称铺层。

（5）均衡层合板。除0°和90°方向的铺层外，其余铺层均按大小相等、符号相反的铺层角进行铺叠的层合板。与只有一对铺层角的斜交层合板不同，均衡层合板可以有多对铺层角，例如$[0°/±30°/±45°/±60°/90°]$。

复合材料层合板主要用于机翼蒙皮、机身壁板等部位。为避免制备过程中产生翘曲和缺陷，无人机机身结构层合板大都采用对称或均衡对称结构。其中，最为常用的铺层形式是$[0°/±45°/90°]$。由于该铺层方式在0°、+45°、-45°、90°方向上性能一致，这种铺层形式也称为准各向同性铺层。

2. 复合材料加筋板

复合材料加筋板是指在垂直于层合板面板方向使用加筋条，以提高面板和整体结构承载能力的一种结构形式，如图7.13所示。加筋条和面板可以整体成型，也可采用黏接的方式连接在一起。加筋条和面板本身均属于典型复合材料层合板。

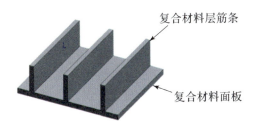

复合材料层筋条

复合材料面板

▼ 图7.13　复合材料加筋板示意图

复合材料加筋板的分类主要根据截面形状进行，常见加筋条的截面形状有 T 形、J 形、工字形和帽形等，如图 7.14 所示。

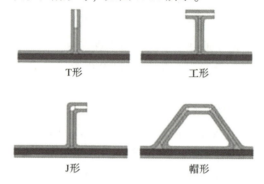

▼ 图 7.14　不同复合材料加筋板截面形状示意图

复合材料加筋板在无人机上应用范围较广，大多数时候与层合板组合使用，可以用作无人机翼面蒙皮壁板、梁腹板、肋腹板等，是复合材料构件的典型代表。

3. 复合材料夹芯结构

复合材料夹芯结构由复合材料面板与夹芯材料（也称芯子或芯材）通过胶黏剂黏接而成，如图 7.15 所示。根据夹芯材料形式的不同，复合材料夹芯结构一般可以分为泡沫夹芯复合材料和蜂窝夹芯复合材料，如图 7.16 所示。

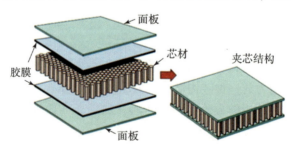

▼ 图 7.15　复合材料夹芯结构示意图

（1）泡沫夹芯。一般认为当材料的孔隙率在 40% ～ 98% 时可称为泡沫材料或多孔材料，常用的泡沫材料包括金属泡沫和聚合物泡沫。金属泡沫的历史不长，在其发展历程中，研制和开发大都以轻金属铝为主要对象，这是由于铝及其合金具有熔点低、铸造性能好等特点。聚合物泡沫是最常见的芯材，最大特点是和面板黏结牢固。常用的聚合物泡沫包括聚氯乙烯、聚苯乙烯、聚氨酯、聚酰亚胺、苯乙烯 – 丙烯腈和发泡聚酯等。

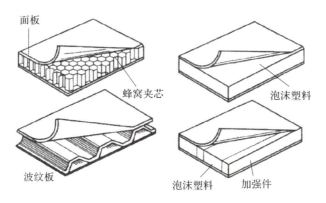

▼ 图 7.16 典型夹芯结构示意图

（2）蜂窝夹芯。广义的蜂窝夹芯结构包含六角形、斜方形、菱形等。常用的蜂窝夹芯包含纸蜂窝、铝蜂窝、高分子蜂窝等。其中，芳纶纸蜂窝具有耐火阻燃、绝缘性能好、容易成型等优点，是目前在飞机结构中应用最为广泛的芯材。

夹芯结构中芯材的主要作用是尽量增大两个面板之间的间距，以尽可能小的质量换取更大的层合板刚度，同时抵抗结构承受载荷时产生的剪切力。对于实心层合板，其弯曲刚度与厚度的三次方成正比，而对夹芯结构而言，刚度大概与厚度的二次方成正比。低密度芯材可以有效提高复合材料的厚度，从而在仅增加非常小质量的情况下，显著提高复合材料的刚度。复合材料夹芯结构主要用于无人机的次承力构件，如雷达罩、机翼蒙皮、舱门、口盖和机身整流罩等。复合材料夹芯结构在机翼上的典型应用如图 7.17 所示。

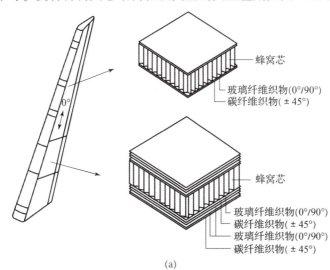

(a)

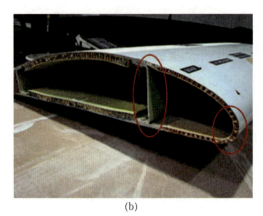

(b)

▼ 图 7.17 蜂窝夹芯结构示意图及在机翼上的应用

（a）蜂窝夹芯结构示意图；（b）蜂窝夹芯结构在机翼上的应用。

7.2.4 复合材料失效模式

纤维增强树脂基复合材料的失效是由纤维和基体的损伤不断累积和扩展导致的。在不同的载荷条件下，失效模式也不相同。本节将分别从细观、介观和宏观的角度对复合材料的损伤机理进行阐述。此外，还将对不同载荷形式下的宏观失效模式进行对比。通过建立载荷形式与宏观断裂特征之间的关系，帮助对复合材料损伤构件进行失效分析。

1. 复合材料多级结构

树脂基复合材料由多级结构组成。纤维和基体复合形成最基本的单元，多根纤维集合在一起成为纤维束，纤维束有序排列或编织构成铺层，多个铺层按照一定的顺序和角度铺叠在一起形成层合板，层合板按照不同形状和尺寸成型形成树脂基复合材料构件，如图 7.18 所示。

纤维的直径在几微米至几十微米之间，单个铺层的厚度在几十微米至几百微米之间，而复合材料层合板和典型构件的厚度一般在毫米及以上量级。根据尺度的不同，复合材料的多级结构可以分为细观结构、介观结构和宏观结构。细观结构的基本单元为纤维、基体和界面，介观结构的基本单元为单个铺层，宏观结构的基本单元为层合板。

2. 细观损伤机理

细观尺度下，树脂基复合材料的主要损伤机理包括纤维断裂、基体塑性变形和开裂以及纤维－基体界面脱黏如图 7.19 所示。纤维断裂是指当纤维所

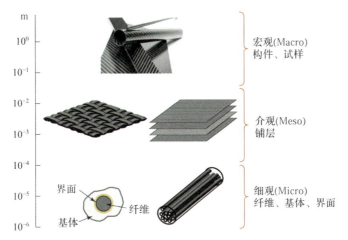

▼ 图 7.18　复合材料多级结构示意图

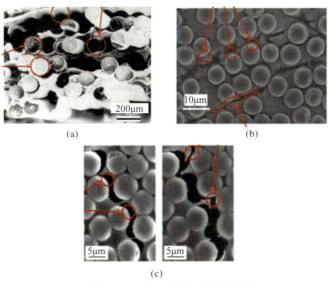

▼ 图 7.19　复合材料细观失效模式

（a）纤维断裂；（b）基体塑性变形和开裂；（c）纤维–基体界面脱黏。

受应力超过其极限强度时发生的破断现象。纤维的强度与其内部缺陷紧密相关，因此，纤维的断裂具有一定的随机性。树脂基体作为高分子材料，在应力作用下发生分子链的运动、伸展、断裂，从而导致塑性变形直至开裂。纤维–基体界面脱黏是指当界面所受载荷超过界面强度时所发生的纤维与基体分离的现象。

3. 介观损伤机理

介观损伤是由各种细观损伤扩展与累积而形成的，如图 7.20 所示。以单个铺层为基本单元，介观损伤机理包括：纤维主导的纵向拉伸断裂和纵向压缩屈曲失效；基体主导的横向拉伸失效、横向剪切失效和纵向剪切失效；相邻铺层间的层间失效，即分层损伤，包括张开型分层和剪切型分层。其中，纤维主导的纵向拉伸断裂以及纵向压缩屈曲失效均包含细观上的基体开裂、纤维 – 基体界面脱黏和纤维断裂；基体主导的横向失效主要是由细观尺度上的基体开裂和纤维 – 基体界面脱黏累积而成；层间分层损伤也是由基体开裂不断扩展和累积而造成的。

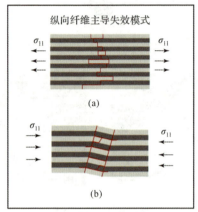

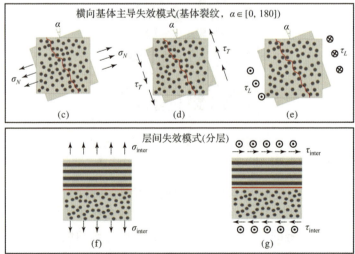

▼ 图 7.20 纤维增强复合材料典型介观失效模式

（a）纵向拉伸失效；（b）纵向压缩失效（纤维折曲）；（c）横向拉伸失效；
（d）横向剪切失效；（e）纵向剪切失效；（f）张开型分层；（g）剪切型分层。

对于单向层合板，这些介观损伤机理能够相对独立地存在。但是，在多向层合板中，各种损伤的扩展并不是独立的，它们会发生一定程度上的交互耦合，从而影响整体结构的力学性能。图 7.21 给出了复合材料多向层合板在面外冲击和压缩载荷下损伤交互耦合的例子。从图中可以看出，由于铺层角度的不同，基体裂纹、纤维纵向断裂、分层损伤发生在不同的铺层中，且相互贯穿。

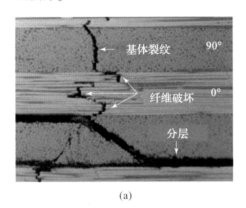 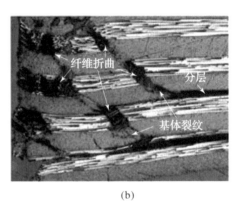

(a)　　　　　　　　　　　　　　　(b)

▼ 图 7.21　复合材料多向层合板的介观损伤交互耦合

(a) 面外冲击；(b) 压缩载荷。

当累积了足够多的介观损伤后，复合材料结构中便会出现明显可见的宏观裂纹；随着载荷的进一步增加，宏观裂纹继续扩展，当其发生非稳定扩展时，复合材料结构便发生灾难性的整体破坏。不同载荷条件下，宏观失效模式不尽相同。下面以单向层合板为例，分别对拉伸、压缩、弯曲载荷下的失效模式进行阐述。

4. 宏观失效模式

1）拉伸失效

纵向拉伸是指载荷的作用方向与纤维 0° 方向一致。在纵向拉伸载荷作用下，单向板首先在最薄弱的铺层内出现少量的纤维断裂。每根纤维的断裂，都将引起载荷的转移，即载荷通过基体传递到邻近纤维。随着载荷的增加，更多的纤维发生断裂。当某个截面纤维承载能力低于施加载荷时，发生最终断裂失效。单向板的纵向拉伸失效可以归结为三种失效模式：脆性断裂、带纤维拔出的脆性断裂和无规则破坏，如图 7.22 所示。

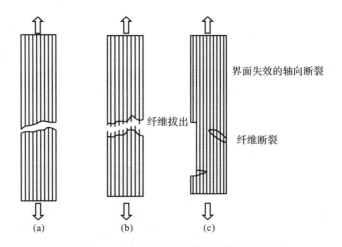

图 7.22　单向层合板纵向拉伸失效模式

(a) 脆性断裂；(b) 带纤维拔出的脆性断裂；(c) 无规则破坏。

　　拉伸失效模式与纤维 – 基体界面的结合强度紧密相关。当界面强度较高时，纤维断裂产生的裂纹主要沿着垂直于纤维的方向扩展。此时，损伤主要以纤维、基体断裂为主，形成较为平整的脆性断口，存在较少的界面开裂，如图 7.23 (a) 所示。当界面强度较弱时，纤维断裂产生的裂纹除沿垂直于纤维方向扩展外，更多的是沿着纤维 – 基体界面扩展，造成界面脱黏，最终断裂时出现大量纤维拔出现象，即散丝劈裂，如图 7.23 (b) 所示。当界面、纤维、基体强度相匹配时，失效模式介于脆性断裂和散丝劈裂之间，发生不规则断裂，试样劈裂成几块，如图 7.22 (c) 所示。

图 7.23　碳纤维/环氧复合材料纵向拉伸断口

(a) 平整断口；(b) 散丝劈裂。

2）压缩失效

与纵向拉伸失效相似，复合材料单向层合板的纵向压缩破坏模式也主要分为三种：一是纵向劈裂，即在压缩载荷作用下沿纤维方向在基体内或界面产生断裂；二是压缩屈曲，即纤维发生较大弯折变形后发生断裂失效；三是压缩剪切，即纤维在剪切力作用下发生断裂失效，此时断面与加载方向约成45°。三种典型的失效模式示意图如图7.24所示。

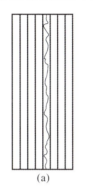

▶ 图7.24 压缩失效模式

（a）纵向开裂；（b）压缩屈曲；（c）压缩剪切。

三种压缩失效模式中，压缩屈曲失效最为常见。由于屈曲导致纤维断裂而形成的"扭折带"是压缩失效最为显著的特征，如图7.25所示。关于"扭折带"的形成机理，主要可以解释为：当纤维受压所产生的向纤维外偏转的力超过周围基体的支撑极限时，纤维就会发生屈曲，而当屈曲纤维的弯折程度达到最大值时，纤维便被折断，从而形成"扭折带"。

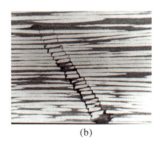

▶ 图7.25 单向碳纤维复合材料压缩破坏模式

（a）宏观"扭折带"；（b）微观"扭折带"。

如果纤维韧性较好，屈曲的纤维不发生断裂，仅发生屈曲失效；若纤维较脆，纤维易在压缩载荷作用下发生断裂，产生"扭折带"，如图7.26所示。Kevlar纤维增强复合材料单向板在纵向压缩载荷下一般发生微屈曲失效，而碳纤维增强复合材料单向板在纵向压缩载荷下一般为屈曲断裂失效，即形成

"扭折带"。当基体模量较低时，"扭折带"中断裂纤维较长，而当基体模量较高时，"扭折带"中断裂纤维较短。这主要是由于模量较高的基体抵抗变形的能力较强，能够更好地支撑纤维，使其在受压时不容易产生向外的偏转。

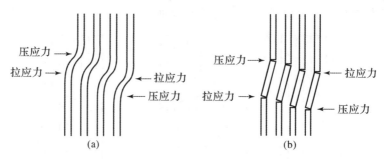

▼ 图 7.26　微屈曲与弯折带特征

（a）微屈曲；（b）扭折带。

纵向压缩破坏模式除受纤维和基体性能影响外，界面结合强度也是重要的影响因素。当界面结合强度较低时，发生纵向劈裂失效；中等结合强度时发生微屈曲失效；而强度较高时一般发生纯压缩剪切失效。

3）弯曲失效

复合材料单向层合板在弯曲载荷下的失效除了与其自身性能有关外，主要由层合板的厚度决定。由于弯曲刚度与层合板厚度的三次方成正比，一般情况下，较厚的单向板易发生断裂失效，而较薄的单向板由于自身柔度较大，能够承受很大的挠度，不易发生弯曲断裂。

对于发生断裂的单向板，其断口可明显分为两个区域：拉伸断裂区与压缩断裂区。拉伸断裂区粗糙，伴随着纤维拔出等特征；压缩断裂区平整，磨损较严重，如图 7.27 所示。

▼ 图 7.27　碳纤维复合材料弯曲失效宏观断口形貌

7.2.5 复合材料修复技术

随着复合材料在无人机上的大量应用，损伤构件的维修保障已经成为部队面临的迫切需求，快速实施损伤构件修复对保障无人机的战斗力生成至关重要。

1. 定义和分类

复合材料修复技术是指采用高性能的纤维增强复合材料修补含有缺陷或损伤的结构，在一定程度上使损伤构件的功能和承载能力得以最大限度的恢复，实现延长结构使用寿命的技术，如图7.28所示。

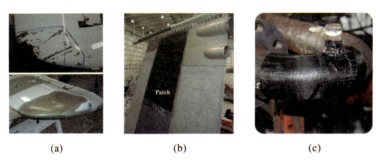

▼ 图7.28　复合材料修复各类构件典型案例
（a）修复复合材料机翼；（b）修复铝合金垂尾；（c）修复钢管。

复合材料修复技术具有如下优点：较小地破坏结构的原始状态，最大程度恢复原始结构的强度和刚度。由于复合材料的密度较小，修复后结构整体增重小、抗疲劳性能和耐腐蚀性能良好。由于复合材料铺层赋型能力强，修复技术适用于修理各种复杂表面，能够有效恢复原有结构形状，保持光滑气动外形。

复合材料修复又称为复合材料胶接修复，按照修复方式的不同，主要可以分为贴补修复、挖补修复和注胶修复等。

2. 常用修复方法

1）贴补修复

贴补修复是指通过胶黏剂把纤维增强树脂基复合材料补片胶接粘贴在损伤构件表面，从而实现损伤修复的技术，如图7.29所示。由于贴补修复操作简单，其适用于损伤结构的外场修理。但多用于承受载荷不大、气动外形要求不高的平板类结构。修复的对象可以是金属构件，也可以是复合材料构件。

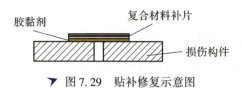

▼ 图 7.29　贴补修复示意图

其中，补片可以是已固化的层合板，也可是尚未固化的预浸料。根据补片形式，贴补修复可分为干法贴补和湿法贴补，如图 7.30 所示。干法贴补是指将固化好的复合材料补片直接粘贴在损伤部位完成修复的方法，其特点是操作简单，仅需对胶黏剂进行固化，但补片形状固定，仅适合平板件或具有特定结构的复合材料构件。湿法贴补是指先把未固化的预浸料铺贴在损伤部位与胶黏剂共固化完成修复的方法，其特点是赋型性能优异，使用范围广，但需要辅助设备进行固化以保证补片质量。

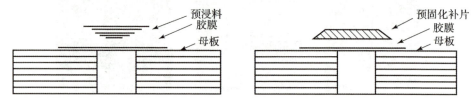

▼ 图 7.30　湿法贴补和干法贴补示意图

2）挖补修复

挖补修复是指首先挖除受损结构材料，然后用纤维增强树脂基复合材料填充损伤区域的胶接修复方法，如图 7.31 所示。根据挖除受损结构的形式不同，挖补修复可以分为单阶梯形、双阶梯形、单斜面和双斜面等，如图 7.32 所示。

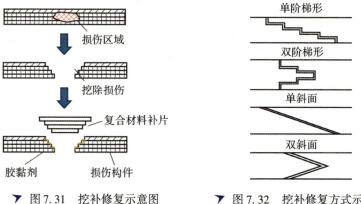

▼ 图 7.31　挖补修复示意图　　　▼ 图 7.32　挖补修复方式示意图

与贴补修复相同，挖补修复所用复合材料补片既可以是已经固化的，也可以是未固化的预浸料。与贴补修复相比，挖补修复最大的区别在于需要清除损伤区域的材料。由于复合材料铺层的单层厚度在0.1mm左右，想要实现特定大小和厚度的清除十分困难。目前主要依赖小型自动磨盘和砂纸进行打磨。复合材料损伤部位如何快速清除也是复合材料修复领域亟需解决的问题。如图7.33为碳纤维复合材料板阶梯打磨后形貌图。

挖补修复的特点包括：操作相对复杂，能恢复构件外形轮廓，修复后结构强度高等，适用于冲击损伤、深层损伤以及复合材料夹芯结构的修复。

▼ 图7.33　碳纤维复合材料板
阶梯打磨后形貌图

3）注胶修复

注胶修复是指将树脂以一定的压力注入损伤的区域并固化的修复方式。注胶修复主要来修复损伤构件中小面积的脱黏和分层，工作原理如图7.34所示。为使树脂能够有效地流入分层损伤区域，常需在构件上打孔至分层损伤位置，同时注胶修复所使用的树脂黏度要低，以保证具有良好的渗透性和流动性。

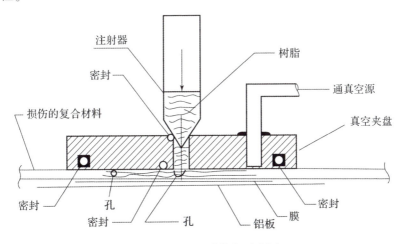

▼ 图7.34　注胶修复示意图

注胶修复操作简单，但仅限于对构件中出现的分层、脱黏或板、孔边缘破损等类型的损伤进行修复。对于注胶修复，虽然国外多有报道，但实际上由于分层损伤所造成的裂纹空间非常狭小，仅为十几微米，且树脂一般具有较高的黏度，流动性较差，因此注胶修复实施起来十分困难。

3. 自修复复合材料

由于受热、力学和化学等因素的影响，复合材料基体高分子材料在应用过程中内部会产生微裂纹，从而影响其使用寿命和力学性能。为了解决这种宏观难以检测到的损伤，通过模仿生物体自身修复损伤的原理，自修复材料应运而生。自修复材料可以感知外界环境因素的变化，并做出适当的响应，以恢复其自身性能。目前，自修复材料的分类方法很多，按照是否使用修复剂可分为外援型和本征型两大类。外援型修复方法使用微胶囊和中空纤维，用以装载修复剂。本征型修复方法则是利用体系中存在的可逆化学反应而进行自修复，这些化学反应包括 Diels – Alder 反应、动态共价化学、双硫键反应等。本节主要介绍微胶囊和中空纤维两类外援型自修复方法。

1）微胶囊法

微胶囊自修复可分为单组分修复和双组分修复两种。单组分修复是利用修复剂（如氰基丙烯酸酯）与空气中的水分发生反应而进行修复。由于需要空气中的水分参与反应，因而局限于材料表层的修复。双组分修复是指带有催化剂的自修复方法，将催化剂和修复剂或者其中一个组分储存于微胶囊中，再将微胶囊与树脂基体进行混合，当微胶囊破裂释放出修复剂后进行裂纹修复。相对于单组分修复，双组分修复不仅能够修复深层的裂纹，且在催化剂作用下修复效果更好。

微胶囊自修复过程如图 7.35 所示。将微胶囊化的修复剂及催化剂预埋在

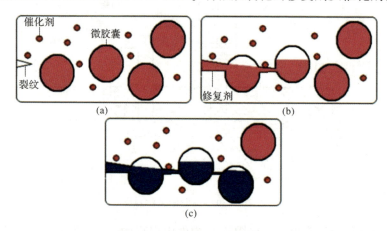

▶ 图 7.35　微胶囊自修复过程示意图

（a）基体出现裂纹；（b）裂纹破坏微胶囊，修复剂释放；

（c）修复剂在催化剂的作用下发生交联反应修复裂纹。

树脂基体中，基体在外力作用下产生裂纹，当裂纹扩展到微胶囊时导致微胶囊破裂，其中所包含的修复剂被释放到裂纹处将裂纹空腔填满，并在催化剂的作用下发生交联反应，将裂纹面重新黏接到一起，从而达到修复的效果。微胶囊自修复常采用双环戊二烯作为修复剂、脲醛树脂作为胶囊壁材料、Grubbs 试剂作为催化剂。

2）中空纤维法

中空纤维法是一种使用修复剂的修复方法，主要采用中空玻璃纤维作为载体，采用氰基丙烯酸酯或环氧树脂作为修复剂。中空纤维法自修复过程如图 7.36 所示。当裂纹扩展导致中空玻璃纤维断裂后，修复剂流出填充裂纹空腔，然后发生交联反应将裂纹面黏接在一起。以氰基丙烯酸酯作为修复剂时，其修复效果并不理想，因为氰基丙烯酸酯的修复反应要快于它的流动，即在修复剂充满整个裂纹面之前，修复反应就已发生，从而阻碍了修复剂的流动。

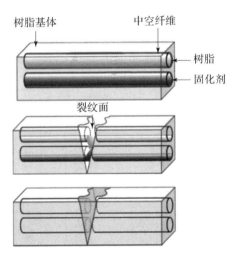

▶ 图 7.36　中空纤维法自修复过程示意图

另外，环氧树脂修复剂的黏度较大，也会影响修复效果。为了减缓修复剂的反应速率，利用中空纤维法进行自修复时，可将修复剂和固化剂/催化剂分别填充在不同的中空纤维中。这样，只有当含有修复剂和固化剂的中空纤维同时发生断裂时，才能发生固化反应完成裂纹修复。

7.3 无人机隐身材料

隐身技术是武器装备在现代战争中保存战斗力的重要支撑。隐身材料的运用能够大幅降低无人机被捕获的概率，对保障无人机的战斗力具有十分关键的作用。相对于有人机，无人机常常执行更加隐蔽的侦察任务，因此需要具备更高的隐身特性。根据目标特性的不同，隐身材料可分为可见光隐身材料、雷达隐身材料、红外隐身材料等。由于无人机具有低红外辐射（少燃料系统，电推进的无人机无燃料系统）、低噪声等特点，其面临的最大威胁是雷达的探测。因此，本节主要针对雷达隐身，对无人机用雷达吸波材料进行阐述。

7.3.1 隐身技术概述

1. 定义与分类

隐身技术又称为低可视技术，是指通过弱化目标存在的雷达、红外、声波和光学等信号特征，最大限度地降低探测系统发现和识别目标能力的技术。根据探测器的种类不同，隐身技术可分为雷达隐身、红外隐身、声波隐身和可见光隐身等，如图 7.37 所示。

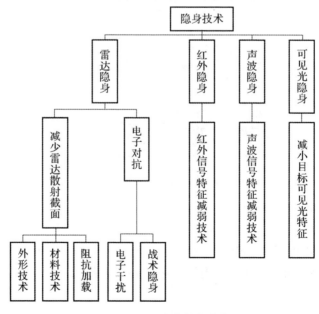

▶ 图 7.37 隐身技术分类

常用的隐身技术手段和可达到的目的简要概述如下：

（1）减少雷达回波。通过精心设计装备外形，减少雷达波散射截面，使用结构吸波材料或吸波涂层吸收掉部分雷达波，以达到隐身的目的。

（2）减少红外辐射。适当改变发动机排气系统，减少发射热量，采用多频谱涂料和防热伪装材料，从而改变目标的红外特征，以实现红外隐身。

（3）降低噪声。使用低噪声发动机，并运用消声/隔声蜂窝或泡沫夹层结构控制声信号特征，以达到声波隐身的目的。

（4）伪装遮障。通过涂覆迷彩涂料、视觉伪装网、施放遮蔽烟幕等手段降低目视特征，从而达到可见光隐身的目的。

2. 雷达隐身原理

雷达隐身是指通过减小目标自身的电磁散射信号，从而减小雷达散射截面（radar cross section，RCS），以实现不易被电磁波探测的目的。雷达隐身主要包括外形隐身和材料隐身两种方式。外形隐身是指将入射雷达波偏转到偏离雷达接收天线的其他方向，材料隐身是指通过吸波材料吸收入射电磁波。

（1）雷达方程。

雷达探测目标是通过接收目标散射的入射雷达波回波实现的。该回波的功率与目标 RCS 的大小直接相关。为进一步理解目标 RCS 的重要性，本小节讨论雷达接收功率与目标 RCS 的关系。

雷达探测目标要克服干扰、杂波、噪声的影响。干扰是指敌方故意施放的影响信号，杂波是指来自自然界的影响信号，噪声是指雷达自身产生的影响信号。目标回波信号与这些信号之比分别称为"信干比""信杂比""信噪比"。想要有效地探测到目标的存在，这些比值不能过小。只有当雷达接受回波功率 R 高于某一值时，才能将目标从干扰、杂波、噪声中分辨出来，确定目标的存在。

雷达的作用距离受到以下三方面因素的影响：一是雷达系统性能参数，如发射机功率、天线扫描参数、接收机最小可检测信噪比等；二是电磁波传播环境，如电磁波被大气折射及吸收的程度、被地面或海面的反射程度、受地海杂波或空中杂波的干扰程度等；三是目标特性，即目标的大小、形状、材料相对介电常数、磁导率及其对入射电磁波方向、频率、极化的响应。上述目标特性的影响因素可综合为一个物理量，即雷达散射截面 RCS，用 σ 来表示。

雷达接收功率 R 与目标 RCS 之间的关系式称为雷达方程。雷达方程将雷达作用距离与发射机、接收机、天线和目标特性关联起来。它不仅用于确定某一特定雷达能够探测到的目标最大作用距离，而且可以作为研究影响雷达性能因素的一种手段，也是雷达系统设计中的一个重要辅助工具。

像眼睛和其他光学传感器一样，雷达也具有定向性，即在某个方向的探测比其他方向更加有效。功率密度表示单位时间内通过单位面积的能量，单位为 W/m^2。增益指在特定方向上辐射到远距离处的功率密度与辐射相同功率的各向同性天线在相同距离处的功率密度之比，体现对功率密度增加的一种度量，用 G 表示。一般来说，天线尺寸与波长的比值越大，这种定向性越强，一般雷达天线的增益可达 $30 \sim 40dB$，即把能量向某个方向集中发射的功率密度是各向同性天线的 $1000 \sim 10000$ 倍。dB 常常用来表示两个数量的比值。

根据天线理论，天线增益 G 和天线的有效面积 A_e 之间的关系为

$$G = \frac{4\pi A_e}{\lambda^2} \qquad (7-1)$$

式中：λ 为雷达波的波长。

设雷达发射功率为 P_t，则距雷达 R_1 处的功率密度 S_1 为

$$S_1 = \frac{GP_t}{4\pi R_1^2} \qquad (7-2)$$

σ 乘以功率密度为假想目标截获的功率 P_1，表示为

$$P_1 = S_1\sigma = \frac{GP_t}{4\pi R_1^2}\sigma \qquad (7-3)$$

根据 σ 的定义，目标接收到的能量向外各个方向均匀辐射，则辐射出去的总功率也为 P_1。设接收天线距离目标为 R_2，则回波功率密度 S_2 为

$$S_2 = \frac{P_1}{4\pi R_2^2} = \frac{GP_t}{4\pi R_1^2}\sigma\frac{1}{4\pi R_2^2} \qquad (7-4)$$

将照射到接收天线的有效面积 A_e 上的所有能量截获，得到雷达天线接收到的回波功率为 P_r：

$$P_r = S_2 A_e = \frac{GP_t}{4\pi R_1^2}\sigma\frac{1}{4\pi R_2^2}A_e \qquad (7-5)$$

这就是雷达方程的基本形式。雷达方程反映了雷达接收功率的影响因素，包括发射功率、增益、距离和目标 RCS 等。

对于单基地雷达，发射天线和接收天线共用，则发射距离和接收距离相同，有 $R_1 = R_2 = R$，得到：

$$P_r = \frac{GP_t A_e}{(4\pi)^2 R^4}\sigma \qquad (7-6)$$

根据式（7-1）所表示的天线增益与面积的关系，可以得到另外两种形式的雷达方程：

$$P_r = \frac{G^2 P_t \lambda^2}{(4\pi)^4 R_1^4}\sigma \qquad\qquad (7-7)$$

$$P_r = \frac{P_t A_e^2}{4\pi \lambda^2 R^4}\sigma \qquad\qquad (7-8)$$

从理论上说，雷达接收到的任何微小信号都可以经过放大被探测到。但实际上，雷达接收机自身也产生噪声信号。若要探测到目标回波，其信号必须大于这些噪声信号。

雷达的最大可探测距离 R_{max} 受雷达最小可检测信号 P_{min} 的制约。只有当 $P_r \geqslant P_{min}$ 时，雷达才能探测到目标。当 $P_r = P_{min}$ 时，计算雷达探测最远距离 R_{max}：

$$R_{max} = \left[\frac{P_t A_e^2}{4\pi \lambda^2 P_{min}}\sigma\right]^{1/4} \qquad\qquad (7-9)$$

根据上式得到，对同一部雷达，探测距离和 RCS 的关系为

$$R_{max} \propto \sigma^{1/4} \qquad\qquad (7-10)$$

例如，某雷达对 $1m^2$ 的目标探测距离为 100km，则该雷达探测距离与目标 RCS 之间的关系如图 7.38 所示。由图 7.38 可知，降低雷达散射截面能够有效降低雷达最大探测距离。

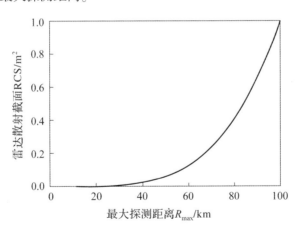

▶ 图 7.38　最大探测距离与雷达散射截面关系

3. 雷达散射截面

雷达散射截面是隐身技术中的核心概念。由雷达方程可知，雷达隐身本

质上是降低目标的雷达散射截面。较小的雷达散射截面意味着同样的雷达系统接收到的信号更弱，探测距离更短，更难以对目标进行跟踪和识别。对于一定的雷达系统，RCS 主要取决于飞行器几何外形和材料的物理特性，所以可把雷达隐身技术简单地归结为 RCS 减缩技术。典型空中目标的 RCS 和探测距离如表 7.5 所列。

表 7.5 典型空中目标的 RCS 和探测距离

目标	RCS/m²	探测距离/km	目标	RCS/m²	探测距离/km
B – 52	100	901	ALCM – B	0.1	161
B – 1A	10	508	B – 2	0.057	135
小型歼击机	2	340	ACM	0.027	108
B – 1B	1	290	F – 117A	0.017	90
Cessnal 72	1	290	鸟	<0.017	<24

7.3.2 雷达吸波材料

雷达吸波材料是指能够通过与电磁波相互作用来吸收电磁波，从而来减少目标雷达散射截面，达到隐身目的的材料。雷达吸波材料的基本原理是吸波材料可将雷达波能量转换成机械能、电能或热能等其他形式的能量并加以吸收，从而消耗掉雷达波的部分能量，降低回波信号强度，最终降低雷达的探测概率。

1. 吸波原理

吸波材料要吸收电磁波必须满足两个基本条件：一是电磁波入射到材料表面时，电磁波能最大限度地进入材料内部（匹配特性）；二是进入材料内部的电磁波能与介质发生相互作用而被转换成机械能、电能和热能等形式的能量，这些能量能迅速地衰减掉（衰减特性）。

实现第一个条件的方法是采用特殊的边界条件。电磁波在自由空间入射到有耗介质时，在界面处会发生反射、透射现象，材料对电磁波的透射关键在于材料与空气的阻抗是否匹配。当电磁波通过阻抗为 Z_0 的自由空间入射到输入阻抗为 Z_i 的吸收材料表面上时，吸波材料的反射系数为

$$R = \frac{Z_0 - Z_i}{Z_0 + Z_i}\left(Z_0 = \sqrt{\frac{\mu_0}{\varepsilon_0}}, Z_i = \sqrt{\frac{\mu_i}{\varepsilon_i}}\right) \tag{7-11}$$

式中：Z_0 为自由空间的特性阻抗；Z_i 为吸波材料的归一化输入阻抗；μ_0 和 ε_0 分别为自由空间的磁导率和相对介电常数；μ_i 和 ε_i 分别为材料的磁导率和相对介电常数。

若要反射系数为 0，则要求 Z_0 与 Z_i 匹配，即

$$\frac{\mu_0}{\varepsilon_0} = \frac{\mu_i}{\varepsilon_i} \qquad (7-12)$$

实现第二个条件则要求吸波材料的电磁参量满足一定的要求。根据电磁波理论，用衰减参数 α 来表示单位长度上波的衰减量。其表达式为

$$\mu_i = \mu' - i\mu'' \qquad (7-13)$$

$$\varepsilon_i = \varepsilon' - i\varepsilon'' \qquad (7-14)$$

$$\alpha = \frac{\omega}{\sqrt{2}c} \sqrt{(\mu''\varepsilon'' - \mu'\varepsilon')\sqrt{\mu'^2 + j\varepsilon''^2}} \qquad (7-15)$$

式（7-14）、式（7-15）分别为材料磁导率 μ_i 和相对介电常数 ε_i 的复数表达式，ω 为角频率，c 为电磁波在真空中的传播速度。要满足第二个条件即进入的电磁波的衰减则必须满足：μ''、ε'' 不同时为 0。由以上两式可得，要提高 α 值，μ'' 总是以大为好，μ' 以小为好，ε'、ε'' 则需先判断是磁性材料还是电损耗材料，对于磁性吸波材料 ε' 大、ε'' 小为好，电损耗吸波材料则相反。

对吸波材料，吸波性能主要与材料磁导率 μ_i 和相对介电常数 ε_i 的实部和虚部有关，通常用损耗因子来表征损耗大小，即

$$\tan\delta_M = \frac{\mu''}{\mu'} \qquad (7-16)$$

$$\tan\delta_E = \frac{\varepsilon''}{\varepsilon'} \qquad (7-17)$$

式中：$\tan\delta_M$、$\tan\delta_E$ 分别为材料磁损耗正切值和电损耗正切值，分别反应材料的磁损耗和电损耗大小。

雷达波通过阻抗为 Z_0 的自由空间传输，投射到阻抗为 Z_i 的介电或磁性介质表面，并产生部分反射，根据 Maxwell 方程组，可求出其反射系数。

理想的吸波材料应该满足 $\mu_i = \varepsilon_i$，且 μ 值应尽可能大，以便用最薄的材料层达到最大的吸收率。通过控制材料类型（介电或磁性）和厚度、损耗因子和阻抗，可对单一窄频、多频和宽频性能进行优化设计，从而获得频带宽、质量小、多功能、厚度薄的高质量吸波材料。

2. 雷达吸波材料分类

目前，雷达吸波材料主要由吸波剂与高分子基体组成，其中决定吸波性

能优劣的关键是所选取的吸波剂的类型及含量。根据吸波剂的吸波原理不同，通常可分为电损耗型和磁损耗型两大类。其中，电损耗又包括电阻损耗和电介质损耗。电阻损耗与材料的导电率有关，电导率越大，载流子引起的宏观电流越大，从而更有利于电磁能转化成为热能。电介质损耗主要通过介质反复极化产生的"摩擦"作用将电磁能转化成热能耗散掉。磁损耗主要是通过铁磁性介质的动态磁化过程来实现能量的损耗，具体包括磁滞损耗、阻尼损耗、旋磁涡流和磁后效应等。

此外，还有谐振型吸波材料，它是通过对电磁波的干涉相消原理来实现回波的缩减。当雷达波入射到吸波材料表面时，部分电磁波从表面直接反射，另一部分透过吸波材料从底部反射。当入射波与反射波相位相反而振幅相同时，二者便相互干涉而抵消，从而使雷达回波能量被衰减掉。

由于电磁波损耗机制十分复杂，吸波材料的种类也十分繁多。为了更好地帮助理解，本节从使用的角度出发，根据吸波材料的结构形式，从涂覆型吸波材料和结构型吸波材料两方面进行具体阐述。

7.3.3 涂覆型吸波材料

涂覆型吸波材料主要由吸收剂和胶黏剂两部分组成，一般应用于隐身飞机机体结构表面。其中，吸收剂提供吸波涂层所需要的电磁性能，胶黏剂是吸波涂层的成膜物质，起黏结吸收剂及其他填料的作用，决定吸波涂层的力学性能和耐环境性能。这类涂覆型吸波材料要求达到薄（厚度）、轻（质量）、宽（频带）、强（力学）。一般来说，制备薄而轻的涂覆型吸波材料在技术上不难实现，但同时又要达到宽频且具有较高力学性能则很困难。按胶黏剂的不同，涂覆型吸波材料可分为塑料类、橡胶类、树脂类和其他类，其最终使用形态一般有涂料型和贴片型两种。涂料型是把电磁波吸收剂同胶黏剂混合后按涂料的方法使用，贴片型是把吸收剂和基料混合后做成薄片，使用时直接将薄片粘贴于物体表面。

1. 吸收剂

吸收剂是决定吸波材料吸波性能的主体，目前常用的吸收剂包括导电炭黑、羰基铁、铁氧体、金属及氧化物超细粉末、手征媒质、导电高分子、视黄基席夫碱盐、纳米吸收剂、晶须吸收剂、多晶铁纤维和放射性同位素及稀土元素吸收剂等。其中比较成熟的吸收剂包括导电炭黑、羰基铁、铁氧体、金属及氧化物超细粉末和多晶铁纤维等。

（1）导电炭黑。目前较为常用的雷达波吸收剂之一，与金属类和有机类吸波材料相比，具有质轻、抗氧化、耐腐蚀、化学稳定性好、易与胶黏剂混合等特点。

（2）羰基铁。目前最为常用的雷达波吸收剂之一，具有温度稳定性好、吸收频带宽、可设计性强等优点。最大缺点在于密度大，当其在吸波涂层中的体积分数大于 40% 时，吸波涂层面密度将大于 $2kg/m^2$，大大限制了其应用。

（3）铁氧体。铁氧体吸收剂因其价格低、吸收能力好，即使在低频、厚度薄的情况下仍有很好的吸收性能，从 20 世纪 50 年代至今一直被广泛应用。但铁氧体存在密度大、高温特性差等缺点。

（4）金属及氧化物超细粉末。金属及金属氧化物超细粉末属于半导体，超细粉末最大优点是密度小。其透波性能和吸波性能取决于粉末的粒度，当粉末粒度远远小于波长时，其透波性能最好。超细粉末可制成轻而薄的吸波涂层，但最大缺点是制造技术要求很高、价格贵。从长远来看，金属及氧化物超细粉末吸收剂有着广阔的发展前景。

（5）多晶铁纤维。多晶铁纤维吸波涂料具有吸收频带宽、密度小、吸收性能好等优点，包括 Fe、Ni、Co 及其合金纤维。多晶铁纤维具有独特的形状各向异性，由多晶铁纤维层状取向排列所形成的吸波涂层，可在很宽频带内实现高吸收率。

2. 胶黏剂

胶黏剂是吸波涂料中的成膜物质，决定着吸波材料的力学性能与耐环境性能。目前，国内外用于雷达吸波涂料的胶黏剂主要包括橡胶型和树脂型两大类。橡胶型胶黏剂主要包括氯丁橡胶、聚异丁烯、丁烷基橡胶、氯磺化聚乙烯和硫化硅橡胶等。这类胶黏剂具有弹性高、柔性好、阻尼大和耐振动性好等优点。树脂型胶黏剂主要包括聚酯、聚氨酯、酚醛树脂和环氧树脂等。这类胶黏剂具有附着力、韧性、刚性和耐冲刷性能好的优点。

从现有研究进展看，综合性能较好、工艺稳定的胶黏剂体系主要包括氯磺化聚乙烯（CSM）、聚氨酯（PU）和改性环氧树脂（EP）等。氯磺化聚乙烯、聚氨酯和改性环氧树脂所制的涂覆型雷达吸波材料的性能比较如表 7.6 所列。由表 7.6 可以看出，改性环氧树脂体系的综合性能优于氯磺化聚乙烯和聚氨酯体系。

表7.6　三种胶黏剂体系的雷达吸波材料性能比较

性能	氯磺化聚乙烯	聚氨酯	改性环氧树脂
附着力/MPa	8 ~ 10	>15	>15
柔韧性/mm	3 ~ 5	>20	10 ~ 20
耐冲击强度/(kg·cm)	50	50	50
允许填料添加能力	差	良	优

胶黏剂作为雷达吸波材料的主要组成部分，除对雷达吸波材料力学性能起决定性作用外，其本征电磁性能也会对雷达吸波材料的吸波性能产生影响。常用胶黏剂体系的电磁参数如表7.7所列。由表7.7可知，虽然多官能度环氧树脂（648）的 ε' 和 $\tan\delta$ 高于双官能度环氧树脂（618），但从整体上看，不同类型的环氧树脂电性能差别甚微。因而在选择环氧树脂体系时，可着重考虑其力学性能及工艺性能。而氯磺化聚乙烯和聚硫橡胶的 ε' 和 $\tan\delta$ 相对较大，这意味着在选择胶黏剂时，不仅要考虑到使用环境条件需求，同时也应考虑其本身的电磁特性。

表7.7　常用胶黏剂体系的电磁参数

胶黏剂类型	介电损耗 ε'	介电损耗 $\tan\delta$
环氧树脂618	2.95	0.040
环氧树脂648	3.39	0.074
环氧树脂 TDE – 85	3.39	0.071
环氧树脂 AG80	3.32	0.071
环氧树脂 AS – 70	3.70	0.053
聚氨酯 DW – 1	2.87	0.032
氯磺化聚乙烯	6.86	0.042
聚硫橡胶	14.0	0.150
氯丁橡胶	4.0	0.026
聚酰胺	2.7 ~ 3.2	0.005

结构型吸波材料

与涂覆型吸波材料相比，结构型吸波材料具有更高的可设计性，可实现兼顾吸波和承载双重功能且不增加额外的重量，并有利于拓宽吸收频带，已成为吸波材料和复合材料交叉领域中十分重要的研究方向。

结构型吸波材料的发展建立在先进复合材料发展的基础上，其应用水平随着复合材料在飞机上应用比例的增高而提高。目前，结构型吸波材料已从玻璃纤维增强发展到碳纤维与混杂纤维增强，基体树脂从热固性树脂发展到热塑性树脂，应用部位从次承力结构件发展到主承力结构件甚至是全机。例如，美国 B‑2，F‑117 及 F‑22 等隐身飞机均在不同部位使用了结构型吸波材料。

1. 组成

结构型吸波材料通常由增强纤维、树脂基体和吸波剂组成。相对于涂覆型吸波材料，最大的区别是增强纤维的引入，大大增强了吸波材料的承载性能，从而实现结构功能一体化。但是，由于纤维本身具有一定的电磁特性，也会对电磁波的吸收和反射产生影响。如图 7.39 所示为碳纤维铺层在不同电场入射角下的界面反射特性。由图 7.39 可知，随着铺层与电场夹角的增加，碳纤维复合材料的反射率不断减小。因此，为了降低反射率，电磁波与碳纤维复合材料铺层方向的夹角要尽量大。如图 7.40 所示为碳纤维、玻璃纤维和 Kevlar 纤维复合材料的界面反射特性。由图 7.40 可知，碳纤维复合材料在 8~18 GHz 的范围内，其反射率均为最高。因此，碳纤维复合材料不适合作为结构型吸波材料的表面。

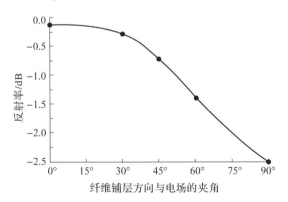

▶ 图 7.39　碳纤维铺层在不同电场入射角下的界面反射特性

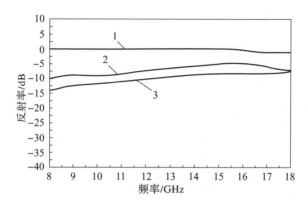

▶ 图7.40 碳纤维、玻璃纤维和 Kevlar 纤维复合材料界面反射特性
1—碳纤维复合材料；2—玻璃纤维复合材料；3—Kevlar 纤维复合材料。

　　下列表格中给出了常用纤维、树脂和复合材料的电磁特性，可为结构型
吸波材料的吸波/承载一体化设计提供依据。结构型吸波材料用纤维增强体的
介电特性如表7.8 所列，T300 碳纤维在不同频率下的电阻率如表7.9 所列，
单向碳纤维层板的复介电参数如表7.10 所列，典型复合材料用热固性树脂基
体的介电特性如表7.11 所列，热塑性复合材料树脂基体的介电特性如表7.12
所列，典型复合材料的介电特性如表7.13 所列。

表7.8　结构型吸波材料用纤维增强体的介电特性（20℃，10GHz）

纤维种类	相对介电常数 ε'	介电损耗 $\tan\delta$
E 玻璃纤维	6.1	0.004 ~ 0.005
D 玻璃纤维	4.0	0.002 ~ 0.003
S – 2 玻璃纤维	5.2	0.0068
石英纤维	3.8	0.0001 ~ 0.0002
Kevlar – 49 芳纶纤维	3.85	0.01
聚乙烯纤维	2.0 ~ 2.3	0.0002 ~ 0.0004

表7.9　碳纤维电阻率

频率/Hz	纤维束/$(\Omega \cdot m)$	单向碳纤维层板直流电阻率/$(\Omega \cdot m)$	
		0°	90°
10^2	5.84×10^{-5}	0°	90°

续表

频率/Hz	纤维束/(Ω·m)	单向碳纤维层板直流电阻率/(Ω·m)	
10^3	2.56×10^{-5}		
5×10^4	2.30×10^{-5}	4.0×10^{-5}	6.6×10^{-2}
10^3	2.31×10^{-5}		

注：纤维体积分数为 63.5%。

表 7.10　单向碳纤维层合板的复介电参数

频率/GHz	平行于电场方向（0°）		垂直于电场方向（90°）	
	ε'	ε''	ε'	ε''
8.2	493.92	187.18	14.74	11.22
9.0	337.72	91.52	13.89	10.24
10.0	447.59	189.03	15.07	9.38
11.0	489.92	189.73	13.84	8.85
12.0	513.50	117.08	14.97	7.67

注：①纤维体积分数为 63.5%。
　　②平行于电场方向测试数据离散系数较大，仅供参考。

表 7.11　常用热固性树脂基体的介电特性（20℃，10GHz）

树脂种类	相对介电常数 ε'	介电损耗 $\tan\delta$
聚酯树脂	2.7 ~ 3.2	0.005 ~ 0.02
环氧树脂	3.0 ~ 3.4	0.01 ~ 0.03
异氰酸酯树脂	2.7 ~ 3.2	0.004 ~ 0.01
酚醛树脂	3.1 ~ 3.5	0.03 ~ 0.037
聚酰亚胺树脂	2.7 ~ 3.2	0.005 ~ 0.008
双马来酰亚胺树脂	2.8 ~ 3.2	0.005 ~ 0.007
硅树脂	2.8 ~ 2.9	0.002 ~ 0.006

表 7.12　常用热塑性树脂基体的介电特性（20℃，10GHz）

树脂种类	相对介电常数 ε'	介电损耗 $\tan\delta$
聚碳酸酯	2.5	0.0006
聚苯醚	2.6	0.0009
聚苯乙烯	3.1	0.003
聚醚砜	3.5	0.003
聚苯硫醚	3.0	0.002
聚醚醚酮	3.2	0.003
聚四氟乙烯	2.1	0.0004

表 7.13　典型复合材料的介电特性（20℃，10GHz）

复合材料	相对介电常数 ε'	介电损耗 $\tan\delta$
玻璃纤维/环氧树脂	4.2 ~ 4.7	0.007 ~ 0.014
石英玻璃/环氧树脂	2.8 ~ 3.7	0.006 ~ 0.013
Kevlar – 49/环氧树脂	3.2 ~ 3.7	0.010 ~ 0.017
玻璃纤维/双马树脂	4.0 ~ 4.4	0.006 ~ 0.012
石英玻璃/双马树脂	2.5 ~ 3.3	0.004 ~ 0.009
玻璃纤维/聚酰亚胺	4.0 ~ 4.4	0.006 ~ 0.012
石英纤维/聚酰亚胺	3.0 ~ 3.2	0.004 ~ 0.008
玻璃纤维/聚苯硫醚	4.6	0.018
石英纤维/聚苯硫醚	3.3	0.002
玻璃纤维/聚醚醚酮	4.6	0.0008 ~ 0.001

2. 分类

按照形式不同，结构型吸波材料可分为层合板型、夹层型、吸波/承载复合结构、新型结构吸波材料等。

1）层合板型

层合板型吸波结构通常由透波层（面层）、损耗层（中间层）和反射层（底层）构成，如图7.41所示。

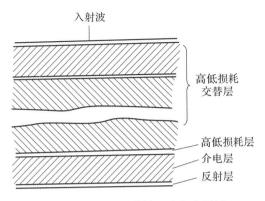

入射波

高低损耗
交替层

高低损耗层
介电层
反射层

▶ 图7.41　多层结构吸波复合材料

透波层（面层）一般为玻璃纤维、芳纶纤维或石英纤维增强低介电损耗树脂基体；损耗层（中间层）可以是树脂基体中充填电磁损耗吸收剂或直接采用具有较高损耗的树脂基体，也可以是多层高低损耗层交替组成复合形式的中间层；反射层（底层）多为碳纤维增强复合材料。

2）夹层型

夹层（芯）结构复合材料在飞机上早有应用，而夹层（芯）结构吸波复合材料则是以透波性能好、强度高的复合材料作为面板，其夹芯为浸渍或填充有损耗介质的蜂窝、波纹或角锥结构，或是浸渍有损耗介质的泡沫。通常夹芯含有损耗介质的浓度从外向内递增，也可通过蜂窝孔格尺寸、蜂窝高度的变化来实现降低反射、宽频吸收的目标。这种吸波夹层结构复合材料已大量用于 B-2 飞机的蒙皮中。

3）吸波/承载复合结构。

吸波/承载复合结构是具有实用价值的一种吸波复合材料结构形式。这种结构充分利用了复合材料的可设计性，将特定部位的承载要求和雷达信号特征的减缩有机结合起来，进行力学性能和电性能综合一体化设计，从而兼顾承载和吸波双重功能，迄今已有不少应用实例。

飞机进气道是一个强散射源，用吸波复合材料结构降低其 RCS 是提高飞机隐身性能的重要手段。目前，应用最多的是吸波栅格结构，图7.42 所示的结构是其中一种。吸波带是玻璃纤维增强并浸渍有吸收剂的树脂基复合材料，防护面层为一般玻璃钢，整个栅格结构固定在进气道唇口部位，可有效地减弱入射雷达波。

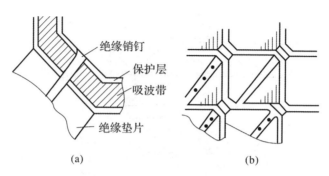

图 7.42　发动机进气道用吸波结构

（a）栅格结构；（b）栅格连接法。

F‑22 在机翼前缘与进气道内均使用了这类吸波结构。机翼前缘是飞机前向的一个较强散射源，美国专利报道的一种用于缩减机翼 RCS 的吸波复合材料结构形式如图 7.43 所示。它的蒙皮 1 为 0.76mm 厚的玻璃纤维增强透波材料，气动外形由未填充吸收剂的刚性泡沫材料 2 保证，刚性泡沫内侧涂覆有铝粉涂层 3，其作用是使入射的电磁波之后的散射降至最小。4～7 层为填充不同浓度的吸收剂所形成的梯度吸波泡沫材料，可以在较宽的频带范围内有效吸收电磁波，整个结构由翼梁 8 支撑。

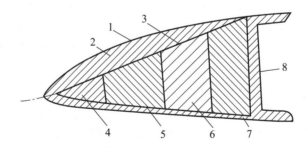

图 7.43　机翼前缘吸波复合材料结构

1—蒙皮；2—无吸收剂泡沫；3—铝粉涂层；4、5、6、7—含不同浓度吸收剂泡沫；8—翼梁。

俄罗斯研制的飞行器机翼前缘用宽频吸波结构如图 7.44 所示。该吸波结构由内、外蒙皮和吸波填充物组成，外蒙皮为很薄的（0.5～1.5mm）电阻型织物增强蒙皮，吸波填充物为密度很低（0.1～0.4g/cm³）的纤维状毡垫或泡沫塑料，其中加入了吸收剂以获得较好的电匹配性能。作为结构受力的内蒙皮，通常采用镀金属的玻璃布。

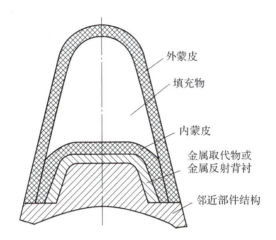

外蒙皮

填充物

内蒙皮

金属取代物或
金属反射背衬

邻近部件结构

▶ 图7.44　飞行器前缘边缘示意图

7.3.5　隐身涂层的失效与修复

1. 隐身涂层的失效

隐身涂层的失效是量变到质变的复杂过程。涂料在涂装施工、基材表面预处理、底漆面漆配套及涂层固化的过程中，任意环节出现问题都有可能导致隐身涂层损伤或失效。隐身涂层的失效与常规涂层失效类似，与其使用的吸收剂和胶黏剂密切相关，但是由于隐身涂层材料在材料结构上具有一定的特殊性，所以其失效情况也有自身特点。隐身涂层的主要失效模式包括涂层脱落、涂层开裂以及损伤引起的隐身性能下降。

1）涂层脱落

隐身涂层脱落是胶黏剂附着力缺失导致的一类灾难性失效，尤其是厚度较大的雷达吸波涂层容易发生。涂层脱落主要发生的位置是基底与底漆、底漆与吸波涂层之间。如果基底未清洗干净，存在灰尘、油污等污染物，容易导致涂层脱落；如果底漆与吸波涂层不匹配，或底漆存在污染物，也会导致吸波涂层脱落。涂层脱落将会导致隐身性能的完全丧失。此外，若涂覆在武器装备的一些关键部位，如进气道内的吸波涂层脱落还可能造成武器装备的重大安全事故。

2）涂层开裂

涂层开裂是微裂纹不断扩展累积的结果，根据开裂程度的不同，可以分为表面开裂和完全开裂。

（1）表面开裂。表面开裂在厚度较大的雷达吸波涂层中较为常见。如图 7.45（a）所示，涂层表面出现裂纹，但并未贯穿至涂层底部或基材。这主要是由于雷达吸波涂层在涂覆过程中一般分为多次涂覆，如果时间间隔较长，或固化工艺不匹配，表面容易出现一定的应力集中从而导致开裂现象的发生。表面开裂现象一般不影响雷达吸波性能，但是在后续使用中可能会存在一定的隐患。

（2）完全开裂。完全开裂是指涂层出现裂纹并且延伸至基底材料表面，如图 7.45（b）所示。完全开裂一般是由胶黏剂失效引起的，胶黏剂的失效导致涂层黏接强度不足，导致涂层的局部脱落或整体脱落。

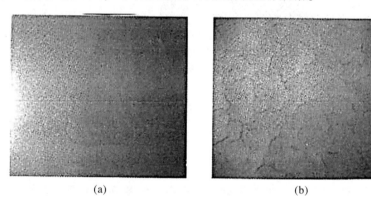

(a)   (b)

➤ 图 7.45 雷达吸波涂层开裂现象
（a）表面开裂；（b）完全开裂。

3）隐身性能下降

隐身涂层出现开裂、脱落等物理破坏时，隐身性能必然会受到一定影响。此外，高温、化学腐蚀、高分子老化等也会导致涂层吸波性能的下降。隐身涂层性能下降的原因较为复杂，虽然一些非物理损伤导致的隐身性能下降在实际使用过程中暂时不会出现防护和安全问题，但是均存在一定的隐患，而且性能的严重下降也使得隐身涂层材料失去了其本来的意义。

2. 失效原因分析

造成隐身涂层失效的原因较复杂，外力作用、内应力变化、热效应及化学反应等都有可能造成涂层的失效，而且往往是几种因素共同作用的结果。

1）力学作用造成的涂层失效

无人机在服役过程中，隐身涂层会受到外部载荷和内应力的共同作用，从而导致其外观、附着力及隐身性能出现损伤。外力作用影响一般较易判别，如设备或工具碰撞、跌落造成的开裂、凹陷或脱落。内应力集中造成的损伤往往不易发现，但隐患较大。一旦内应力引起的内部损伤发生不稳定扩展，容易造成瞬时大面积脱落、严重开裂等灾难性事故。导致隐身涂层内应力集中最主要的两个原因是涂层固化过程中的残余热应力以及服役过程中的高低温交变。

（1）涂层固化。涂层在固化过程中会发生体积收缩，雷达吸波涂层较常规涂层厚度更大，收缩更为明显。在固化前期，聚合物分子链具有足够的活动空间允许其体积收缩。随着溶剂的挥发和交联反应的进行，体系的黏度升高，聚合物分子链的移动性下降，聚合物很难填补溶剂挥发导致的空缺，体系的体积收缩受到限制，产生内应力。当交联速率上升时，由于没有足够的时间让聚合物释放应力，内应力持续增加。当内应力增加到一定程度，如果没有一个安全的方式得以释放，则会出现下列三种情况：第一，若涂层与基材的附着力良好，但黏接强度较低，体积收缩会导致涂层龟裂；第二，若涂层附着力良好且黏接强度高，则会产生永久性内应力，如果再受外部应力作用，可能会导致涂层失去附着力而脱落，属于存在隐患状态；第三，若涂层附着力差，黏接强度也较低，则会造成涂层的大面积脱落现象，造成严重后果。

（2）服役过程中的高低温交变。高低温交变也会使涂层产生一定的内应力，但其内应力在温度变化下的影响关系较为复杂。研究表明，附着力低于5MPa时，隐身涂层与基材的结合力较差，在薄基材上受到的高低温冲击程度大，涂层与基材易发生脱落。附着力在10~16MPa的涂层，其刚性增强，在厚基材上的变化不明显，在薄基材上则易发生开裂。当涂层附着力超过17MPa后，涂层内应力急剧增高，释放应力需求迫切，在温度交变作用下发生开裂的可能性更高。

综上所述，内应力对隐身涂层的功能性影响较大，产生内应力的根本原因主要是涂层体积的变化和胶黏剂分子链的运动。涂层厚度、工艺过程、材料组分的物理化学性能等都会对内应力的产生带来一定的影响。因此，在隐身涂层的设计中，应采用低交联度树脂，降低因固化反应带来的内应力增加，或者通过减薄增韧来减少涂层在高低温交变下产生的应变。此外，对于高含量、大厚度的雷达吸波涂层，随着涂层的固化，吸波剂分布状态变化，会导致涂层内应力升高。所以，在雷达吸波涂层配方设计中，可选用片状轻质吸收剂，这种吸收剂填充到胶黏剂中呈疏松状，疏松体积比大，压实体积比小，也能缓解一定程度的内应力。

2）热效应造成的涂层失效

过高的温度会导致胶黏剂发生软化、分解，从而导致涂层力学性能及黏接性能的下降，同时过高的温度还会导致吸波剂电磁特性的转变，从而造成吸波效率的降低。目前，应用最广泛的雷达吸波涂层以磁性金属粉和铁氧体作为其吸收剂，磁性金属粉和铁氧体对温度的敏感程度存在一定的差别。

图7.46为采用羰基铁粉制备的吸波涂层分别在25℃、80℃及120℃条件下测得的雷达反射率曲线，从图中可看出，涂层吸波性能随温度变化不大，曲线变化的趋势基本相同。在羰基铁粉中添加一定含量的铁氧体，同样将制备出的吸波涂层在25℃、80℃及120℃条件下测量雷达反射率，如图7.47所示。从图7.47中可以看出，雷达吸波涂层随着温度的升高性能显著下降。这说明采用铁氧体作为吸收剂的吸波涂层的吸波性能随温度变化较大。铁氧体在微波频率下相对介电常数实部为5～7，虚部近似为0，且两者随温度变化不大。因此，吸波性能的下降主要源自温度对复数磁导率的影响。铁氧体是一种亚铁磁性氧化物，其饱和磁化强度来源于未被抵消的磁性次格子中的磁矩。由于磁性能与金属离子的分布情况密切相关，随着温度的升高，由于分子热运动加剧，材料的自发磁化强度降低，导致铁氧体磁导率幅值降低，使得铁氧体吸波材料的吸收率下降和吸波频带变窄。但当温度恢复至常温时，铁氧体的磁导率得到恢复，吸波性能也随之恢复。

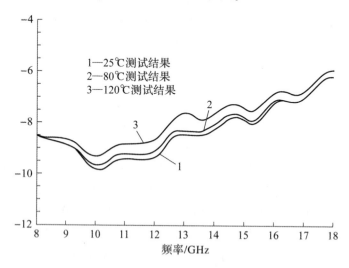

▶ 图7.46　羰基铁粉吸收剂制备的吸波涂层在不同温度下的反射率曲线

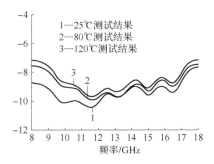

▶ 图7.47　含铁氧体的吸波涂层在不同温度下的反射率曲线

上述温度条件远远低于吸收剂的居里温度，吸收剂未出现严重的氧化现象，故采用羰基铁粉制备的雷达吸波涂层的性能变化并不明显。但是，当外界环境温度过高，导致磁性金属粉氧化，将造成磁性能显著下降。如果外界温度高于吸收剂的居里温度，则吸收剂的磁性将出现不可逆的急剧降低。图7.48是采用磁性金属粉制备出的雷达吸波涂层经过不同温度处理后反射率的变化情况，经高温处理后，涂层的雷达吸波性能明显变差，且温度越高吸波性能下降越严重。

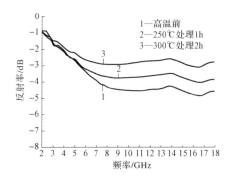

▶ 图7.48　吸波涂层不同温度处理前后性能对比

3）化学反应造成的涂层失效

化学反应导致涂层失效主要是隐身涂层在使用过程中与环境中的紫外线、盐雾、降水、热等因素作用引起的老化所造成的，如光降解、氧化降解、热降解等。

太阳光中紫外线波长很短，能量较高，一旦被涂层吸收，会使胶黏剂高分子链上的某些化学键断裂，从而导致胶黏剂的光降解。大气中氧的存在也会促进光降解过程，所以隐身涂层的光降解可以看成光－氧化降解过程。高温在一定程度上促进了上述老化反应的进行。温度升高，聚合物分子的热运动加速，一旦超过化学键的解离能，涂层将发生降解。

涂层采用多层涂装工艺后，如果各喷涂工序的溶剂挥发不充分，未挥发的溶剂在涂层固化过程中会形成贯穿性微孔，腐蚀介质能够渗透涂层达到基材底部。例如，水通过微孔渗入到涂层内部造成内部的一些水溶性物质溶解，从而导致涂层的老化。酸性气体中的SO_4^{2-}，海水环境中的Cl^-也会通过涂层表面的微孔进入涂层内部，使涂层脱离基底，产生鼓泡和锈蚀等现象。

3. 隐身涂层材料的修复

隐身涂层材料的失效直接影响武器装备的作战出勤率和作战效能。因此，隐身涂层的修复已成为影响和确保隐身武器装备作战能力和效率的关键问题。

隐身涂层全寿命周期的修复技术是从发现问题、解决问题到验证结果的一体化技术手段，涵盖隐身涂层材料缺陷检测、缺陷去除、修复用隐身材料研制、修复工艺和修复后性能表征在内的一个完整的修复体系。通过隐身涂层材料快速修复技术、修补用材料、工艺技术的研究以及相应软、硬件技术的研发，可以为武器装备用隐身涂层的全寿命周期修复提供技术保障。

1）隐身涂层缺陷检测

隐身涂层在施工和使用过程中出现的开裂、脱落、起泡等外部物理缺陷可通过目视的方法直接进行检测并及时采取修复措施。但材料内部出现脱黏时，目视方法无法发现。因此，需要借助红外热成像、超声波扫描等无损检测技术对隐身涂层内部的缺陷进行检测。

（1）红外热成像无损检测技术。红外热成像无损检测技术的理论基础是热辐射的普朗克定律。通常红外热成像采用的是主动式热激励法。当被测物体受到热激励时，热量将在其内部进行传递。当物体内部存在缺陷时，会改变物体表面的热传导特性，从而导致物体表面的热分布发生变化。用红外热成像仪测出物体表面的温度差异，即可判断被测试样中缺陷存在的位置和尺寸。红外热成像无损检测系统主要由高能闪光灯、红外热成像仪、信息采集、计算及输出系统组成。高能闪光灯是热激励装置，通过脉冲加热给予待检测样品一定的能量；红外热成像仪高速记录被测物体表面温场变化，缺陷部分和非缺陷部分由于热导率的不同，温场变化存在一定的差异，红外热成像仪正是通过探测这种差异，将信号传送给计算机，由计算机进行数据采集控制和处理，最终确定缺陷的大小和位置，整个测试过程只有几十秒，非常适用于涂层材料缺陷的快速检测。

（2）超声波无损检测技术。超声波无损检测技术的工作原理是基于超声波脉冲反射。当探头发射的超声波脉冲通过被测物体到达材料分界面时，脉冲被反射回探头。由于超声波在缺陷涂层中的传播和在正常涂层中的传播不同，通过检测回波可精确检测吸波涂层的内部缺陷。

上述两种方法对装备上使用的隐身涂层的适用范围略有不同。由于红外热成像检测系统需要同时有热激励源、高能闪光灯及箱罩，系统体积相对庞大，很难做到小型化。因此，红外热成像无损检测技术适于快速大面积检测装备外表面隐身涂层的缺陷，不太适于进行如飞机进气道等狭窄部位或大曲率部位的检测。而超声波无损检测系统可进行小型化和便携化设计，适于狭窄和大曲率的部位检测。两种无损检测技术相配合，并结合一套科学完整的无损检测工艺过程，能够有效实现隐身涂层的无损检测。

2）隐身涂层缺陷去除

在识别出缺陷位置及尺寸之后，需要对缺陷或损伤部位进行去除。目前使用最多的涂层去除工艺是脱漆剂退漆和人工打磨。脱漆剂适用于金属零件表面的涂层去除，优点是操作相对简单，去除效率高，涂层去除彻底。缺点是不易控制，环境不友好，不适用于装备表面涂层的局部去除。人工打磨虽然能在一定程度上控制去除精度，但效率较低，打磨的粉尘对人体也会造成伤害。激光定位烧蚀技术和高压喷射磨损技术是两种新型的涂层去除技术，也是目前隐身涂层材料去除技术研究较热的两个方向。

（1）激光定位烧蚀技术。激光定位烧蚀技术是采用专用的激光设备，在一定功率和能量下利用激光将基底表面的涂层烧蚀。该技术具有定位准确、去除效果好、环境友好等特点。激光定位烧蚀技术采用的激光器一般有脉冲式 YAG 激光器和 CO_2 激光器。脉冲式 CO_2 激光器的脉冲宽度为长微秒级，热量积累比较多，在去除过程中可能造成基材的损伤，不适用于复合材料或非金属基底的样品。脉冲式 YAG 激光器脉冲宽度为纳秒级，能用光纤传输，较 CO_2 激光器具有更好的适应性。

（2）高压喷射磨损技术。高压喷射磨损技术是利用高压水流或固体微粒强烈的冲击性对目标进行冲击磨损或剥离，从而达到去除效果。针对较大面积的涂层去除效率较高，效果明显。缺点是不易控制，容易对未发生破损的涂层产生一定的影响。但是，可以通过对设备进行改造在一定程度上解决这一问题。通过对喷射压力、流量、功率、时间等因素的调节可一定程度上控制涂层去除效果。

4. 缺陷修复材料及工艺

隐身涂层缺陷修复材料及工艺涵盖三方面的内容：一是对缺陷进行何种

级别的修复进行判断；二是修复用隐身材料的研制、选择及应用；三是隐身涂层快速修复工艺，包括相关的工艺方法及设备。

针对不同的隐身材料损伤情况，需要使用不同类型的修复用隐身材料。对于修复用隐身材料，很重要的要求是材料应能在一定条件下快速固化，短时间之内获得一定的力学性能，可以满足装备的搬运、运输、组装等工作，完全固化后应具备与原有雷达吸波涂层同样的力学性能、耐环境性能和吸波性能。此外，为适应外场级、基地级别的维修条件，应尽量减少或避免使用压缩空气喷涂工艺，应采用更为便捷的维修方式，推荐使用维修更为简便的吸波胶带、吸波腻子等材料，或者通过调整隐身涂料的配方，采用多组分注胶枪等技术以减少甚至不使用溶剂。

武器装备使用的环境往往差异较大，维修环境条件也大不相同，如高纬度地区气温较低，冬季处于零下状态，而低纬度地区则高温、高湿。在要求修复用隐身材料适应性较强的同时，也可采用一些辅助固化工艺来完成维修过程，如短波红外辅助加热工艺、紫外线固化工艺等。这些工艺能够为材料的快速固化提供额外的帮助，缩短维修周期。此外，材料研制部门应针对修复用材料，就温度、时间、涂覆方式等因素对材料隐身、力学和耐环境等性能的影响进行研究，给出固化特性 – 温度 – 时间 – 性能的关系曲线，这样材料使用单位可根据实际现场情况选择固化条件。

5. 隐身涂层材料修复效果评估

在完成隐身涂层修复后，需要对修复部位进行性能表征，以检验修复后效果。结合目前国内测试手段的研究现状，应对涂层的厚度、附着力、雷达吸波涂层的反射率等参数进行测试。

练习题

7 – 1　请简要描述无人机的特点和分类。

7 – 2　常见的无人机材料可概括分为几大类？各自又包括哪几种材料？请分别列举三种材料。

7 – 3　纤维增强树脂基复合材料具有哪些特点？

7 – 4　纤维增强树脂基复合材料的失效是由什么因素导致的？从微观的角度对复合材料的损伤机理进行简单阐述。

7 – 5　复合材料修复技术有哪些优点？常用的修复方法有哪些？

7 – 6　隐身涂层的主要失效模式包括哪几种？并列举几种可能造成涂层失效的因素。

参考文献

[1] 陆欣. 新概念武器发射原理 [M].北京：北京航空航天大学出版社，2020.

[2] 向红军，苑希超，吕庆敖. 新概念武器弹药技术 [M].北京：电子工业出版社，2018.

[3] （美）简森·埃利斯，保罗·斯查瑞. 20YY：新概念武器与未来战争形态 [M].邹辉，译. 北京：国防工业出版社，2016.

[4] 新概念武器编委会. 新概念武器 [M].北京：航空工业出版社，2009.

[5] 禤法宝，张蜀平，王祖文，等. 新概念武器与信息化战争 [M].北京：国防工业出版社，2008.

[6] 堵永国. 工程材料学 [M].北京：高等教育出版社，2015.

[7] 张彦华. 工程材料学 [M].2 版. 北京：科学出版社，2019.

[8] 胡会娥，李国明，陈珊，等. 装备材料失效分析 [M].北京：科学出版社，2023.

[9] 陈金宝. 定向能武器技术与应用 [M].长沙：国防科技大学出版社，2023.

[10] （美）巴赫曼·佐胡里. 高能激光定向能武器物理学 [M].范晋祥，陈晶华，译. 北京：国防工业出版社，2023.

[11] 阎吉祥. 激光武器 [M].北京：国防工业出版社，2016.

[12] 杨昌盛，徐善辉，周军，等. 大功率光纤激光材料与器件关键技术研究进展 [J].中国科学：技术科学，2017，47（10）：1038－1048.

[13] 陈金宝，曹涧秋，潘志勇，等. 全国产分布式侧面抽运光纤激光器实现千瓦输出 [J].中国激光，2015，42：0219002.

[14] 田春雨，张猛山. 机载激光武器及其关键技术 [J].科技导报，2019，37（4）：30－34.

[15] 宗思光. 高能激光武器技术与应用进展 [J].激光与光电子学进展，2013，50（8）：152－161.

[16] 杜少军，陆启生，舒柏宏. 基于二元光学设计的高能激光窗口的初步探讨 [J].光学技术，2007，33（S1）：227－231.

[17] 余怀之. 红外光学材料 [M].2 版. 北京：国防工业出版社，2015.

[18] 贺显聪. 功能材料基础与应用 [M].北京：化学工业出版社，2021.

[19] 马天慧，李兆清，张晓萌. 功能材料制备技术 [M].哈尔滨：哈尔滨工业大学出版

社, 2023.

[20] 袁军堂, 张相炎. 武器装备概论 [M]. 2 版. 北京: 国防工业出版社, 2011.

[21] 王莹, 孙元章, 阮江军, 等. 脉冲功率科学与技术 [M]. 北京: 北京航空航天大学出版社, 2010.

[22] 刘锡三. 高功率脉冲技术 [M]. 北京: 国防工业出版社, 2007.

[23] Bluhm H. 脉冲功率系统的原理与应用 [M]. 江伟华, 张弛, 译. 北京: 清华大学出版社, 2008.

[24] 李言荣. 电子材料 [M]. 北京: 清华大学出版社, 2016.

[25] 王莹, 孙元章, 阮江军, 等. 脉冲功率科学与技术 [M]. 北京: 北京航空航天大学出版社, 2010.

[26] 王巍, 冯世娟, 罗元. 现代电子材料与元器件 [M]. 北京: 科学出版社, 2019.

[27] 赵连城, 国凤云. 信息功能材料学 [M]. 哈尔滨: 哈尔滨工业大学出版社, 2012.

[28] 何孟兵, 李玉梅. 高功率脉冲技术 [M]. 武汉: 华中科技大学出版社, 2024.

[29] 方进勇. 简明高功率微波技术 [M]. 北京: 化学工业出版社, 2022.

[30] 蔡国飙, 徐大军. 高超声速飞行器技术 [M]. 北京: 科学出版社, 2012.

[31] 孙冰, 张建伟. 火箭发动机热防护技术 [M]. 北京: 北京航空航天大学出版社, 2016.

[32] 郝元凯, 肖加余. 高性能复合材料学 [M]. 北京: 化学工业出版社, 2004.

[33] 周瑞发, 韩雅芳, 李树索. 高温结构材料 [M]. 北京: 国防工业出版社, 2006.

[34] 蔡德龙, 陈斐, 何凤梅, 等. 高温透波陶瓷材料研究进展 [J]. 现代技术陶瓷. 2019, 40 (1): 4 – 120.

[35] 李斌, 李端, 张长瑞, 等. 航天透波复合材料 [M]. 北京: 科学出版社, 2019.

[36] 李仲平. 热透波机理与热透波材料 [M]. 北京: 中国宇航出版社, 2013.

[37] 冯志高, 关成启, 张红文. 高超声速飞行器概论 [M]. 北京: 北京理工大学出版社, 2015.

[38] 王俊山, 冯志海, 徐林, 等. 高超声速飞行器用热防护与热结构材料技术 [M]. 北京: 科学出版社, 2024.

[39] 苏子舟, 国伟, 张涛, 等. 电磁轨道炮技术 [M]. 北京: 国防工业出版社, 2019.

[40] 李小将, 王华, 王志恒, 等. 电磁轨道发射装置优化设计与损伤抑制方法 [M]. 北京: 国防工业出版社, 2017.

[41] 白象忠, 赵建波, 田振国. 电磁轨道发射组件的力学分析 [M]. 北京: 国防工业出版社, 2015.

[42] 曹荣刚, 张庆霞, 等. 电磁轨道发射装置电磁环境及其测试技术 [M]. 北京: 北京理工大学出版社, 2019.

[43] Braunovic M, Konchits V V, Myshkin N K. 电接触理论、应用与技术 [M]. 许良军, 译. 北京: 机械工业出版社, 2015.

[44] 王航宇, 卢发兴, 许俊飞, 等. 舰载电磁轨道炮作战使用问题的思考 [J]. 海军工程

大学学报，2016，28（3）：1-6.

[45] 杜传通，雷彬，张倩，等. 电磁轨道炮枢轨材料研究进展 [J].飞航导弹，2017，9：88-93.

[46] 杨成伟，李小将，武昊然. 矩形截面轨道发射器电感梯度影响因素研究 [J].兵工自动化，2013，32（11）：16-19.

[47] 陈允，徐伟东，袁伟群，等. 电磁发射中铝电枢与不同材料导轨间的滑动电接触特性 [J].高电压技术，2013，39（4）：937-942.

[48] 耿轶青，刘辉，马增帅，等. 电磁轨道炮枢轨的动态焦尔热特性 [J].高电压技术，2019，45（3）：799-804.

[49] 刘贵民，朱硕，闫涛，等. 电磁轨道炮膛内热效应研究综述 [J].兵器装备工程学报，2017，38（7）：15-19.

[50] 闫涛，刘贵民，朱硕，等. 电磁轨道材料表面损伤及强化技术研究现状 [J].材料导报，2018，32（1）：135-140.

[51] 刘贵民，杨忠须，闫涛，等. 电磁轨道炮导轨失效研究现状及展望 [J].材料导报，2015，29（4）：63-70.

[52] 夏天威，徐蓉，袁伟群，等. 电磁轨道发射装置绝缘支撑性能研究 [J].电工电能新技术，2018，37（3）：50-54.

[53] 陈彦辉，国伟，苏子舟. 电磁轨道炮身管工程化面临问题分析与探讨 [J].兵器材料科学与工程，2018，41（2）：109-112.

[54] 王斐，郭超，梁晓庚，等. 临近空间拦截弹制导控制理论与方法 [M].北京：科学出版社，2017.

[55] 于川信，张玉鹏. 科学技术与未来武器装备 [M].北京：国防大学出版社，1997.

[56] 赵超越，梁争峰. 动能拦截杀伤增强装置技术研究进展 [J].飞航导弹，2017（12）：5-9.

[57] 李薇，林干. 新概念动能拦截武器的发展及其关键技术 [J].飞航导弹，2009（3）：35-38.

[58] 李陟. 防空导弹直接侧向力/气动力复合控制技术 [M].北京：中国宇航出版社，2012.

[59] 杨向明，任全彬，艾春安. 固体 KKV 姿轨控系统燃气阀门技术研究进展 [J].固体火箭技术，2022，45（6）：902-907.

[60] 刘炜，牛誉霏，肖龙龙，等. 红外焦平面阵列及星载红外成像系统的发展 [J].红外，2021，42（11）：15-24.

[61] 周斌，刘晶，冯波，等. 无人机原理、应用与防控 [M].北京：清华大学出版社，2023.

[62] 贾玉红. 无人机系统概论 [M].北京：北京航空航天大学出版社，2020.

[63] 陈业标，汪海，陈秀华. 飞机复合材料结构强度分析 [M].上海：上海交通大学出版社，2011.

［64］徐竹. 复合材料成型工艺及应用［M］.北京：国防工业出版社，2024.

［65］李顶河，徐建新. 飞机复合材料结构修理：理论、设计及应用［M］.北京：科学出版社，2019.

［66］符长青，付晓琴，雷兵. 无人机复合材料结构设计与制造技术［M］.西安：西北工业大学出版社，2019.

［67］范金娟，程小全，陶春虎. 聚合物基复合材料构件失效分析基础［M］.北京：国防工业出版社，2011.

［68］张学军，郭孟秋，马瑞，等. 航空关键部件维修与评估技术［M］.北京：国防工业出版社，2020.

［69］张玉龙，李萍，石磊. 隐身材料［M］.北京：化学工业出版社，2020.

［70］孙敏，于名讯. 隐身材料技术［M］.北京：国防工业出版社，2013.